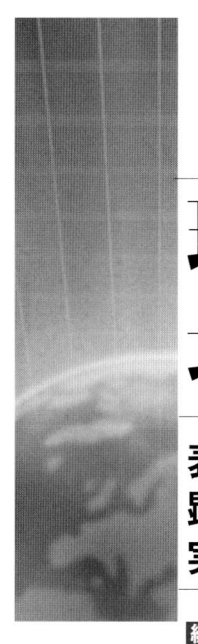

# 環境評価の最新テクニック

**表明選好法
顕示選好法
実験経済学**

編著 柘植隆宏
　　 栗山浩一
　　 三谷羊平

勁草書房

# まえがき

　価格の存在しない環境の価値を貨幣単位で評価する環境評価手法に対する関心が世界的に高まっており，近年，研究が大きく進展している。環境評価手法は，環境が経済行動に及ぼす影響をもとに間接的に環境の価値を評価する「顕示選好法」と，人々に環境の価値をたずねることで直接的に環境の価値を評価する「表明選好法」が用いられてきた。近年，環境評価の新たな第3のアプローチとして経済実験を用いる「実験経済学」アプローチが注目を集めている。CVM（仮想評価法）などの表明選好法では，環境政策に対する支払意志額をたずねるが，あくまでもアンケートで金額をたずねるだけであり，実際に支払を要求されるわけではない。このため過大に支払意志額を回答する「仮想バイアス」が発生する危険性がしばしば指摘されてきた。

　これに対して，実験経済学アプローチでは，被験者に支払を実際に求めることができるため，仮想バイアスを検証することが可能である。このように実験経済学アプローチでは，表明選好法の最大の問題である「仮想バイアス」の影響を分析することができるため，環境評価研究を大きく前進させる可能性があり，注目を集めている。

　また，顕示選好法でも近年，研究の大きな進展が見られた。たとえば，訪問行動よりレクリエーションの価値を評価するトラベルコスト法では，これまでは訪問地選択と訪問回数選択が別々に分析されていたが，両者を同時に分析できる「端点解モデル」が登場した。また，居住地選択行動より周辺地の環境価値を評価するヘドニック法では，空間計量経済学を応用した「空間ヘドニック法」が登場し，研究が飛躍的に進歩している。表明選好法の洗練化に加え，これら新たな評価手法の登場により，環境評価研究はますます発展を遂げている。

こうした環境評価研究の急速な発展は，学術研究と実務の両面において大きな影響をもたらすことが予想される。だが，こうした最新の研究動向は，これまでほとんど紹介されていなかった。

本書は，最新の環境評価手法を詳しく，かつ平易に解説することで，環境評価研究の最先端の動向を紹介するものである。また，それぞれの手法を用いた実証研究を紹介することで，その有効性を示すとともに，一連の分析手順について，実際の手順に沿って具体的に解説を行う。

**本書の特徴**

本書には3つの特徴がある。

本書の第1の特徴は，主要な環境評価手法を網羅している点にある。これまでに国内で出版されている文献の多くが表明選好法のみに焦点を当てているのに対し，本書は，表明選好法，顕示選好法，さらには実験経済学アプローチまでも網羅している。近年，顕示選好法の発展や実験経済学アプローチの登場により環境評価研究が大きく進展しているため，環境評価研究の最新の動向を把握するためには，表明選好法に加えて，顕示選好法や実験経済学アプローチについても理解する必要があるが，これら3つのアプローチを網羅した文献は，国内・海外を問わず出版されていない。

本書の第2の特徴は，豊富な実証研究を通して，具体的な分析手順を詳しく解説している点にある。本書は，環境評価の入門書を読み終えた読者が次に手にする本，という位置付けを想定している。すなわち，環境評価の基本的知識を習得した読者が，実際に環境評価を行おうとした際に，その具体的な手順を学ぶことができるマニュアルとしての性格を備える。本書では，さまざまな実証研究を紹介する中で，アンケート票の作成，データの加工，プログラミングなど，実証研究を行ううえで必要となる一連の手順について具体的な解説を行う。なお，実証研究のテーマとしては，自然再生事業，レクリエーション，都市公園など，広範な事例を取り上げる。

本書の第3の特徴は，最新の分析テクニックを詳しく解説している点にある。EMアルゴリズムを応用した潜在セグメントモデル，審議型貨幣評価，端点解モデル，空間ヘドニック法といった，表明選好法，顕示選好法，それぞれ

における最新の分析テクニックについて解説を行うとともに，近年注目を集めている実験経済学アプローチについても解説を行う。本書は，環境評価における実験経済学アプローチについて詳しく解説した国内初の文献である。近年，経済学においては，実験を用いた研究が盛んに行われているが，本書は，環境経済学のみならず，実験経済学，行動経済学，神経経済学など，実験を用いる他の分野の研究者にとっても有益であると思われる。

**本書の構成**

　本書は3部からなる。第I部では，表明選好法について取り上げる。第1章でCVMとコンジョイント分析の基礎および研究動向を紹介したうえで，第2章と第3章で最新テクニックを解説する。第2章では選好の多様性を把握するための方法としてEMアルゴリズムを応用した潜在セグメントモデルについて解説する。第3章では選好の多様性が存在する場合に発生する利害対立を緩和する方策として，集団での議論を踏まえたうえで評価を行う審議型貨幣評価について解説する。

　第II部では，顕示選好法を取り上げる。第4章でトラベルコスト法とヘドニック法の基礎および研究動向を紹介したうえで，第5章と第6章で最新テクニックを解説する。第5章ではトラベルコスト法研究の最新テクニックである端点解モデルについて解説する。第6章ではヘドニック法研究の最新テクニックである空間ヘドニック法について解説する。

　第III部では，実験経済学アプローチを取り上げる。第7章で実験経済学アプローチの基礎および研究動向を紹介したうえで，第8章では経済実験デザインの詳細を，第9章では経済実験の実施手順の詳細をそれぞれ解説する。

　なお，本書では環境評価の入門書を読み終えた読者を対象としているが，環境評価に初めて取り組むという読者に対しては鷲田豊明『環境評価入門』（勁草書房，1999）などの入門書が参考になるだろう。また本書で比較的難易度の高いと思われる部分については，節題に「*」を付けた。実務で環境評価を用いる場合や，環境評価に取り組んで間もない若手研究者などの場合，最初に本書を読むときには，「*」の付いた部分は読み飛ばしても全体的な内容を理解できるように配慮した。

本書が環境評価に関する研究・実務の両面の発展に少しでも貢献すれば幸いである。

2011 年秋

執筆者を代表して　柘植隆宏・栗山浩一・三谷羊平

# 目　次

まえがき

## 第 I 部　表明選好法

**第 1 章　表明選好法の新展開** ……………………… 竹内憲司・伊藤伸幸　3
　1.1　表明選好法とは何か　3
　1.2　表明選好法の手続き　5
　1.3　表明選好法の研究動向　8
　1.4　経済理論と基本テクニック　14
　1.5　まとめ　25

**第 2 章　表明選好法の最新テクニック 1：選好の多様性**
　……………………………………… 栗山浩一・庄子康・三谷羊平　27
　2.1　研究の背景　27
　2.2　潜在クラスモデルの詳細　31
　2.3　潜在クラスモデルの実際：
　　　 釧路湿原における自然再生事業の評価　48
　2.4　まとめと今後の課題　52

**第 3 章　表明選好法の最新テクニック 2：審議型貨幣評価**
　……………………………………………… 伊藤伸幸・竹内憲司　54
　3.1　研究の背景　54
　3.2　審議型貨幣評価の詳細　64

3.3 審議型貨幣評価の実際　65
3.4 まとめと今後の課題　78

## 第 II 部　顕示選好法

### 第 4 章　顕示選好法の新展開 ………………………庄子康・星野匡郎・柘植隆宏　83
4.1 顕示選好法とは何か　83
4.2 顕示選好法の手続き　84
4.3 トラベルコスト法の経済理論と基本テクニック　86
4.4 ヘドニック法の経済理論と基本テクニック　94
4.5 まとめ　103

### 第 5 章　顕示選好法の最新テクニック 1：端点解モデル
………………………………………… 柘植隆宏・庄子康・栗山浩一　105
5.1 研究の背景　105
5.2 端点解モデルの詳細　107
5.3 端点解モデルの実際：
　　北海道内の自然公園への訪問行動の分析　117
5.4 まとめと今後の課題　122
付録 1　ヤコビアン変換　123
付録 2　ランダムパラメータモデルの概要　124

### 第 6 章　顕示選好法の最新テクニック 2：空間ヘドニック法
……………………………………………………………………星野匡郎　126
6.1 研究の背景　126
6.2 空間ヘドニック法の詳細　130
6.3 空間ヘドニック法の実際：都市公園の経済評価事例　143
6.4 まとめと今後の課題　148

## 第 III 部　実験経済学アプローチ

第 7 章　実験経済学アプローチの新展開 ………………………… 三谷羊平　151
　　7.1　実験アプローチとは何か　151
　　7.2　実験アプローチの基本テクニック　154
　　7.3　環境経済学における実験アプローチの研究動向　164
　　7.4　実験室からフィールドへ　179
　　7.5　まとめ　180

第 8 章　実験アプローチの最新テクニック 1：経済実験デザイン
　　　　 ……………………………………………………………… 三谷羊平　182
　　8.1　はじめに　182
　　8.2　経済実験デザインの詳細　183
　　8.3　妥当性と信頼性　204
　　8.4　まとめ　207

第 9 章　実験アプローチの最新テクニック 2：
　　　　 実験実施とフィールド実験 ………… 三谷羊平・栗山浩一・庄子康　208
　　9.1　はじめに　208
　　9.2　経済実験の実施手順　209
　　9.3　経済実験ソフトウェア z-Tree の使い方　213
　　9.4　フィールド実験の具体例　223
　　9.5　実験アプローチにおける内的妥当性と外的妥当性　229
　　9.6　環境評価研究の今後の課題　233

補論　厚生測度の経済理論 ……………………………………………… 柘植隆宏　235
　　A.1　はじめに　235
　　A.2　消費者行動理論　235
　　A.3　価格変化の厚生測度　237

A.4　環境変化の厚生測度　241

参考文献 …………………………………………………………… 249
あとがき …………………………………………………………… 267
索　引 ……………………………………………………………… 269

# 第 I 部　表明選好法

# 第1章　表明選好法の新展開

竹内憲司・伊藤伸幸

## 1.1　表明選好法とは何か

　財やサービスに対する人々の好みは，市場を観察すれば，ある程度知ることができる。ある財にある価格が付いていたら，それは，その金額を支払ってでもその財を入手したいと思う人が，ある程度いることを示している。もし誰もその金額を支払うつもりがなかったら，遅かれ早かれ，その財は市場から姿を消すだろう。これに対して，きれいな大気や豊かな生態系に関する好みは，簡単には把握できない。その一因は，環境という財が市場で取引されていないためである。こうした財を「非市場財」と呼ぶ。環境という財は多くの人にとって大切なものであるが，価格が付いていないため，その価値は経済的な意思決定において無視されがちとなる。

　表明選好法とは，アンケート調査を用いて仮想的な市場を創り出し，人々の非市場財に対する選好を直接的に明らかにする方法のことを指す。表明選好法では，財の供給も，財を入手するための支払も，仮想的である。このことは，環境評価におけるもう1つの潮流である顕示選好法と，対照的である。顕示選好法では，住宅の購入や森林公園への訪問など，行動として現実化したデータを用いる。これに対して，表明選好法で分析に用いられるデータは，アンケートの回答者が，アンケート調査票に示されている財を手に入れる状況を想像し（供給の仮想性），お金を支払うつもりになって（支払の仮想性）表明した選択の結果である。

表明選好法の長所は，環境をはじめとする非常に幅広い種類の非市場財の評価を行うことができる点にある。アンケートの中で現実には存在しない財を設定したり，仮想的な水準の環境改善を提示したりすることが可能なため，データの入手可能性やこれまでの政策の範囲に縛られない柔軟性を持っている。また環境財に関しては，非利用価値（non-use value）の概念が保全動機として重要な場合がある。非利用価値とは，一度もその場所を訪れることはないけれども保全に対して支払をしたいという考えであり，地球規模の気候変動や希少な動植物の保全など，地球環境問題の多くがこれに関連している。非利用価値の評価は，表明選好法では可能であるが，顕示選好データを用いて行うことは非常に難しい。

　表明選好法に分類される代表的な手法として，CVM（contingent valuation method：仮想評価法），コンジョイント分析（conjoint analysis）がある。いずれもアンケートを用いて仮想的な財に対する支払意志額を聞き出す点では共通しているが，CVMでは評価される環境変化を1つの属性で表現し，コンジョイント分析では多数の属性で表現する。以下では，CVMを用いた，日本国内における研究事例を2つ紹介しよう。例1は生態系保全の評価，例2は発がん性物質削減の評価を行っている。

## 例1：生態系保全の評価

　栗山（1997）は，CVMを用いて，松倉川における生態系保全の価値を評価した。松倉川は函館市内を流れる河川であり，ダム建設が計画されていたが，アンケート調査票ではこの計画を中止し，ダム以外の方法で治水や利水を行う政策が提示された。函館市と札幌市の住民を対象とした調査の結果，保全政策に対する支払意志額の中央値は8,756円，平均値は13,016円と推計された。

## 例2：発がん性物質削減の評価

　山本・岡（1994）は，CVMを用いて，発がん性物質であるトリハロメタン除去に対する支払意志額を推定した。トリハロメタンは水道水の浄水過程での塩素処理によって生成する発がん性物質である。アンケート調査票では，トリハロメタンをほぼ完全に取り除くような架空のろ過器が開発されたとして，

その価格を提示し，それを購入する意志があるかどうかが尋ねられた。平均で $3.3 \times 10^{-6}$ に相当する死亡リスク削減に対する支払意志額は，線型モデルによると，中央値で 33,400 円，平均値で 30,800 円から 34,800 円と推計された。

　表明選好法はきわめて実践的な性格を持っているため，これまでさまざまな形で現実の政策に活用されてきた。たとえば欧米では，政府の規制や政策がかかった費用を上回る便益を社会にもたらしているかどうかを検討する費用便益分析が制度として義務付けられている場合があり，その材料としてよく用いられている。日本国内でも，公共事業の費用対効果分析において，表明選好法や顕示選好法が適用可能な手法として位置付けられ，活用されている。

　表明選好法が社会的注目を浴びることになったきっかけとして，1989 年のエクソン・バルディーズ号事故を挙げることができる。エクソン・バルディーズ号事故では，大型の原油タンカーが座礁し，アラスカ湾の漁業や生態系に大きな被害が発生した。このうち生態系損害について，アラスカ州政府をはじめとする原告が賠償を請求する際の被害額算定に，表明選好法の 1 つである CVM が用いられたのである（Carson et al. 2003）。こうした被害額算定に CVM を用いることができるかどうかをめぐって激しい論争が起きたため，自然資源損害評価の文脈で CVM を実施する際のガイドラインが，ノーベル経済学賞受賞者らがメンバーとなった委員会によって編纂された（Arrow et al. 1993）。これは NOAA ガイドラインと呼ばれている[1]。NOAA ガイドラインにすべてしたがうとアンケート調査の実施費用がとても高くなってしまうため，研究を目的とした実践では必ずしも遵守されているわけではないが，ガイドラインが指摘した項目は，その後の表明選好法研究に大きな影響を与えた。

## 1.2 表明選好法の手続き

　表明選好法を実際に行う際の手続きは，以下の 4 段階に分けることができる。

---

[1] エクソン・バルディーズ号事故の CVM 評価および NOAA ガイドラインの詳細については栗山 (1997) を参照。

1. 課題の定義
2. 評価方法の選択
3. アンケート調査の設計と実施
4. 推定と分析

　まず分析者は，課題を定義する必要がある．課題とは，たとえば「新しい統計的手法を使った場合に支払意志額の推定精度はどれくらい改善するか」，「新しい環境規制を導入することによる健康上の便益はどの程度か」，などの具体的な評価の目的である．この段階で，しっかりと理論モデルを構築しておくことが望ましい．得られたデータをどのような理論に基づいて解釈するのかがはっきりしていなければ，推定した値の意味が不明瞭になってしまうからである．また，理論モデルをしっかりと検討することで，どのようなデータを収集する必要があるかが明確になる．これ以降のステップで，アンケート調査の設計についてさまざまな決断をする際に，「はじめに設定した課題に答えることができるかどうか」という視点は，とても重要な判断基準となる．したがって，出発点で課題をできるかぎり明確にすることが望ましい．

　次に，評価方法を選択する必要がある．本章ではすでに評価方法として表明選好法が選択されていることを前提とするが，顕示選好法を用いた方が適切な場合や，新たなアンケート調査をすることなしに既存のデータを活用すれば十分な場合もあるだろう．はじめに設定した課題にふさわしい方法を選択する必要がある．

　アンケート調査の設計と実施は，表明選好法においてもっとも特徴的なステップである．データ収集にあたってはアンケート調査票の作成がもっとも重要な役割を果たすが，アンケート調査の設計とは，調査票の作成だけではなく，調査媒体の選択や調査時期の決定など，調査にまつわる諸々の計画を練り上げていく全体のプロセスを指す．

　アンケート調査予算を大きく左右するのが，調査媒体の選択と，サンプルサイズである．調査媒体には郵送，インターネット，訪問面接などがある．郵送調査は安価であるが，回収率が低くなったり，回答者が高齢者に偏ったりすることがある．インターネット調査は短期間に多数の回答を回収できるが，回答

者がインターネット利用者や，調査会社に登録しているモニターに限られるという制約がある。訪問面接調査は非常に高価であるが，比較的偏りのないサンプルから回答が得られる。調査媒体を選択するにあたっては，予算と時間の制約をどうしても考慮せざるをえないが，一方でできる限りサンプルの偏りを少なくする工夫をすべきであろう。

　サンプルサイズはどれくらい必要だろうか。想定している母集団の数や，サンプリング誤差の許容範囲を考慮して，サンプルサイズを決定することが望ましい。母集団の数が 100,000 から 1 億の場合，サンプリング誤差を 5% 以内にするには約 380 のサンプルが必要である（Salant and Dillman 1994）。ただしサンプリング誤差を 2.5% 以内にしようとすると，この値は約 1,500 になる。また 2 つのアンケート調査票を用意して回答結果を比較する場合，サンプルサイズは 2 倍必要になる。有効回収率が低くなると予想される場合には，最終的に使うことのできるサンプルサイズを考慮しながら，あらかじめ多めにサンプリングを行う必要がある。

　表明選好法のアンケート調査では，汚染物質の削減や景観の維持など，これまでお金を明示的に支払った経験のない財についての質問が行われる。調査の内容によっては，評価対象となっている自然環境について，あまり知識のない回答者が多くいるような場合もあるだろう。したがってアンケート調査票の作成にあたっては，誤解を招く表現や誘導的な部分がないよう注意し，専門的知識がある人にもない人にも意見を聞きながら，進める必要がある。いきなり本番の調査を行うのではなく，少人数のフォーカスグループ調査やプレテストを踏まえて調査票を改善することが望ましい。こうしたプロセスを通じて，質問の文言，図や写真の選択，提示額の設定，支払手段といった，アンケート調査票の内容を細かく吟味していく必要がある。

　収集したデータの分析には，GAUSS，LIMDEP，STATA といった統計・計量経済分析用のソフトウェアが用いられる。こうしたソフトウェアの多くにはさまざまな分析プログラムがあらかじめ備わっているため，メニューからコマンドを選び，変数や分析オプションを選んでいくだけでかなりの分析が可能である。より複雑な分析を行うためには，それぞれのソフトウェア上で独自に組んだプログラムを走らせる必要がある。一方，ノンパラメトリックな解析を

行うのであれば，表計算ソフトだけでも対応が可能である。

## 1.3 表明選好法の研究動向

　表明選好法ではアンケート調査を用いることから，調査票で用いる説明や質問の方式が回答に影響を与え，さまざまなバイアスを生む可能性がある。このため，アンケート設計を工夫して評価結果の信頼性を改善することが，研究が始まった初期の段階から中心的なテーマとなってきた。下記に，よく取り上げられるバイアスの種類と内容をまとめる。

**戦略バイアス**
回答者が意図的に評価額を過大表明したり，過小表明したりすること。たとえば，ある森林公園の維持がすでに決定している状況で「どれだけの費用負担をするつもりがあるか」と尋ねられた場合，回答者にとっては，より低い金額を答えた方が，同じサービスを享受しながら支出を抑えられるため得である。

**部分全体バイアス**
評価対象となっている環境財の大きさや範囲を適切に伝えることに失敗した場合に，発生する。表明選好法においては，回答者にとってなじみのない財を評価対象とすることもあるため，その内容をしっかりと理解させることが重要である。アンケート調査票における説明が不十分な場合，部分全体バイアスが引き起こされ，結果として評価対象のサイズが変化しても支払意志額が変化しない「スコープ無反応性（scope insensitivity）」（Kahneman and Knetsch 1992; Desvousges et al. 1993）が観察されるかもしれない。

**支払手段バイアス**
たとえある環境財に対して正の支払意志額を感じていたとしても，増税には断固として反対という立場の回答者は，支払手段が税金である限り，支払に同意しない。このような支払手段の選択によって引き起こされる回答の偏りを，支払手段バイアスと呼ぶ。また，評価対象の内容そのものではなく，評価シナリオに対する不満を原因とした支払への不同意を，より一般的に「抵抗回答（protest bids）」や「抵抗感からのゼロ円回答（protest zero bids）」と呼ぶ。

**仮想バイアス**

表明選好法では支払が仮想的であるために，回答者は金銭的負担をあまり真剣に感じず，真の選好よりも高い支払意志額を答えてしまうかもしれない。あるいは財の供給が仮想的であるために，回答者は支払う意欲をあまり持てなくなり，真の選好よりも低い支払意志額を答えてしまうかもしれない。

近年における表明選好法の研究動向として，Adamowicz and Deshazo (2006) は4つを指摘している。第1に，実験経済学的な方法による仮想バイアスの研究である。表明選好法では，支払の仮想性と財供給の仮想性という2つの仮想性があり，これらを原因としたバイアスが起きる可能性がある。一方，実験経済学的な方法では，被験者は実際にお金を支払い，実際に財を手に入れるため，このようなバイアスは発生しない。そこで，実験経済学的な方法による評価結果をベンチマークとし，表明選好法による評価結果との比較を行うことで，仮想バイアスの程度を調べ，バイアスを軽減する方策について考えることができる[2]。

Harrison (2006) は，仮想バイアスは非常に重要かつやっかいな存在であり，単に回答方式を変更することによっては軽減できないと指摘する。仮想バイアス軽減の方法として Harrison (2006) が挙げるのは，「アンケート調査票による対策 (instrument calibration)」「統計分析による対策 (statistical calibration)」の2つである。アンケート調査票による対策の例としては，回答に関する確信度の確認 (Blumenschein et al. 1998) や，チープトークの活用 (Cummings and Taylor 1999) がある。

Blumenschein et al. (1998) は，CVM の回答者がどの程度確信をもって「支払に同意する」と回答しているかを検討している。彼らは回答者が「支払に同意する」と答えた場合，その答えの確信度について「かなりの程度そう思う」「絶対にそう思う」のどちらかに当てはまるか，尋ねてみた。これらのうち後者（「絶対にそう思う」）に当てはまると答えたデータのみを支払に同意したものとみなした場合，CVM の結果は実際の支払を求めた場合の結果と近く

---

[2] 実験経済学による仮想バイアスの分析については第7章を参照。

なることがわかった。

　ゲーム理論において「チープトーク」とは，ゲームの参加者同士による，利得を変えないような情報のやりとりのことをいう。Cummings and Taylor (1999) は，この考え方を CVM に持ち込み，仮想バイアスの存在について十分な注意喚起を行ったうえで回答してもらうという対策をとった。この方法は，予算制約を十分に考慮させるよう求めた NOAA ガイドラインの内容とも合致している。結果として，チープトーク・デザインを施したアンケート調査票を用いれば，仮想支払の場合と実際の支払を求めた場合とで，金額に有意な差はないことが示された。ただし List (2001)，Aadland and Caplan (2003)，Brown et al. (2003) は仮想バイアスが解消されなかったという結果を示しており，チープトーク・デザインも万能というわけではない。

　もし仮想バイアスの傾向が統計的なモデルで説明できるなら，それを用いてバイアスを修正することはできるだろうか。Blackburn et al. (1994) はそのような課題に取り組んだ研究であり，被験者内 (within-subject) での仮想バイアス関数の推定を行ったうえで，それを被験者間 (between-subject) で移転することで，仮想バイアスの予想が可能かを検討している。使われているデータセットは Cummings et al. (1995) のものである。彼らは，被験者に 8 ドルのジューサーに対する購入意志を仮想的に尋ねた後，同じ被験者に対して実際の支払を求めた。すると仮想的な質問に対してはジューサーを「購入する」と答えていた回答者のうち 71％ が，実際には支払いたくないと答えた。回答のパターンを回答者の属性で回帰したバイアス関数を推定すれば，これを用いて，ある財に関する CVM の調査データから，どの程度の回答者が実際には支払わないかを予想できる。

　第 2 の研究動向は，コンジョイント分析における選択セット (choice set) のデザインである。コンジョイント分析では，評価対象をいくつかの属性に分けて表現し，さまざまな水準をとる属性の束を 1 つの選択肢として提示する。1 つ 1 つの選択肢はプロファイル，プロファイルの組み合わせは選択セットと呼ばれる。選択セットのデザインとは，属性数や水準数をいくつにするか，水準の幅をどの程度とるか，1 つの設問で提示されるプロファイル数をいくつにするか，といったさまざまな点について意思決定を行うことである。こうした

デザインの違いが，評価結果に影響を与えることがいくつかの研究で指摘されている。

単一の属性に対する評価を行う CVM と比べて，コンジョイント分析は多数の属性に対する評価を行うため，質問の複雑さが増す。DeShazo and Fermo（2002）は，質問の複雑さが回答の一貫性に与える影響を分析した。彼らの分析では，質問の複雑さは，属性の数，プロファイルの数，属性水準のばらつきによって表現されている。属性やプロファイルの数が多いほど，また属性水準のばらつきが大きいほど，選択にあたって考えなければいけない事項が増えるため，回答者にとっての複雑さは増すことになる。次に，選択確率関数におけるスケール・パラメータ（後述）を質問の複雑さの関数として定式化することで，回答の一貫性への影響を把握する。スケール・パラメータは誤差項の分散と反比例の関係にあるため，もし複雑さが大きいほどスケール・パラメータが小さくなっていれば，複雑さが増すほど回答の一貫性が失われることが確かめられる。分析の結果として，複雑さの増大がスケール・パラメータに与える影響は予想どおり負であること，こうした影響を考慮しないモデルは考慮したモデルに比べて，最大で33%の厚生測度に関する推定誤差を生むことがわかった。

Swait and Adamowicz（2001）は，情報理論におけるエントロピーの概念を導入し，選択セットにおける複雑さの問題を扱った。彼らは，質問の複雑さを各選択肢の選択確率を総計した関数として表現して，選択肢の数が増えたり，選択確率が似通っていたりすると，複雑さが増えるように定式化した。さらにこの指標を質問回数が増えると累積していくようにモデル化すると，回答者が疲れていくことの影響を検討することもできる。分析の結果，複雑さが増すほど，ブランド属性のみに頼った選択や，「何も選ばない」という選択が増えることがわかった。伝統的なモデルでは，回答者は各属性の水準を選択肢間でしっかりと見比べて効用が最大になるものを選択することが想定されてきた。しかしながら質問の複雑さが増したり，質問回数が増えて疲れが出てくると，部分的な情報に基づいて戦略を使って選択を行っているものと考えられる。

第3の研究動向は，個人の多様性（heterogeneity）に関する研究である。表

明選好法の理論的背景として用いられるランダム効用モデルに，個人の多様性を取り入れることは難しい。これは，選択肢間で効用の差をとったとき，個人属性の項が消えてしまうためである。したがって，ランダム効用モデルにおいて個人属性を取り入れるには，他の属性との交差項を導入したり，特定の個人属性に着目した理論モデルを構築したりする必要がある。しかしながらこれらの方法では，限定された個人属性を随意に選んで分析に取り入れることになる。また混合ロジットモデルを用いれば，個人によってパラメータがランダムに変化するように定式化することもできるが，この方法では多様性がそもそもなぜ存在するのか，という疑問にあまりうまく答えることができない。こうした観点から，潜在クラスモデルを用いた分析が注目されている。

潜在クラスモデルは，選択に関する心理的な変数や社会経済的変数を用いて，個人をいくつかのクラスに分類し，選好の多様性を説明しようとする[3]。たとえば自然公園への訪問客には，のんびりと風景を楽しみたい人，ハードな山登りを楽しみたい人，カヌーや釣りなどのアクティビティを楽しみたい人など，さまざまなタイプの個人がいる。そのため，自然公園の施設属性に対する評価も，タイプごとに異なることが考えられる。潜在クラスモデルにおけるクラスとは，選好パラメータが似ている個人を隠れた集団として捉えるための概念である。

Boxall and Adamowicz (2002) は，潜在クラスモデルを用いて，自然公園への訪問意向を分析した。彼らは，自然公園を訪れる動機として，「自分の能力を高めるため」「仕事のストレスから逃れるため」などの 20 項目についてどれくらい当てはまるかを答えてもらったうえで，因子分析を用いて回答から 4 つの心理変数を抽出した。さらにこれらの心理変数を用いて，ある回答者があるクラスに属する確率を説明するメンバーシップ関数を推定するとともに，クラスごとに異なる選好パラメータを推定した。たとえば，ある自然公園で利用者の混雑が問題となっており，入場制限を行う政策が提案されているとしよう。政策実施の結果，他の訪問客と遭遇する可能性が変化することの影響を分析する際，訪問客のタイプを区別しないモデルを用いると，遭遇する可能性

---

[3] 潜在クラスモデルの詳細は第 2 章を参照。

が低くなるほど効用が高まるという全体の傾向しか把握できないが，潜在クラスモデルを用いると，どのタイプの個人にとって正の影響が大きいかが把握でき，政策の分配面への効果をより詳しく検討できる．

上述した Boxall and Adamowicz (2002) が心理変数を説明変数としたメンバーシップ関数を推定しているのに対して，Morey et al. (2006) は，こうした心理変数は説明変数ではなく，被説明変数として扱われるべきだと主張する．すなわち心理的設問に対する回答は，あるクラスに属することの原因ではなく，あるクラスに属している結果としての選好の表明であると解釈している．Morey et al. (2006) は，心理的設問に対する回答パターンをうまく説明するクラス数を求め，そのうえで所得や性別などの観察可能な説明変数によってメンバーシップ関数を推定する方法を提案している．

第4の研究動向は，モデル平均化 (model averaging) による真の値の推定である．表明選好法では，さまざまな質問方式による評価，さまざまなモデルの特定化が可能である．いくつかの方法で同じ評価対象を評価した場合，ある方法が別の方法に比べて評価額が高いか低いかはわかるが，それぞれの方法には方法に特有の誤差があるため，どの方法による評価が「真の値」に近いかはわからない．そこでいくつかの方式によって収集したデータをプールし，方法論の選択に対して頑健な評価を求める戦略が考えられる．

Layton and Lee (2006) は，Buckland et al. (1997) によるモデル平均化の方法論を表明選好法に適用している．まず同じ評価対象について，複数の質問方式，複数のモデルを使った選好パラメータの推定を行う．次に，モデルの適合度を評価する指標である AIC (Akaike Information Criterion：赤池情報量基準) や BIC (Bayesian Information Criterion：ベイズ情報量基準) を利用したウェイトによって，各推定モデルから計算される支払意志額を重み付け，支払意志額の加重平均値を算出している．従来のモデル選択では，適合度の高い唯一のモデルを選ぶ手続きをとるのに対し，モデル平均化の方法では，相対的な適合度のウェイトを使って，多数のモデルで推定されている情報を統合する手続きをとる．

これらの研究動向は，表明選好法の分析手法がさらに発展し，さらに詳細な政策インパクトの把握が可能になってきていることと同時に，手法の複雑化に

ともなってさまざまな課題が提起されていることを示している。たとえば潜在クラスモデルは個人の多様性を把握することを可能にするが，メンバーシップ関数がどのような構造をもっており，どのように生成されるのかについては，まだ合意はない。また，「正しい評価額」あるいは「真の値」をどのように捉えるかについても，研究者間で大きなアプローチの違いがある。実験経済学を用いたアプローチでは，実験室での評価結果を「真の値」として捉えるが，モデル平均化のアプローチでは，「真の値」を1つのモデルによって捉えることをせず，多数のモデルの加重平均から算出する。何をもって「真の値」とするのか，表明選好法の結果がそこからどのように離れているのかについて，今後さらに研究を進めていく必要がある。

本書では以上の研究動向のうち，第2章において，個人の多様性に焦点を当てた研究として，潜在クラスモデルをはじめとする新しい分析手法の理論と適用例を検討する。また第3章では，個人の多様性を起因とした利害対立を緩和する方策として審議型貨幣評価に着目し，研究の流れと適用例を概観する。さらに第7章以降では，実験経済学の方法論を用いた環境評価研究について紹介する。

## 1.4　経済理論と基本テクニック

### 1.4.1　CVM

CVMは，仮想的な環境政策をアンケートで提示し，これに対する支払意志額を尋ねることで環境の価値を評価する。CVMの回答方式には，自由回答方式（open-end format），競りゲーム方式（bidding game format），支払カード方式（payment card format），二肢選択方式（dichotomous choice format）などがある。

**自由回答方式**
回答者が，選択肢や手がかりなしに，自らの支払意志額そのものを表明する。
**競りゲーム方式**
調査者が回答者にある金額を提示し，それを支払うかどうか尋ねる。もし答え

が「はい」なら金額を上げ，答えが「いいえ」ならば金額を下げて，質問が繰り返される．提示額が支払意志額に達したところで，質問をストップする．
**支払カード方式**
調査者が回答者に金額のリストを提示する．回答者は，そのリストの中で自らの支払意志額にもっとも近い値を選択する．
**二肢選択方式**
調査者が回答者にある金額を提示し，それを支払うかどうか尋ねる．

　自由回答方式は回答者にとって答えにくいほか，シナリオに抵抗を感じた回答者が0円や極端に高い金額を答える可能性があるため，現在ではあまり使われていない．競りゲーム方式は時間がかかるうえ，最初の提示額によって最終的な支払意志額が左右される「開始点バイアス（starting point bias）」の可能性が指摘されている．また支払カード方式は提示されたリストの範囲によって支払意志額が左右される「範囲バイアス（range bias）」の可能性が指摘されている．以下では，通常の市場行動に近いため答えやすいという特徴を持つ二肢選択方式を取り上げ，その理論的背景として想定されることの多いランダム効用モデルによる分析方法を解説する．
　環境水準 $q^j(j=1,0)$ を，いま評価対象となっている環境の状態を示す変数であるとしよう．それは大気汚染の濃度でも，保全される森林の面積でもよい．二肢選択方式のCVMでは，調査者が回答者$n$に提示額$p_n$を示し，支払に同意すれば環境水準$q^1$が達成されること，支払に同意しなければ環境水準は$q^0$となることを説明する．支払に同意しない場合に実現する$q^0$は，政策が実施されない現状維持（status-quo）の場合に，環境がどのような状態になるかを示しているといえる．
　ランダム効用モデルでは，選択にともなう回答者$n$の間接効用を，確定的な項$V$と確率的な項$\varepsilon$との和で表す．CVMの質問に対して「はい」と答えた場合の効用$U_{n1}$，「いいえ」と答えた場合の効用$U_{n0}$は，それぞれ下記のように表される．

$$U_{n1} = V(q^1, M_n - p_n) + \varepsilon_{n1} \tag{1.1}$$

$$U_{n0} = V(q^0, M_n) + \varepsilon_{n0} \tag{1.2}$$

ここで $M_n$ は所得，$p_n$ は「はい」と答えた場合の負担額，$q^1$ は環境改善が行われた場合の環境水準，$q^0$ は環境改善が行われない場合の環境水準である。

回答者は，質問に対して「はい」と答えた場合の効用 $U_{n1}$ が，「いいえ」と答えた場合の効用 $U_{n0}$ を上回るとき，「はい」と答える。したがって，「はい」と回答する確率は下記のように表すことができる。

$$\begin{aligned} P_{n1} &= P[U_{n1} > U_{n0}] \\ &= P[V(q^1, M_n - p_n) + \varepsilon_{n1} > V(q^0, M_n) + \varepsilon_{n0}] \\ &= P[V(q^1, M_n - p_n) - V(q^0, M_n) > \varepsilon_{n0} - \varepsilon_{n1}] \\ &= P[\varepsilon_n > -\Delta V_n] \end{aligned} \tag{1.3}$$

ただし $\varepsilon_n = \varepsilon_{n1} - \varepsilon_{n0}$，$\Delta V_n = V(q^1, M_n - p_n) - V(q^0, M_n)$ である。$\Delta V_n$ は効用差関数と呼ばれる。効用差関数のパラメータを推定するには，効用差関数を特定化するとともに，誤差項に関して何らかの仮定を置く必要がある。効用差関数については，下記のような線形あるいは対数線形の関数がよく用いられる。

$$\Delta V_n = \alpha + \beta p_n \tag{1.4}$$

$$\Delta V_n = \alpha + \beta \ln p_n \tag{1.5}$$

誤差項の差 $\varepsilon_n$ についてよく想定される分布は，ロジスティック分布と正規分布である。誤差項 $\varepsilon_{n0}$ と $\varepsilon_{n1}$ とが第一種極値分布にしたがうと仮定すると，誤差項の差 $\varepsilon_n$ はロジスティック分布にしたがう。したがって，回答者が「はい」と回答する確率 $P_{n1}$ は，下記のように表現することができる。これはロジットモデルと呼ばれる。

$$P_{n1} = \frac{e^{V(q^1, M_n - p_n)}}{e^{V(q^1, M_n - p_n)} + e^{V(q^0, M_n)}}$$
$$= \frac{1}{1 + e^{V(q^0, M_n) - V(q^1, M_n - p_n)}}$$
$$= \frac{1}{1 + e^{-\Delta V_n}} \tag{1.6}$$

一方,誤差項 $\varepsilon_{n0}$ と $\varepsilon_{n1}$ とが正規分布にしたがうと仮定すると,誤差項の差 $\varepsilon_n$ も正規分布にしたがう。このとき確率 $P_{n1}$ は,下記のようなプロビットモデルとして表される。

$$P_{n1} = \Phi(\Delta V_n) \tag{1.7}$$

ただし,$\Phi(.)$ は標準正規分布の累積分布関数である。効用差関数のパラメータ推定には,最尤法を用いる。回答者数を $T$,回答者が「はい」と答えた場合に 1 となるダミー変数を $d_n$ として,下記の対数尤度関数の値を最大にするようなパラメータを求める。

$$\ln L = \sum_{n=1}^{N} (d_n \ln P_{n1} + (1 - d_n) \ln P_{n0}) \tag{1.8}$$

推定されたパラメータをもとに,支払意志額を求める。支払意志額の代表値としては,中央値と平均値の2つを考えることができる。中央値は,回答者が「はい」と答える確率が 0.5 となる金額である。ロジットモデルで線形と対数線形の効用差関数を想定した場合,中央値は,推定されたパラメータから以下のように計算することができる。

$$\widetilde{WTP}_{linear} = -\frac{\alpha}{\beta} \tag{1.9}$$

$$\widetilde{WTP}_{log-linear} = \exp\left(-\frac{\alpha}{\beta}\right) \tag{1.10}$$

一方で平均値は,推定されたパラメータから以下のように計算することができる。

$$\overline{WTP}_{linear} = \int_0^{p_{\max}} \frac{1}{1+e^{-(\alpha+\beta p)}} dp \qquad (1.11)$$

$$\overline{WTP}_{log-linear} = \int_0^{p_{\max}} \frac{1}{1+e^{-(\alpha+\beta \ln p)}} dp \qquad (1.12)$$

ここで $p_{\max}$ は，最大提示額を意味する．平均値を求めるには，上式の積分範囲を提示額ゼロから無限大までとする方法も考えられる．しかしながら，モデルの形状によっては，無限大まで積分すると平均値が異常に大きな値になってしまう場合がある．また，CVM のアンケートでは最大提示額までしかデータをとっていないため，それよりも高い提示額についてはモデルを外挿していることになる．最大提示額を超えて，あまりに高い提示額まで推定されたモデルを当てはめて考えることは，妥当ではない．こうした事情から，多くの研究では，最大提示額までを積分範囲とする方法が用いられている．

中央値と平均値のどちらを代表値として用いるかについては，さまざまな意見がある．平均値を用いると分布の裾がどのような形状かによって，値が大きく異なる可能性がある．したがってモデル選択により頑健な値を選ぶという立場に立てば，中央値が用いられることになる．一方で平均値は，母集団の数を乗じることで社会にとっての総便益を算出することができるという特徴があり，費用便益分析に用いるにはこれを用いるのが適切であるという考えもある．中央値と平均値のどちらを代表値として採用するかによって，分析の結果がどう変わるかを明示することも重要であろう．

次に，分布を仮定しないノンパラメトリックな解析について紹介しよう（Haab and McConnell 2002）．回答者数を $N$ とし，$K$ 種類ある提示額を $p_j$ ($j = 1, 2, \ldots, K$) とする．ある回答者 $n$ が提示額 $p_j$ をともなう二肢選択方式の質問に「はい」と答える場合，この個人の支払意志額 $WTP_n$ は $p_j$ よりも高い．逆に「いいえ」と答える場合，この個人の支払意志額 $WTP_n$ は $p_j$ よりも低い．ある個人の支払意志額 $WTP_n$ が $p_j$ よりも低くなる確率を，提示額に関する累積分布関数 $F_j = F(p_j)$ で表現すると，以下のようになる．

$$P(WTP_n < p_j) = F_j \qquad (1.13)$$

回答者は，提示される金額によって $K$ 個のグループ $T = \{T_1, T_2, \ldots, T_K\}$

に振り分けられる（$T_j$ は各提示額における回答者数）。また，ある提示額について「はい」と答えた回答者数を $R_j$，「いいえ」と答えた回答者数を $S_j$ で表す。独立同一な回答者がランダムに選ばれランダムな提示額を与えられていれば，回答者の反応は成功確率が $(1-F_j)$ の独立なベルヌーイ試行（A か B のどちらかしか起こらない事象）と捉えることができる。さらに $F_j$ を，観察された $R_j$，$S_j$，$T_j$ から推定すべきパラメータであると考えると，すべての提示額に関する $F_j$ の対数尤度関数を，以下のように表すことができる。

$$\ln L = \sum_{j=1}^{K} [S_j \ln(F_j) + R_j \ln(1-F_j)] \tag{1.14}$$

上記の対数尤度関数を最大にするような $F_j$，すなわち $F_j$ の最尤推定量は，下記のようになる。

$$F_j = S_j/T_j \tag{1.15}$$

つまり，ある回答者の支払意志額がある提示額よりも小さいという確率の最尤推定量は，その提示額について「いいえ」と答えている回答者が，回答者の総数に占める割合と等しい。サンプルサイズが多ければ，上記の $F_j$ は提示額が高くなるとともに単調に増加していく（$F_j < F_{j+1}$）。しかしながら実際にデータを集めてみると，$F_j > F_{j+1}$ となる（より高い提示額について，より少ない割合の回答者が「いいえ」と答えている）ような場合もある。こうした場合は，単調性が確保されるまでデータをプールして $F_j$ の計算を行うカプランマイヤー推定量（Kaplan-Meier Estimator）を用いる方法がある（Carson et al. 1994; Haab and McConnell 1997）。

ノンパラメトリックな解析においては，支払意志額の中央値は範囲をもって推計される。まず各提示額について $F_j$ を計算し，これが 0.5 以下となる提示額のうち最大のものが，中央値の下限である。また $F_j$ が 0.5 以上となる提示額のうち最小のものが，中央値の上限である。

一方で，$f_{j+1} = F_{j+1} - F_j$ とすると，支払意志額の平均値の下限は次のように推計される。

表 1.1 ノンパラメトリックな支払意志額推定

| $p_j$ | $S_j$ | $T_j$ | $F_j$ (制約なし) | $F_j$ (KM) | $f_j$ (KM) |
|---|---|---|---|---|---|
| 500 | 15 | 50 | 0.3 | 0.28 | 0.28 |
| 1,000 | 13 | 50 | 0.26 | - | - |
| 3,000 | 20 | 50 | 0.4 | 0.4 | 0.12 |
| 5,000 | 35 | 50 | 0.7 | 0.7 | 0.3 |
| 10,000 | 45 | 50 | 0.9 | 0.9 | 0.2 |
| 10,000 以上 | - | - | 1 | 1 | 0.1 |

注：KM はカプランマイヤー推定量。

$$W_{lb} = \sum_{j=0}^{K} p_j \cdot f_{j+1} \tag{1.16}$$

仮想的な数値例を用いて，ノンパラメトリックな解析による支払意志額の推計について説明しよう．表 1.1 には，1 列目に提示額 ($p_j$)，2 列目に「いいえ」と答えた回答者数 ($S_j$)，3 列目に各提示額の回答者数 ($T_j$)，4 列目以降に提示額 $j$ よりも支払意志額が低くなる確率を示す累積分布関数 $F_j$ および $f_j = F_j - F_{j-1}$ の最尤推定量が書かれている．回答者の総数は 250 人，提示額は 500 円，1,000 円，3,000 円，5,000 円，10,000 円の 5 種類あり，各提示額につき 50 名の回答を得たと想定している．最大提示額以上のカテゴリーとして「10,000 以上」を作り，これについて $F_j = 1$ としている．

単調性の制約を置かない場合，提示額が 500 円のときの $F_j$ は 1,000 円のときの $F_j$ よりも大きくなっている．これに対してカプランマイヤー推定量では，提示額が 500 円のときと 1,000 円のときのデータをプールして $F_j$ を推定する（$(15+13)/(50+50) = 0.28$）．このときプールされたデータを用いた推定量は，低い方の提示額に関する推定量となることに注意されたい．

カプランマイヤー推定量を用いた支払意志額の中央値は，$F_j$ が 0.5 以下となる提示額のうち最大のものが 3,000 円であり，0.5 以上となる提示額のうち最小のものが 5,000 円であるため，3,000 円から 5,000 円の間となる．一方でカプランマイヤー推定量を用いた平均値の下限は，

$$W_{lb} = \sum_{j=0}^{K} p_j \cdot f_{j+1}$$
$$= 0 \cdot 0.28 + 500 \cdot 0.12 + 3{,}000 \cdot 0.3 + 5{,}000 \cdot 0.2 + 10{,}000 \cdot 0.1$$
$$= 2{,}960 \tag{1.17}$$

と計算され，2,960円となる。ノンパラメトリックな解析は四則演算のみを用いるため計算が容易であるという長所を持っているが，複雑な分析にはあまり向いていない。

### 1.4.2　コンジョイント分析

　コンジョイント分析は，評価対象となる財を属性の束として把握し，属性水準の違いによって多種類の財を表現したうえで，各属性の限界的変化に対する評価を明らかにする方法である。たとえば森林は，木材生産，レクリエーション，水源保全，野生動植物の生息地提供などの多面的な便益をもたらすが，CVMでは，まとまりとしての森林保全に対する支払意志額しか評価できない。これに対してコンジョイント分析を用いれば，木材生産，レクリエーション，水源の保全，生息地提供といった各機能に対する個別の限界支払意志額を，一度に把握することができる。多面的な影響をもたらす環境政策の評価や，環境に配慮した商品に対する潜在的需要の推計において，コンジョイント分析は有用である。

　選択セットのデザインは，コンジョイント分析に特徴的な検討課題といえる。選択セットのデザインとは，属性数や水準数をいくつにするか，水準の幅をどの程度とるか，1つの設問で提示されるプロファイル数をいくつにするか，といったさまざまな点について意志決定を行うことである。すでに属性数や水準数は決まっているものとすると，次にそれらをどうやって組み合わせていくかという課題を検討する必要がある。

　属性がA，B，Cの3種類，水準が1か0の2種類であるとしよう。考えられるすべての属性と水準の組み合わせは，$2^3 = 8$通りとなる。表1.2に，すべての属性と水準の組み合わせを示す。これらすべての組み合わせを使う方法は，完全実施要因デザイン（full-factorial design）と呼ばれる。

表 1.2 すべての属性と水準の組み合わせ

| 番号 | A | B | C |
|---|---|---|---|
| 1 | 1 | 1 | 1 |
| 2 | 1 | 1 | 0 |
| 3 | 1 | 0 | 1 |
| 4 | 1 | 0 | 0 |
| 5 | 0 | 1 | 1 |
| 6 | 0 | 1 | 0 |
| 7 | 0 | 0 | 1 |
| 8 | 0 | 0 | 0 |

完全実施要因デザインは属性間の交互効果を検討できるという利点があるが，属性数や水準数が多くなると組み合わせの数が急速に増えてしまうという欠点がある。このような場合，特定の効果にのみ着目することで，検討する組み合わせの数を劇的に減らすことができる。主効果デザインはそのようなデザインの1つであり，属性間の交互効果がないものと仮定して，属性単独の効果のみを効率的に検討するように工夫を行う。主効果デザインによってプロファイルを作成するには，直交配列にしたがって評価したい属性水準を貼り付けていく方法や，SPSS Conjoint などのソフトウェアを用いて行う方法がある。さらに高度なデザインの方法として，D 効率性を用いる方法がある。D 効率性を用いる方法では，推定値の分散を最小化するようにデザインが行われるため，推定の効率性が高い。D 効率性に基づいたデザインを行う SAS プログラムを紹介している文献として，Johnson et al. (2007) がある。これらを含めた選択セットデザインの詳細については，柘植他 (2005)，Louviere et al. (2000) などを参照されたい。

コンジョイント分析の回答方式には，評定方式，ランキング方式，選択方式がある。

## 評定方式
回答者は，選択肢の望ましさを点数で評価する。
## ランキング方式
回答者は，複数の選択肢について望ましさの観点から順位を付ける。

**選択方式**
回答者は，複数の選択肢のうちもっとも望ましいものを 1 つだけ選ぶ．

以下では，これらの回答方式のうち，市場での選択行動に近く，もっとも回答者にとっての負担が少ないと思われる選択方式の方法論について紹介する．選択方式は，一般には選択型実験（choice experiment）と呼ばれている．選択型実験は，回答者がいくつかの選択肢の中からもっとも好ましいと思う選択肢を選ぶ．回答した結果を用いて，各属性間の限界代替率を推定することができる．価格を示す属性が含まれていれば，その係数との比を求めることで各属性に対する限界支払意志額を求めることができる．

下記のようなランダム効用モデルを想定する．回答者の間接効用が，確定的な項 $V$ と確率的な項 $\varepsilon$ との和で表されている．

$$U_{ni} = V(x_{ni}, \beta) + \varepsilon_{ni} \tag{1.18}$$

ここで $x$ は選択肢ごとや個人ごとに異なる属性水準，$\beta$ は属性水準のパラメータ，添え字の $n$ は個人を，$i$ は選択肢を表す．$\varepsilon_{ni}$ は，効用に影響を与えるが，分析者にとっては観察不可能な要素である．

選択セット $C = \{1, 2, \ldots, J\}$ の中から回答者 $n$ がプロファイル $i$ を選択する確率は，プロファイル $i$ を選択したときの効用がその他のプロファイルを選択したときの効用よりも高くなる確率である．これは以下のように表現することができる．

$$\begin{aligned} P_{ni} &= P(U_{ni} > U_{n1}, U_{ni} > U_{n2}, \ldots, U_{ni} > U_{nJ}) \\ &= P(U_{ni} > U_{nk}) \\ &= P(\varepsilon_{nk} - \varepsilon_{ni} < V_{ni} - V_{nk}) \quad \forall k \neq i \end{aligned} \tag{1.19}$$

誤差項 $\varepsilon_{ni}$ と $\varepsilon_{nk}$ が第一種極値分布にしたがうと仮定すると，誤差項の差はロジスティック分布にしたがう．回答者がプロファイル $i$ を選択する確率は，下記のような条件付ロジットモデルによって表すことができる（McFadden 1974）．

$$P_{ni} = \frac{e^{\mu V_{ni}}}{\sum_{k=1}^{J} e^{\mu V_{nk}}} \tag{1.20}$$

ここで $\mu$ はスケールパラメータであり，通常は 1 に基準化される．あるプロファイルの選択確率を示す上式をすべての選択確率について考慮することで，対数尤度関数を求め，これを最大化するようなパラメータを推定する．

$$\ln L = \sum_{n=1}^{N} \sum_{i=1}^{J} d_{ni} \ln P_{ni} \tag{1.21}$$

ただし $d_n$ は回答者 $n$ がプロファイル $i$ を選択したときに 1，それ以外のときに 0 となるダミー変数，$P_{ni}$ は回答者 $n$ がプロファイル $i$ を選択する確率である．

ある 1 つの属性が変化する場合に，効用関数が線形であれば，以下のような方法で限界支払意志額を求めることができる．線形の効用関数は以下のように表される．

$$V(x_{ni}, \beta) = \beta' x + \beta_p p \tag{1.22}$$

ただし，$V$ は効用のうち観察可能な確定項，$x$ は属性ベクトル，$\beta$ は属性の限界効用のベクトル，$p$ は負担額，$\beta_p$ は負担額の限界効用である．簡略化のため個人を示す添え字 $n$ と選択肢の添え字 $i$ は省力した．式を全微分すると，

$$\sum_{k=1}^{K} \frac{\partial V}{\partial x_k} dx_k + \frac{\partial V}{\partial p} dp = dV \tag{1.23}$$

となる．ただし，$x_k$ はベクトルを構成する各属性である．ここで効用一定 ($dV=0$) とおき，属性 $x_1$ 以外の属性を固定した状態で，属性 $x_1$ を少しだけ増やせば，属性 $x_1$ の増加による効用増加を打ち消すのに負担額をどれだけ変化させる必要があるかを調べることができる．これは，属性 ($x_1$) が追加的に 1 単位増えることに対する限界支払意志額にほかならない．

$$MWTP = \frac{dp}{dx_1} = -\frac{\partial V}{\partial x_1} \bigg/ \frac{\partial V}{\partial p} = -\frac{\beta_1}{\beta_p} \tag{1.24}$$

すなわち，推定された提示額の係数と各属性の係数との比によって，限界支払意志額を計算することができる．

## 1.5 まとめ

表明選好法は，顕示選好法と比べて，より広い範囲の評価対象に適用が可能な手法である．データを収集する際に独自に設計したアンケート調査票を用いるため，調査票で使われる文言，視覚資料の使用，支払意志額の尋ね方などに多くの自由度があり，柔軟性がきわめて高い．しかしながらこのことは，調査票の設計によって評価額の値が変わりうることも意味する．調査票の設計にあたっては，結果の信頼性を高める最大限の努力をする必要がある．このことは 1960 年代に CVM がはじめて研究に用いられて以来，ずっと変わらないテーマである．

表明選好法の最近の研究動向は，表明選好法の分析手法がさらに発展し，さらに詳細な政策インパクトの把握が可能になってきていることを示している．表明選好法の初期の研究では CVM が主に用いられていたが，1990 年代以降にコンジョイント分析が導入され，大きな発展を遂げた．コンジョイント分析は多数の属性を同時に評価することが可能であるため，さまざまな影響をもたらす政策の評価に有用である．しかしながら一方で，質問が複雑になることの評価額への影響は，まだ十分に明らかにされていない．また，潜在クラスモデルの適用は個人の多様性を把握するのに役立つが，クラスが形成されるプロセスのより詳しい理論化は，今後の課題として残っている．

表明選好法は，顕示選好法と異なり，財の供給も支払も仮想的である．仮想性そのものによって発生するバイアスがあるならば，アンケート調査票の設計によってこれを乗り越えることは不可能である．この場合，実験経済学の方法論を用いて，支払を実際に行ってもらうサンプルを準備し，これを仮想的な支払を行ってもらうサンプルと比較するというアプローチがある．一方で，表明選好法のさまざまなモデルによる評価結果を統合する方法を考案し，多数のモデルの加重平均として真の値を推計するというアプローチもある．今後はこれらのアプローチがさらに進化し，表明選好法のあらたな評価手法の提案へと発

展する可能性があるだろう。

　これ以降の2つの章では，表明選好法の最新の研究テーマの1つである個人の多様性に焦点を当てた研究を概観する。まず第2章において，潜在クラスモデルをはじめとする新しい分析手法の理論と適用例を検討する。また第3章では，個人の多様性を起因とした利害対立を緩和する方策として，集団での議論を踏まえたうえで評価を行う審議型貨幣評価に着目し，研究の流れと適用例を概観する。

# 第2章 表明選好法の最新テクニック1：選好の多様性

栗山浩一・庄子康・三谷羊平

## 2.1 研究の背景

　表明選好法を用いて環境の価値を評価する場合，すべての回答者が同じ選好を持っていると仮定されることが多い。だが，現実には環境の価値は人によって大きく異なるだろう。たとえば，生態系の価値に対しては，生態系という概念自体を知らず，生態系を守る必要性を感じないという人から，生態系を守るための保護活動に参加し，生態系に対して高い価値を認める人まで存在する。このように環境に対しては多様な選好を持った人々が存在するため，価値観の異なる人々の間で対立が生じることがあり，環境政策の意思決定を行ううえで選好の多様性を考慮することが重要となっている。

　このような背景から，表明選好法においても選好の多様性のモデル化に対して研究が進められてきた。選択型実験などで使用される離散選択モデルの枠組みで選好の多様性を分析するモデルとして，混合ロジットモデル（mixed logit model），潜在クラスモデル（latent class model），階層ベイズモデル（hierarchical Bayes model）が提案されている。表2.1は，従来のモデル（条件付ロジットモデル）と，選好の多様性を把握可能なその他のモデルを整理したものである。

　混合ロジットモデル[1]は，回答者の選好パラメータが正規分布などの確率分

---

[1] 混合ロジットモデルは，ランダムパラメータロジット（random parameter logit）モデルと呼ばれることも多い。混合ロジットモデルの詳細については，栗山・庄子（2005）およびTrain

表 2.1　選好の多様性を把握するモデル

| 名称 | 条件付ロジット | 混合ロジット | 階層ベイズ | 潜在クラス |
| --- | --- | --- | --- | --- |
| 概要 | 従来のモデル。すべての回答者が同一の選好パラメータを持つと仮定し，選好の差異は誤差項にのみ反映される。 | 選好パラメータが確率的に変動することを想定することで選好の多様性を把握するモデル。 | 選好パラメータに対して分布関数を仮定し，個人単位で選好パラメータを推定するモデル。 | 回答者が複数のグループから構成されると想定し，各グループ別に選好パラメータを推定するモデル。 |
| 選好の多様性の把握 | ×<br>全個人が同一と仮定 | ○<br>選好の分布を推定 | ○<br>個人単位で推定 | ○<br>グループ単位で推定 |
| 多様性の原因分析 | × | × | × | ○ |
| 利点 | シンプルなモデルのため推定が容易。 | 選好パラメータの分布形を推定できる。比較的安定して推定結果が得られることが多い。 | 個人単位で選好を調べることが可能。 | メンバーシップ関数を用いることで，選好の多様性の原因を分析できる。 |
| 欠点 | 選好の多様性を分析できない。 | 選好の多様性の原因を分析できない。推定にシミュレーションが必要。 | ベイズ推定のため，従来のモデルと直接比較ができない。選好の多様性の原因の分析が容易ではない。 | 尤度関数が複雑であり，推定パラメータの数が多いため，推定に失敗することが多い。 |

布にしたがって変動することを許容するモデルである。混合ロジットモデルでは，効用関数の選好パラメータの平均値と標準偏差の両方が推定されるため，回答者の選好の多様性を選好パラメータの分布関数の形状によって示すことが可能となる。ただし，混合ロジットモデルでは選択確率の厳密解を示すことができないため，対数尤度関数を計算する際には数百回〜数千回に及ぶ繰り返し計算をともなうシミュレーションが必要となる。このため，ハルトン系列などを用いることで，少ない繰り返し回数で効率的に推定を行うための方法が検討されている。一般的に，混合ロジットモデルでは比較的安定的にパラメータを

---

(2009) 第 6 章を参照されたい。

推定することが可能である。ただし，混合ロジットモデルは選好の多様性を示すことはできるものの，多様性の原因を分析することはできない。

階層ベイズモデル[2]は，選好パラメータに対して正規分布などの分布関数を仮定することで個人別の選好パラメータを推定するモデルである。個人$i$の選好パラメータ$\beta_i$が正規分布$N(b, \Sigma)$にしたがうとする。ただし，$b$は選好パラメータの平均，$\Sigma$は分散共分散行列である。このとき，観察された選択行動と選好パラメータの分布関数$N(b, \Sigma)$からベイズの定理により個人別の選好パラメータ$\beta_i$を生成することができる。さらに生成された$\beta_i$から今度は選好パラメータの平均$b$や分散共分散行列$\Sigma$を生成できる。このプロセスを推定値がある程度の範囲内に収束するまで繰り返す。階層ベイズモデルは，個人別に選好パラメータを推定することで選好の多様性を個人単位で把握することができるという利点があるものの，個人別のパラメータを生成する際にシミュレーションが必要であり，推定値が収束するまでには数千回の繰り返し計算が必要である。また推定にはベイズ推定を用いており，最尤法を用いる標準的な方法とは根本的な概念が異なるため，従来のモデルと直接的に比較ができない。さらに，階層ベイズモデルは個人単位で選好の多様性を推定できるものの，標準的な方法では選好の多様性の原因を分析することができないという欠点もある[3]。

潜在クラスモデル[4]は，回答者が異なる選好を持つ複数の集団（クラス）によって構成されると想定し，それぞれのクラス別に選好パラメータを推定することで選好の多様性をモデル化している。潜在クラスモデルは，クラス別に選好パラメータを推定できるので，環境政策の影響を各クラス別に分析することが可能となる。また，回答者がどのクラスに所属するのかを示すメンバーシップ関数を用いることで，選好の多様性が生じる原因を分析することも可能で

---

[2] 階層ベイズモデルの詳細は，Train（2009）第12章を参照されたい。
[3] Rossi et al.（1996）は，階層ベイズモデルの階層を1つ追加することにより，個人単位の選好パラメータを個人属性などの説明変数などに関連付けることで，選好の多様性の原因を分析している。ただし，階層が追加されることでモデルが複雑化し，推定時間も増加することから，このアプローチの普及には至っていない。
[4] 潜在クラスモデルは，潜在セグメントモデル（latent segmentation model）や有限混合モデル（finite mixture model）と呼ばれることもある。環境評価に潜在クラスモデルを用いた初期の研究には Provencher et al.（2002），Boxall and Adamowicz（2002），Shonkwiler and Shaw（2003）が含まれる。

ある。ただし，クラス別に選好パラメータを推定するため，クラス数が増加すると推定すべきパラメータが急増し，最尤法による推定が困難になることが多い[5]。

このように，選好の多様性を分析するためのモデルがいくつか開発されているが，環境政策の評価という観点からもっとも有望視されているのは潜在クラスモデルである。環境政策の意思決定においては，開発業者と環境保護団体の対立のように，いくつかの利害関係者間の対立構造が生じることがある。潜在クラスモデルは，クラス単位で選好パラメータを推定できるとともに，各クラスの構成要因をメンバーシップ関数として把握できることから，いかなる集団がどのような選好を持っているのかを明らかにすることが可能であり，こうした環境をめぐる対立構造が存在するときに役立つと考えられる。だが，潜在クラスモデルは，推定すべきパラメータが多く，クラス数が多いとしばしば推定に失敗するため，有望視されているにもかかわらず，実証研究で用いられることは比較的少なかった。

最近，潜在クラスモデルの推定困難性の問題に対してEMアルゴリズム（Expectation-maximization algorithms）[6]を用いるアプローチが提唱されている（Train 2008; 2009）。EMアルゴリズムは，すべてのパラメータを同時に推定する代わりに，各クラスのパラメータを別々に推定するプロセスを反復することで最尤推定値を得る方法である。EMアルゴリズムを用いると反復ごとに尤度が向上することが保証されており，最尤推定量はEMアルゴリズムの不動点であることから，初期値を適切に設定することで最尤推定量が得られることが知られている。尤度関数が複雑な場合や推定するパラメータの数が多く，通常の最尤法では推定に失敗する場合でも，EMアルゴリズムを用いることで推定が可能となることが多い。EMアルゴリズムが導入されたことで潜在クラスモデルの利用可能性が広がり，多くの環境政策の評価に適用されることが期待されている。

---

[5] たとえば，クラス数が5，効用関数の属性が5，メンバーシップ関数の個人属性が4の場合，推定すべきパラメータ数は41個にも及ぶ。
[6] EMアルゴリズムは，もともとは欠損値を分析するために開発された（Dempster et al. 1977）。しかし，その後はさまざまな分野に拡張が行われている。McLachlan and Krishnan (1997) はEMアルゴリズムを用いた研究のレビューを行っている。

本章では，このEMアルゴリズムを潜在クラスモデルに適用する最新の方法を紹介する．本章の構成は以下のとおりである．第1に，潜在クラスモデルの概念と分析手順を解説する．第2に，著者たちが開発した推定プログラムの使用方法を紹介する．第3に，潜在クラスモデルとEMアルゴリズムの理論を解説する．第4に，推定結果から環境の価値を算出する方法を示す．第5に，潜在クラスモデルの実証例として，釧路湿原の自然再生事業を評価した事例を紹介する．そして最後に，今後の研究課題を示す．

## 2.2 潜在クラスモデルの詳細

### 2.2.1 分析手順と分析のイメージ

まず，潜在クラスモデルの概念を示す．たとえば，海岸の水質改善の効果を選好表明法の1つである選択型実験を用いて評価する場合を考えよう（図2.1）．選択型実験では，数種類の水質改善の代替案を回答者に示し，もっとも好ましいものを選択してもらうことで，水質改善の支払意志額を推定する．選択型実験では，通常はすべての回答者が同一の選好パラメータを持っていると仮定される．しかし，海岸利用には，海水浴，釣り，サーフィン，ボート，ダイビング，ビーチバレー，散歩などさまざまな利用形態が存在し，利用形態が異なると利用者の水質に対する価値も異なると考えられる．たとえば，海水浴やダイビングなどのように海水の中に入る利用者は，散歩のように海水の中に入らない利用者よりも水質に対して高い価値を持っているであろう．また回答者の中には海岸をまったく利用しない人も含まれるが，非利用者は水質に対して低い価値しか持っていないかもしれない．このような場合に，回答者を複数のクラスに分けて，各クラス別に推定を行う潜在クラスモデルが有効である．たとえば，図2.1ではサンプルが3つのクラス（ダイビング利用者，海水浴利用者，散歩利用者）で構成されている場合を示している．全体の10%を占めるダイビング利用者は水質に対して非常に高い価値を持っており，60%を占める海水浴利用者は中間程度の価値を持っているが，30%を占める散歩利用者は水質に対して低い価値しか持っていない．潜在クラスモデルでは，このようにサンプルを複数のクラスに分解し，各クラスごとに価値を計測することが可能

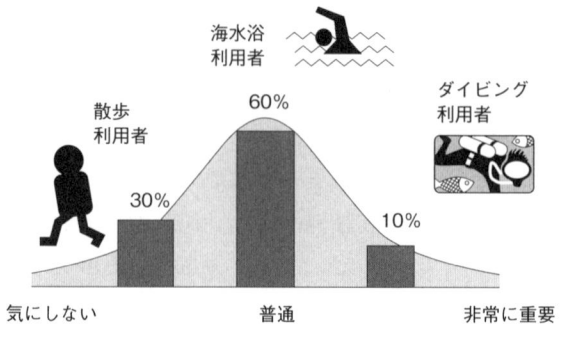

図 2.1 水質に対する選好の多様性と潜在クラスモデル

である。

　潜在クラスモデルに必要なデータは，代替案の属性データ，選択データ，そして回答者の属性データである。回答者は複数の代替案からもっとも好ましいものを選択するので，各代替案のデータと選択した代替案のデータが必要である。このデータは標準的な選択型実験で用いられる条件付ロジットモデルと同じデータである。潜在クラスモデルでは，各回答者がどのクラスに所属するのかを分析するために，回答者の性別・年齢・所得などの個人属性や海岸レクリエーションの利用経験などの行動データなども用いられる。

　潜在クラスモデルの分析では，最初に回答者がいくつのクラスによって構成されるのかを指定する。たとえば回答者は3つのクラスに分かれると指定した場合を考えよう。そして，水質改善の代替案データと回答者の選択データをもとに潜在クラスモデルにより推定を行うと，3つのクラスのそれぞれの選好パラメータと，各クラスが全体に占める割合が推定される。たとえば，第1クラスは回答者全体の25%を占めており，水質に対する選好パラメータは3.5，第2クラスは全体の35%で選好パラメータは1.2，そして第3クラスは40%で選好パラメータは0.2という結果が得られたとしよう。これより第1クラスは水質に対して価値の高いグループ，第2クラスは中程度のグループ，そして第3クラスは価値の低いグループであることがわかる。

　さらに，潜在クラスモデルでは，回答者がどのクラスに所属するのかを示すメンバーシップ関数を導入することで，選好の多様性の原因を分析するこ

とができる．たとえば，ここではメンバーシップ関数の説明変数として海水浴やサーフィンなどの海岸利用の利用形態を用いるとしよう．第1クラスでは，海水浴やダイビングなどの水に入る利用形態の符号が+で有意となり，第2クラスではビーチバレーや散歩など水に入らない利用形態の符号が+で有意となったとする．第3クラスは基準化のためゼロが仮定される．この結果から，第1クラスは海水利用型の利用者，第2クラスは砂浜利用型の利用者，第3クラスは非利用者と判断することができる．

　ここでは，クラス数が3の場合を例に示したが，他のクラス数についても同様の推定を行い，さまざまなクラス数の中でもっとも妥当なものを調べる必要がある．クラス数を決定するには，AIC（Akaike Information Criterion：赤池情報量基準）やBIC（Bayesian Information Criterion：ベイズ情報量基準）が最小となるクラス数を用いる方法が使われることが多い．クラス数の決定方法については2.2.3項で後述する．

　クラス数を確定したら，そのクラス数のもとで推定された結果をもとに，環境対策の支払意志額を各クラス別に推定する．たとえば，海水の水質を改善する政策を実施した場合，海水利用型の利用者の支払意志額は5,000円，砂浜利用型の利用者は1,000円，非利用者は0円のように，各クラスに対して支払意志額が推定される．これにより，環境対策を実施したときに，どのような人々にいかなる影響が生じるのかを詳しく検討することが可能となる．

### 2.2.2　推定プログラムの使い方

　次に，潜在クラスモデルの推定を行うために著者たちが作成した推定プログラムの使い方について解説する[7]．この推定プログラムは，EMアルゴリズムを用いて推定を行うため，クラス数が数十に及ぶ場合でも安定的に推定することが可能である．ここでは，図2.2のような海岸の環境対策に関する選択型実験のデータを用いて潜在クラスモデルを分析する場合を例に推定プログラムの使い方を説明する．回答者数は300人とする．この回答者に対して6つの対

---

[7] 推定プログラムは栗山浩一のウェブサイト（http://homepage1.nifty.com/kkuri/）よりダウンロード可能である．この推定プログラムを実行するためにはAptech社の統計アプリケーションGAUSSおよび最尤推定用プログラムMAXLIKが必要である．詳細はAptech社のウェブサイト（http://www.aptech.com/）を参照．

以下の中で最も好ましいものを一つだけ選んでください。

|  |  | 代替案1 | 代替案2 | 代替案3 | 代替案4 | 代替案5 | 代替案6 |
|---|---|---|---|---|---|---|---|
| 属性1 | 負担額 | 7,000円 | 7,000円 | 9,000円 | 5,000円 | 4,000円 | 1,000円 |
| 属性2 | 水質改善 | 8 | 6 | 2 | 6 | 10 | 9 |
| 属性3 | 駐車場の整備 | 3 | 2 | 9 | 2 | 8 | 6 |
| 属性4 | マリーナの整備 | 9 | 5 | 4 | 5 | 9 | 8 |
| 属性5 | 干潟の再生 | 3 | 7 | 6 | 10 | 8 | 7 |

図 2.2 選択型実験の設問例

| 回答者番号 | 設問 | 選択 | 1 | 2 | 3 | ... | 7 | 8 | ... | 26 | ... | 31 |
|---|---|---|---|---|---|---|---|---|---|---|---|---|
|  |  |  | 属性1（価格属性） | | | | 属性2 | | | 属性5 | | |
|  |  |  | 対策1 | 対策2 | ... | 対策6 | 対策1 | ... | 対策1 | ... | 対策6 |
|  |  |  | x11 | x12 | ... | x16 | x21 | ... | x51 | ... | x56 |
| 1 | 1 | 5 | 7 | 7 | ... | 1 | 8 | ... | 3 | ... | 7 |
|  | 2 | 2 | 2 | 5 | ... | 2 | 1 | ... | 6 | ... | 1 |
| 2 | 1 | 4 | 7 | 4 | ... | 4 | 9 | ... | 4 | ... | 3 |
|  | 2 | 6 | 3 | 8 | ... | 3 | 10 | ... | 8 | ... | 10 |
|  | 3 | 4 | 4 | 7 | ... | 6 | 9 | ... | 1 | ... | 8 |
|  | 4 | 5 | 7 | 7 | ... | 10 | 1 | ... | 8 | ... | 2 |
|  | ... | ... | ... | ... | ... | ... | ... | ... | ... | ... | ... |
|  | ... | ... | ... | ... | ... | ... | ... | ... | ... | ... | ... |
| 300 | 4 | 1 | 4 | 9 | ... | 10 | 2 | ... | 9 | ... | 6 |

↑
この太枠の部分がデータ部分。

図 2.3 代替案および回答データの入力例

策が提示され，この中からもっとも好ましいものを選択してもらうとする．属性は，費用負担額，水質改善，駐車場の整備，マリーナの整備，干潟の再生の5種類とする．費用負担額の水準は1,000円～10,000円である．それ以外の属性は，対策水準を1～10に数値化してある（数値が大きいほど対策水準も高い）．このような設問を1人の回答者につき4回尋ねるとする．ただし，回答者の中には，一部の設問しか回答しない人も含まれる．

この選択型実験のデータを分析するために，図2.3のように代替案の属性データと選択した代替案のデータを入力する．各行は選択型実験の各設問に対応している．たとえば，回答者1は4つの設問のうち2つの設問のみ回答したとしよう．このとき，データの1行目は回答者1の設問1，2行目は回答者1の設問2に対応する．回答者1は2つの設問しか回答していないので，3行

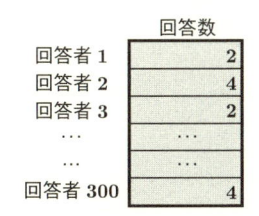

第 2 章　表明選好法の最新テクニック 1：選好の多様性　　　35

|  | 回答数 |
|---|---|
| 回答者 1 | 2 |
| 回答者 2 | 4 |
| 回答者 3 | 2 |
| … | … |
| … | … |
| 回答者 300 | 4 |

図 2.4　回答数データの入力例

目は回答者 2 の設問 1 となる。

　1 列目には，その設問に対して回答者が選んだ代替案の番号を入力する。2 列目以降は各代替案の属性データを入力する。図のように最初に属性 1 の各代替案のデータ，属性 2 の各代替案のデータという順序で入力する。なお，属性 1 は負担額のような価格属性を指定する必要があるので注意されたい。価格属性は，他の変数に合わせるために 1,000 円単位としている。データは，図の網掛けのデータ部分のみをテキストデータ（各列はタブまたはスペースで区切る）として保存する。

　選択型実験では，1 人の回答者に選択型実験の設問を複数回尋ねるのが一般的である。そこで，各回答者がいくつの設問に回答したのかを指定する必要がある。図 2.4 は回答回数のデータを示したものであるが，回答者 1 は 2 つの設問，回答者 2 は 4 つの設問に回答したことを示している。このように各回答者が複数の設問に回答している場合，回答者の系列と設問の系列という 2 つの系列を持っているためパネルデータと呼ばれる。これに対して，1 人の回答者が 1 つの設問のみ回答する場合は，クロスセクションデータと呼ばれる。回答数データについても，図の網掛けのデータ部分のみをテキストデータとして保存する。

　さらに，潜在クラスモデルでは，各回答者がどのクラスに所属するのかを分析するために個人属性などのメンバーシップ変数を指定することができる（図 2.5）。たとえば，定数項，海水浴利用，ボート利用，生態系の関心を指定したとする。定数項の場合はすべての列データに 1 を入力する。それ以外については，各変数のデータを入力する。ここでは利用程度や関心の度合いを 1～10 に数値化したもの（数字が大きいほど利用や関心の度合いが高い）を変数として

|  | 定数項 | 海水浴利用 | ボート利用 | 生態系保全の関心 |
|---|---|---|---|---|
|  | z1 | z2 | z3 | z4 |
| 回答者 1 | 1 | 4 | 7 | 3 |
| 回答者 2 | 1 | 4 | 8 | 4 |
| 回答者 3 | 1 | 1 | 7 | 6 |
| … | … | … | … | … |
| … | … | … | … | … |
| 回答者 300 | 1 | 2 | 3 | 4 |

図 2.5　メンバーシップ変数の入力例

```
@ (1) ファイル名の設定（変更が必要）@
DATASETFNAME  = "p_dataset_output.txt"; @ 代替案属性と回答データのファイル名 @
DATATIMENAME  = "p_dataset_times.txt";  @ 選択型実験の設問回答数データのファイル名 @
DATAMEMBNAME  = "p_dataset_member.txt"; @ メンバーシップ変数データのファイル名 @

@ (2) データ関連の設定（変更が必要）@
PANELDATA = 1; @ 1: パネルデータの場合、それ以外: クロスセクションデータの場合 @
N_P = 300;  @ 回答者人数 @
N_ALT = 6;  @ 代替案の数 @
N_CLASS = 4; @ クラス数 @
N_ATTRIB = 5; @ 代替案の属性数 @
N_MEMB = 4; @ メンバーシップ変数の数。メンバーシップ関数を使わないノンパラメトリック・セグメンテーションの場合は 0 にする。@
FIXED_MEMB_CL = 4; @ メンバーシップ変数でゼロに基準化するクラスの番号 @
FIXED_PARAM = zeros(N_ATTRIB, 1); @ 固定パラメータを使わない場合の設定。このとき、すべての代替案属性は各クラスで異なる値をとる @
FIXED_PARAM = {1, 0, 0, 0, 0}; @ 固定パラメータを用いる場合の設定 (N_ATTRIB x 1)。固定パラメータは各クラスで同一の値をとる。1: 固定パラメータ、0: 変動パラメータ @

@ (3) その他の設定（必要に応じて修正）@
ITERB = 100; @ ブートストラップの試行回数。ITER = 0 の場合はブートストラップを行わない @
KR = 300; @ Krinsky-Robb モンテカルロ・シミュレーションの試行回数 @
SEED = 12345; @ 乱数生成用シード @
MAXEMITER = 200; @ EM ステップの最大試行回数 @
EMTOR = 10^(-2); @ EM ステップの収束限界 @
CONV_EM_BETA = 1; @ EM ステップの収束条件。1: パラメータの変化による収束。それ以外: 対数尤度の変化による収束 @
EXACT_TVAL = 1; @ 1: 収束結果を用いて厳密な t 値を計算する。その他: 計算しない。@
COV_METHOD = 1; @ 分散共分散行列の計算方法。0: 計算しない、1: ヘッセ行列、3: ヤコブ行列 @
ITER_ML = 100 ; @ 最尤推定の最大試行回数 @
```

図 2.6　推定プログラムの設定

いる。

　データの入力が完了したら，推定プログラム（em_alg.txt）の設定を行う。図 2.6 は，推定プログラムの設定部分を示したものである。最初の部分では，推定に用いるファイルを指定する。推定プログラムには，参考のためにテスト用データが附属してあるが，初期設定ではテスト用データのファイル名が指定されている。テスト用データで試すときは修正の必要はないが，自分のデータで推定を行うときには，ファイル名を修正する必要がある。

　2 番目の部分は，データ関連の設定である。ここでは，テスト用データを例に設定方法を説明する。テスト用データでは，1 人の回答者に 4 回の選択型実

験の設問を繰り替えすパネルデータ形式を想定しているため，PANELDATA = 1 に設定する．回答者人数は300人なのでN_P = 300とする．6つの代替案から1つを選択する形式なのでN_ALT = 6となる．クラス数は，さまざまな数値を設定して推定結果を比較したうえで決定する必要があるが，ここではクラス数が4つの場合を考える．代替案の属性は費用負担額，水質改善，駐車場の整備，マリーナの整備，干潟の再生の5種類なのでN_ATTRIB = 5となる．メンバーシップ変数は，定数項，海水浴利用，ボート利用，生態系の関心の4種類なのでN_MEMB = 4である．N_MEMBをゼロにすると，メンバーシップ関数を用いずに各回答者の所属確率が等しいと想定して推定を行う．潜在クラスモデルでは，選好パラメータは各クラスで異なる値をとると想定されることが一般的だが，一部の属性のみ同じ値をとるように設定することも可能である．たとえば，価格属性のみ同一の値にしたいときは，FIXED_PARAM = {1, 0, 0, 0, 0}のように価格属性に相当する場所を1に設定する．

3番目の部分では，その他の設定を行う．通常は初期設定値のままでも構わない．なお，分析の初期の段階では，メンバーシップ変数の候補を検討するために何度も推定を行う必要があるが，そのときはITERB = 0に設定すると計算時間を節約できる．またクラス数が大きいときは$t$値の計算に失敗することがあるが，EXACT_TVAL = 0にすると近似値で$t$値を計算することができる．ただし，あくまでも近似値なので，最終モデルで推定するときは，ITERB = 100などでブートストラップによる計算を行う必要がある．

設定が完了したらGAUSSを起動し，推定を実行する（図2.7）．まず推定プログラムの入っているフォルダを指定してから，推定プログラムを開く．そして実行ボタンをクリックすると，推定が行われる．推定に必要な時間は，回答者人数，クラス数，使用するPCの性能などに依存するが，ITERB = 0に設定した場合は一般に数分以内で完了することが多い．推定が完了すると推定結果が表示される．最初に標準的な条件付ロジットモデルによる推定結果が表示され，次にEMアルゴリズムを用いて推定した潜在クラスモデルの推定結果と各クラスの限界支払意志額が表示される．ITERBでブートストラップを指定した場合は，さらにブートストラップの計算結果も表示される．

図2.8は標準的な条件付ロジットモデルの推定結果を示したものである．選

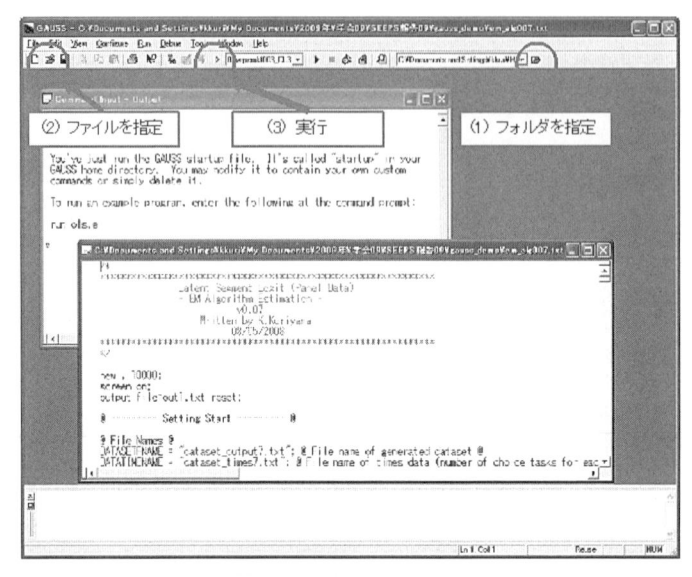

図 2.7 GAUSS の画面

図 2.8 推定結果（1）標準的なロジットモデル

好パラメータの推定結果を見ると，属性 4（マリーナの整備）が有意ではない。限界支払意志額は，各属性を 1 単位改善したときの支払意志額を示している。ここでは価格属性が 1,000 円単位なので，限界支払意志額も 1,000 円単位である。限界支払意志額についても属性 4（マリーナの整備）は有意ではない。こ

```
------------------------------------------------------------
          EM Algorithm Estimation for Latent Class Logit Model
              (EM アルゴリズムによる潜在クラス推定結果)
                        (Panel Data)%
------------------------------------------------------------
BOOTSTRAP ITER: 100 (ブートストラップ試行回数)   KR ITER: 300   EM STEP: 36 (EM アルゴリズムの試行回数)
N_CLASS: 4 (クラス数)       N_P: 300 (回答者人数)      N_OBS: 884 (観測数)
LL:-138.94535705 (対数尤度)         AIC: 335.89071410     AIC3: 364.89071410
crAIC: 536.41116020         BIC: 443.30040586
ESTIMATED CLASS SHARE (各クラスの占める割合)
       class              share
      1.00000000       0.30174147   (クラス 1 の占める割合)
      2.00000000       0.27082155   (クラス 2 の占める割合)
      3.00000000       0.25554410   (クラス 3 の占める割合)
      4.00000000       0.17189288   (クラス 4 の占める割合)

S.E., T-STAT, P-VALUE ARE ESTIMATED USING HESSIAN
S.E. OF MWTP IS CALCULATED USING KRINSKY-ROBB PROCEDURE OF ITERATION:   300.00000000
CLASS:    1  (クラス 1 の推定結果)
================= UTILITY FUNCTION    (効用関数) ==========================
          beta              s.e.            b/s.e.          p value
        (推定値)          (標準誤差)         ( t 値)          ( p 値)
属性 1  -2.40362787        0.18961381      -52.94146630     0.00000000     (負担額)
属性 2   2.36898066        0.20371995       20.73084677     0.00000000     (水質改善)
属性 3  -2.42512056        0.20473774      -25.50996634     0.00000000     (駐車場の整備)
属性 4  -1.58804993        0.14735928      -18.93376438     0.00000000     (マリーナの整備)
属性 5   2.34720957        0.19857950       21.78315168     0.00000000     (干潟の再生)
================= MEMBERSHIP FUNCTION  (メンバーシップ関数) ==============
          beta              s.e.            b/s.e.          p value
        (推定値)          (標準誤差)         ( t 値)          ( p 値)
属性 1  -1.41833142        2.19050221       -0.64749144     0.51748775     (定数項)
属性 2   1.12216852        0.46326582        2.42229855     0.01562961     (海水浴利用)
属性 3  -5.30118582        1.19892044       -4.42163269     0.00001106     (ボート利用)
属性 4   3.76868092        0.92145458        4.08996582     0.00004722     (生態系の関心)
======================== MWTP  (限界支払意志額) ================================
          beta              s.e.            b/s.e.          p value        95% Lower             95% Upper
        (推定値)          (標準誤差)         ( t 値)          ( p 値)                      (95%信頼区間)
属性 2   0.98558545        0.04821522       20.44137448     0.00000000     0.87905824           1.08167251
属性 3  -1.00894177        0.04089683      -24.67041295     0.00000000    -1.08927608          -0.93556378
属性 4  -0.66068877        0.03419748      -19.31980831     0.00000000    -0.73521572          -0.58910649
属性 5   0.97652786        0.04856845       20.10621866     0.00000000     0.89200984           1.08852085
------------------------------------------------------------
CLASS:    2  (クラス 2 の推定結果)
================= UTILITY FUNCTION    (効用関数) ==========================
          beta              s.e.            b/s.e.          p value
        (推定値)          (標準誤差)         ( t 値)          ( p 値)
属性 1  -2.40362787        0.18961381      -52.94146630     0.00000000
属性 2   2.48666209        0.21269443       27.38330404     0.00000000

(中略)

================== Expected MWTP   (限界支払意志額の期待値) =================
          beta
        (推定値)
属性 2   0.74923146    (水質改善)
属性 3   0.11742500    (駐車場の整備)
属性 4   0.05940245    (マリーナの整備)
属性 5   0.59981518    (干潟の再生)
```

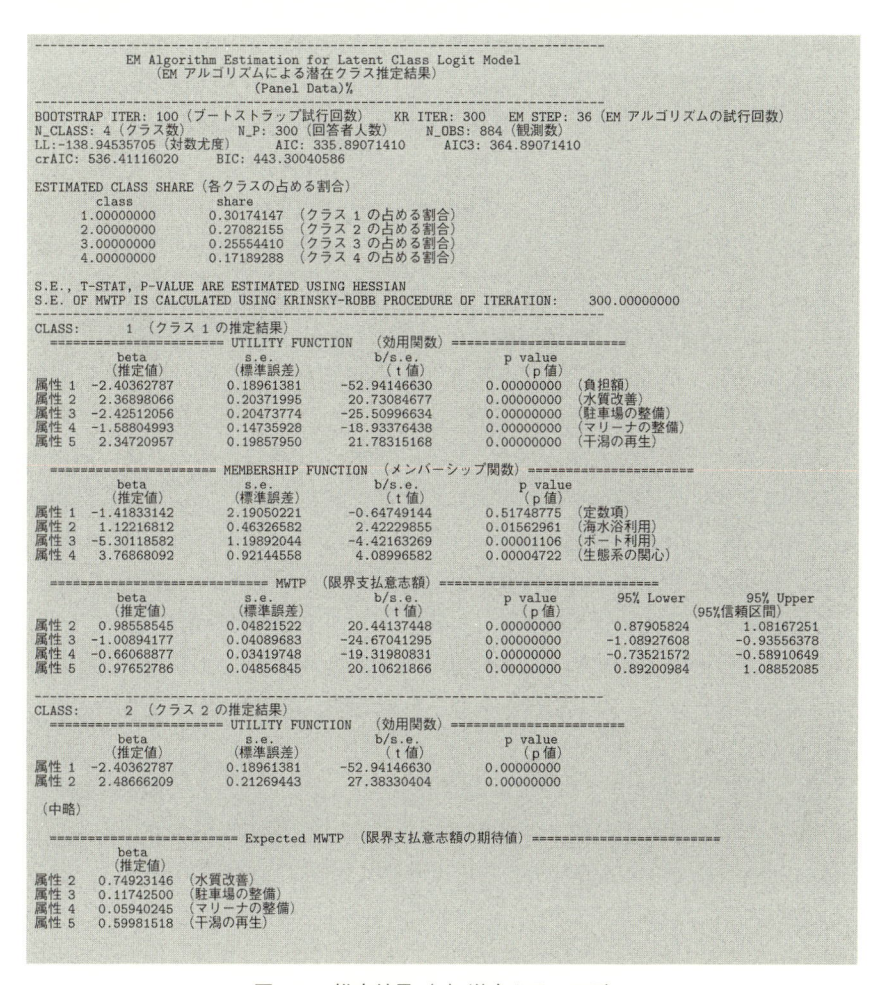

図 2.9 推定結果(2)潜在クラスモデル

れは,マリーナの整備はボート利用者には高い価値をもたらすものの,ボートを利用しない人にとっては不要な設備であるため,全回答者で平均すると価値が相殺されているのかもしれない。このような場合,潜在クラスモデルを用いて,さまざまな利用者別に価値を推定することが有用であろう。

図2.9は潜在クラスモデルの推定結果を示したものである。ここではクラス数として4を設定した場合を示している。まず,各クラスの占める割合が

表示されている。第1クラスは30.2%，第2クラスは27.1%，第3クラスは25.6%，そして第4クラスは17.2%となっている。次に各クラス別の推定結果が表示される。第1クラスの場合を見てみると，効用関数のパラメータでは，すべての変数の$p$値が十分に低く，いずれも有意であることを意味している。このうち負担額，駐車場の整備，マリーナの整備はマイナスであり，水質改善と干潟の再生はプラスとなっている。これは標準的なロジットモデルの結果とは大きく異なることに注意されたい。さらにメンバーシップ関数を見てみると，海水浴利用と生態系の関心はプラスであり，ボート利用はマイナスで有意となっていることから，クラス1は海水浴を利用し，かつ生態系にも関心を持っているグループであると考えられる。そして，推定結果をもとに限界支払意志額を計算した結果が表示される。属性1は価格属性のため，価格属性以外の属性2〜属性5について限界支払意志額が算出される。95%信頼区間はKrinsky and Robb (1986)のモンテカルロシミュレーションにより推定された結果である。同様にその他のクラスについても推定結果が表示される。ここでは属性1は各クラス間で等しい値をとる固定変数に設定しているため，クラス1とクラス2の属性1の推定値は等しくなっていることに注意されたい。最後に各クラスの限界支払意志額をもとに回答者全体の限界支払意志額の期待値が表示される。

　図2.10は，潜在クラスモデルの結果の続きを示したものである。潜在クラスモデルでは，属性数やクラス数が多いと推定すべき変数が非常に多くなるため，EMアルゴリズムが収束した後で分散共分散行列を計算するときに計算に失敗することがある。このような場合，ブートストラップを用いることで$t$値や$p$値を推定することが可能である。ブートストラップは，推定を数百回繰り返す必要があるため計算時間は要するものの，変数が多い場合でも$t$値や$p$値を推定することが可能である[8]。ブートストラップの場合も，まず各クラスの占める割合が表示される。次に，各クラスの効用関数の推定結果が表示される。ここでbetaの列に表示されているのは，図2.9の推定値と同じものである。meanはブートストラップのプロセスで推定された推定値の平均値で

---

[8] ここで用いたサンプルデータの場合，デスクトップPCで計算すると100回の試行回数のブートストラップに要した時間は約20分程度である。

```
------------------------------------------------------------
              Bootstrapping Estimation Results
                  (ブートストラップの結果)
------------------------------------------------------------
ML ERROR:        0
ESTIMATED CLASS SHARE
       class          beta           mean           s.e.           b/s.e          p value
      (クラス)        (推定値)        (平均値)        (標準誤差)       (t値)          (p値)
    1.00000000     0.30174147     0.30147017     0.02989810    10.08325586     0.00000000
    2.00000000     0.27082155     0.27114801     0.02474228    10.95889343     0.00000000
    3.00000000     0.25554410     0.25442872     0.02740205     9.28502377     0.00000000
    4.00000000     0.17189288     0.17295311     0.02277152     7.59514972     0.00000000
------------------------------------------------------------
CLASS:     1   (クラス 1 の推定結果)
=================== UTILITY FUNCTION   (効用関数) ==================
           beta           mean           s.e.           b/s.e.         p value
          (推定値)        (平均値)       (標準誤差)      (t値)          (p値)
属性 1   -2.40362787    -2.68641238     0.15055375   -15.96524730    0.00000000     (負担額)
属性 2    2.36898066     2.63297856     0.15803091    14.99061554    0.00000000     (水質改善)
属性 3   -2.42512056    -2.71066971     0.14626697   -16.58009683    0.00000000     (駐車場の整備)
属性 4   -1.58804993    -1.77824632     0.11914991   -13.32816694    0.00000000     (マリーナの整備)
属性 5    2.34720957     2.62061873     0.16099892    14.57903927    0.00000000     (干潟の再生)
=================== MEMBERSHIP FUNCTION   (メンバーシップ関数) ==================
           beta           mean           s.e.           b/s.e.         p value
          (推定値)        (平均値)       (標準誤差)      (t値)          (p値)
属性 1   -1.41833142    -1.40251242     1.81508436    -0.78141350    0.43477565     (定数項)
属性 2    1.12216812     1.13296500     0.26005150     4.31517642    0.00001781     (海水浴利用)
属性 3   -5.30118582    -5.38608832     0.53458441    -9.91646175    0.00000000     (ボート利用)
属性 4    3.76868092     3.82472357     0.44353802     8.49686099    0.00000000     (生態系の関心)
=================== MWTP   (限界支払意志額) ==================
           beta           mean           s.e.           b/s.e          p value       95% Lower      95% Upper
          (推定値)        (平均値)       (標準誤差)      (t値)          (p値)                        (95%信頼区間)
属性 2    0.98558545     0.98061870     0.03864571    25.50310020    0.00000000     0.91210880     1.04098577
属性 3   -1.00894177    -1.00952644     0.02874762   -35.09653467    0.00000000    -1.06864771    -0.95959821
属性 4   -0.66068877    -0.66201541     0.02646871   -24.96112919    0.00000000    -0.72423500    -0.61009976
属性 5    0.97652786     0.97591746     0.03816017    25.59024064    0.00000000     0.91762831     1.06666201
------------------------------------------------------------
CLASS:     2   (クラス 2 の推定結果)
=================== UTILITY FUNCTION   (効用関数) ==================
           beta           mean           s.e.           b/s.e.         p value
          (推定値)        (平均値)       (標準誤差)      (t値)          (p値)
属性 1   -2.40362787    -2.68641238     0.15055375   -15.96524730    0.00000000
属性 2    2.48666209     2.81168372     0.18758846    13.25594395    0.00000000
(中略)
=================== Expected MWTP   (限界支払意志額の期待値) ==================
           beta           mean           s.e.           b/s.e          p value       95% Lower      95% Upper
          (推定値)        (平均値)       (標準誤差)      (t値)          (p値)                        (95%信頼区間)
属性 2    0.74923146     0.75178520     0.02648039    28.39026184    0.00000000     0.69946012     0.80134328
属性 3    0.11742500     0.11811667     0.05721630     2.06438851    0.03928201     0.02215385     0.24755309
属性 4    0.05940245     0.05862239     0.05317511     1.10244026    0.27058053    -0.04618895     0.15934274
属性 5    0.59981518     0.59993755     0.02382243    25.18372416    0.00000000     0.55269720     0.64918844
```

図 2.10 推定結果（3）潜在クラスモデル（続き）

ある．図を見ればわかるように，beta と mean は比較的近い値を示している．標準誤差はブートストラップにより推定されたものである．同様にメンバーシップ関数や限界支払意志額も表示される．なお，メンバーシップ変数の推定値は FIXED_MEMB_CL で指定されたクラスが 0 になるように基準化されている．そして最後に限界支払意志額の期待値が表示される．図 2.9 では限界支払意志額の期待値は推定値のみ表示されていたが，図 2.10 では有意水準や信頼区間も表示されていることに注意されたい．

ここでは，このサンプルデータを用いて，潜在クラスモデルがどのぐらいの

表 2.2 潜在クラスモデルの精度

| | クラス | 想定値 | | | | 推定値 | | | |
|---|---|---|---|---|---|---|---|---|---|
| | | 1 | 2 | 3 | 4 | 1 | 2 | 3 | 4 |
| | 割合 | 0.303 | 0.270 | 0.257 | 0.170 | 0.302 | 0.271 | 0.256 | 0.172 |
| 効用関数 | | | | | | | | | |
| 属性 1 | 負担額 | −3 | −3 | −3 | −3 | −2.404 | −2.404 | −2.404 | −2.404 |
| 属性 2 | 水質改善 | 3 | 3 | 2 | 0 | 2.369 | 2.487 | 1.667 | −0.0784 |
| 属性 3 | 駐車場の整備 | −3 | 2 | 3 | 0 | −2.425 | 1.574 | 2.335 | −0.052 |
| 属性 4 | マリーナの整備 | −2 | −1 | 4 | 0 | −1.588 | −0.679 | 3.128 | 0.038 |
| 属性 5 | 干潟の再生 | 3 | 1 | 1 | 2 | 2.347 | 0.817 | 0.921 | 1.612 |
| メンバーシップ関数 | | | | | | | | | |
| 属性 1 | 定数項 | −3 | −7 | −3 | 0 | −1.418 | −8.833 | −5.960 | 0.000 |
| 属性 2 | 海水浴利用 | 1 | 3 | −1 | 0 | 1.122 | 4.195 | −1.010 | 0.000 |
| 属性 3 | ボート利用 | −4 | −3 | 3 | 0 | −5.301 | −3.886 | 4.166 | 0.000 |
| 属性 4 | 生態系の関心 | 3 | 1 | −3 | 0 | 3.769 | 1.044 | −4.013 | 0.000 |
| 限界支払意志額 | | | | | | | | | |
| 属性 2 | 水質改善 | 1000 | 1000 | 667 | 0 | 986 | 1035 | 694 | −32 |
| 属性 3 | 駐車場の整備 | −1000 | 667 | 1000 | 0 | −1009 | 655 | 972 | −22 |
| 属性 4 | マリーナの整備 | −667 | −333 | 1333 | 0 | −661 | −282 | 1301 | 16 |
| 属性 5 | 干潟の再生 | 1000 | 333 | 333 | 667 | 977 | 340 | 383 | 671 |

精度を持っているのかについて確認してみよう．表 2.2 はサンプルデータを作成するときに用いた想定値と潜在クラスモデルによる推定値を示している．まず各クラスの割合を見ると，想定値と推定値は非常に近い値を示しており，各クラスの分類を正確に再現できていると考えられる．効用関数については，想定値に比べて推定値が全体的に低い値となっているが，選好パラメータは値そのものには意味がなく，相対的関係に意味があるため，全体的に低い値となることは問題ではない．メンバーシップ関数は，符号条件は満たしているものの，想定値より高いものと低いものがある．注目すべきなのは，限界支払意志額の再現性である．表にあるように，限界支払意志額は想定値と推定値は非常に近い値となっており，潜在クラスモデルは，限界支払意志額を高い精度で推

定できることを示している。

### 2.2.3　EM アルゴリズムによる推定*

次に，潜在クラスモデルの理論について解説する。回答者 $n$ は選択セット $C = \{1, \ldots, J\}$ の代替案の中からもっとも好ましいものを選ぶ作業を $T_n$ 回行うとする。回答者は $S$ 種類のクラスのどれかに属するとする。クラス $s \in \{1, \ldots, S\}$ に属する回答者 $n$ が $t$ 回目の選択時に代替案 $i$ を選んだときの効用を $U_{nti}^s$ とする。ここでランダム効用モデルを想定し，$U_{nti}^s = \beta_s' x_{nti} + \varepsilon_{nti}$ とする。ただし，$\beta_s$ はクラス $s$ の選好パラメータ，$x_{nti}$ は代替案の属性ベクトル，$\varepsilon_{nti}$ は誤差項であり独立の第一種極値分布にしたがうと仮定する。このとき，回答者が代替案 $i$ を選択する確率は

$$L_{nt}(i|\beta_s) = \frac{\exp(\beta_s' x_{nti})}{\sum_{k \in C} \exp(\beta_s' x_{ntk})} \tag{2.1}$$

となる。$T_n$ 回の選択作業において回答者が選んだ代替案の履歴データベクトルを $y_n = \{y_{n1}, \ldots, y_{nT_n}\}$ とする。このとき，クラス $s$ に属する回答者が $y_n$ の選択を行う確率は

$$K_n(y_n|\beta_s) = \prod_t L_{nt}(y_{nt}|\beta_s) \tag{2.2}$$

となる。

回答者がどのクラスに属するかを調査者は直接観測できない。そこで，回答者 $n$ が $s$ に所属する確率を $\pi_{ns}$ とすると，回答者が $y_n$ の選択を行う確率は

$$P_n(\theta) = \sum_s \pi_{ns} K_n(y_n|\beta_s), \quad \sum_s \pi_{ns} = 1 \tag{2.3}$$

となる。ただし，$\theta$ は推定されるパラメータのベクトルである[9]。クラス確率 $\pi_{ns}$ については，すべての回答者でクラスに所属する確率が等しい（$\pi_{ns} = \pi_s, \forall n$）と仮定して $\pi_s$ を直接推定する方法と，回答者がどのクラスに属するかをメンバーシップ関数によって推定する方法がある。メンバーシップ関数

---

[9] クラス所属確率を直接推定する場合は $\theta = (\beta, \pi)$，メンバーシップ関数を用いるときは $\theta = (\beta, \lambda)$ である。

は $M_{ns} = \lambda'_s z_n + \zeta_{ns}$ として表現できると仮定する。ただし，$z_n$ は個人属性，$\zeta_{ns}$ は誤差項，$\lambda_s$ はパラメータである。そして回答者は $M_{ns}$ が最大のクラスに属すると想定する。ここで誤差項が独立の第一種極値分布にしたがうと仮定すると，多項ロジットモデルと同様に，回答者 $n$ が $s$ に所属する確率 $\pi_{ns}$ は次式によって示すことができる。

$$\pi_{ns} = \frac{\exp(\lambda'_s z_n)}{\sum_s \exp(\lambda'_s z_n)} \tag{2.4}$$

このとき，回答者の選択確率は以下のとおりとなる。

$$P_n(\theta) = \sum_s \frac{\exp \lambda'_s z_n}{\sum_s \exp \lambda'_s z_n} K_n(y_n|\beta_s) \tag{2.5}$$

これを用いて，最尤法によりパラメータの推定が行われる。

しかし，潜在クラスモデルでは，推定するパラメータの数が多いため通常の最尤法ですべてのパラメータを同時に推定しようとすると，推定に失敗して推定値が得られないことが多い。EM アルゴリズムは，各クラスのパラメータを別々に推定し，パラメータを更新するプロセスを反復することで最尤推定値を得る方法である。ここでは Train（2008）の記述にしたがい，EM アルゴリズムの推定方法を示す。なお，Train（2008）は回答者のクラス所属確率を直接推定する方法のみ用いているが，ここではメンバーシップ関数を用いる場合についても考慮を行っている。

まず，回答者 $n$ がどのクラスに属するかを知っているとしよう。回答者 $n$ がクラス $s$ に属するときに 1 となるダミー変数を $d_{ns}$ とする。このとき尤度関数および対数尤度関数は以下のとおりとなる。

$$\begin{aligned} L &= \prod_n \prod_s (\pi_{ns} K_n(y_n|\beta_s))^{d_{ns}} \\ \ln L &= \sum_n \sum_s d_{ns} \ln K_n + \sum_n \sum_s d_{ns} \ln \pi_{ns} \end{aligned} \tag{2.6}$$

調査者は，回答者がどのクラスに属するのかを観測できないため，対数尤度関数の期待値を用いて推定を行う。

$$E[\ln L] = \sum_n \sum_s h_{ns} \ln K_n + \sum_n \sum_s h_{ns} \ln \pi_{ns} \qquad (2.7)$$

ただし，$h_{ns}$ は回答者の選択データ $y_n$ のもとで回答者がクラス $s$ に属する条件付確率であり，ベイズの定理を用いると次式によって示すことができる．

$$h_{ns} = \frac{\pi_{ns} K_n(y_n|\beta_s)}{P_n(\theta)} \qquad (2.8)$$

EM アルゴリズムは，回答者のクラス所属確率 $h_{ns}$ を所与として期待対数尤度関数 (2.7) を最大化し，推定されたパラメータをもとに式 (2.8) を用いて $h_{ns}$ を更新するプロセスを反復することで推定値を得る．

期待対数尤度関数 (2.7) を見ると，$h_{ns}$ を所与とした場合，$\ln K_n$ のパラメータ（$\beta_s$）と $\ln \pi_{ns}$ のパラメータ（$\pi_s$ または $\lambda_s$）は独立なので，第 1 項と第 2 項をそれぞれ最大化することで独立に推定することができることがわかる．

まず，期待対数尤度関数の第 2 項の最大化について見てみよう．$i$ 回目の反復プロセスにおいて $h_{ns}$ の値を $h_{ns}^i$ とし，このもとで第 2 項を最大化する．最初にすべての回答者でクラスに所属する確率が等しい（$\pi_{ns} = \pi_s, \forall n$）と仮定して $\pi_s$ を直接推定する場合を考える．このとき，$\pi_s$ の合計が 1 という条件付で第 2 項を最大化することで $\pi_s$ を推定する．

$$\pi_s^{i+1} = \underset{\pi_s}{\operatorname{argmax}} \sum_n \sum_s h_{ns}^i \ln \pi_s + \mu \left[1 - \sum_s \pi_s\right] \qquad (2.9)$$

ただし，$\mu$ はラグランジュ乗数である．これを解くと $\pi_s$ は次式によって更新される．

$$\pi_s^{i+1} = \frac{1}{N} \sum_n h_{ns}^i \qquad (2.10)$$

一方，メンバーシップ関数を用いて回答者のクラス所属確率を推定する場合を考えよう．この場合，メンバーシップ関数のパラメータは次式によって得られる．

$$
\begin{aligned}
\lambda_s^{i+1} &= \underset{\lambda_s}{\operatorname{argmax}} \sum_n \sum_s h_{ns}^i \ln\left(\frac{\exp(\lambda_s' z_n)}{\sum_s \exp(\lambda_s' z_n)}\right) \\
&= \underset{\lambda_s}{\operatorname{argmax}} \sum_n h_{ns}^i \ln\left(\frac{\exp(\lambda_s' z_n)}{\sum_s \exp(\lambda_s' z_n)}\right)
\end{aligned}
\tag{2.11}
$$

ここで，パラメータ $\lambda_s$ は各クラスで独立なので，各クラスを別々に分解して推定することができることに注目されたい。式 (2.11) を見ると，メンバーシップ関数の推定は，通常の多項ロジットモデルにウェイト $h_{ns}^i$ を用いて推定したものと等しいことがわかる。パラメータ $\lambda_s$ が推定されると，式 (2.4) を用いて所属確率を計算できる。

次に期待対数尤度関数 (2.7) の第1項の最大化を考えよう。$h_{ns}^i$ を所与とし，第1項を最大化することで第1項のパラメータ $\beta_s$ を更新する。すなわち，

$$
\begin{aligned}
\beta_s^{i+1} &= \underset{\beta_s}{\operatorname{argmax}} \sum_n \sum_s h_{ns}^i \ln K_n(\beta_s) = \underset{\beta_s}{\operatorname{argmax}} \sum_s h_{ns}^i \ln K_n(\beta_s) \\
&= \underset{\beta_s}{\operatorname{argmax}} \sum_n \sum_t h_{ns}^i \ln L_{nt}(\beta_s)
\end{aligned}
\tag{2.12}
$$

となる。ここでも，パラメータ $\beta_s$ は各クラスで独立なので，各クラスを別々に分解して推定することができることを用いている。

以上の手順を整理すると，EM アルゴリズムの推定ステップは以下のとおりとなる。

1. 効用関数のパラメータ $\beta_s^0$ および所属確率のパラメータ（$\pi_s^0$ または $\lambda_s^0$）の初期値を設定する。ここでは，Train (2008) の方法にしたがい，サンプルを S 個に分割し，それぞれで条件付ロジットで推定した結果を $\beta_s^0$ の初期値とした。所属確率のパラメータに関しては，所属確率を直接推定する場合は $\pi_s^0 = 1/S$ とし，メンバーシップ関数の場合は $\lambda_s^0$ をランダムに設定した。
2. 式 (2.8) を用いてウェイト $h_{ns}^i$ を更新する。

3. 所属確率 $\pi_{ns}^{i+1}$ を更新する。所属確率を直接推定する場合は式 (2.10) を用いる。メンバーシップ関数を用いる場合は，式 (2.11) を用いてパラメータ $\lambda_s^{i+1}$ を推定し，式 (2.4) を用いて所属確率を更新する。
4. 効用関数のパラメータを式 (2.12) を用いて更新する。具体的には，$h_{ns}^i$ の重み付きで条件付ロジットを $S$ 回実施し，各クラスのパラメータ $\beta_s$ を推定する。
5. ステップ（2）から（4）を収束するまで繰り返す。

なお，推定パラメータの標準誤差は，EM アルゴリズムによって得られた推定値を用いて対数尤度関数のヘッセ行列を計算して標準誤差を計算する方法（Ruud 1991）と，ブートストラップによって EM アルゴリズムの推定を繰り返すことで標準誤差を計算する方法（Train 2008）が提唱されているが，後述する実証研究ではブートストラップを用いる方法を採用した。

クラス数の決定には，AIC や BIC などの指標が最小となるクラス数が用いられることが多いが，このクラス数のもとで推定された効用関数やメンバーシップ関数の符号条件が理論的予測と整合的か否かを調べることも重要である[10]。各指標の定義は以下のとおりである。

AIC（Akaike Information Criterion）　　$-2LL + 2K$

AIC3（AIC with a penalty factor of 3）　$-2LL + 3K$

crAIC（corrected AIC）　　　　　　　　$-2LL + \left(2 + \dfrac{2(K+1)(K+2)}{N-K-2}\right) K$

BIC（Bayesian Information Criterion）　$-2LL + \ln(N) \cdot K$

ただし，$LL$ は対数尤度，$K$ はパラメータ数，$N$ は観測数である。

### 2.2.4　厚生測度の計算方法*

選好パラメータが推定されると，各属性の限界支払意志額を算出することが可能となる。クラス $s$ に属する回答者の限界支払意志額は

---

[10] 潜在クラスモデルのクラス数については Scarpa and Thiene (2005) や Hynes et al. (2008) が詳しい。

$$MWTP_s = -\frac{\beta_s}{\beta_{ps}} \tag{2.13}$$

となる．ただし $\beta_{ps}$ はクラス $s$ の価格属性パラメータである．回答者全体の限界支払意志額は，各クラスの限界支払意志額の期待値として計算できる．

$$MWTP = \sum_s \pi_{ns} \cdot MWTP_s = -\sum_s \frac{\exp \lambda'_s z_n}{\sum_s \exp \lambda'_s z_n} \cdot \frac{\beta_s}{\beta_{ps}} \tag{2.14}$$

## 2.3 潜在クラスモデルの実際：釧路湿原における自然再生事業の評価

### 2.3.1 釧路湿原における自然再生事業[11]

潜在クラスモデルの実際を見るために，ここでは釧路湿原の自然再生事業を評価した事例を紹介する．釧路湿原では，過去に損なわれた自然環境を取り戻すことを目的として，自然環境を保全・再生・創出し，それを維持していくための「自然再生事業」が 2002 年から実施されている．釧路湿原の自然再生事業では，湿原を再生するために，1) 直線化された河川を再び蛇行化させる事業，2) 砂をためるため池を作ることで湿原に流入する土砂を減少させようという事業，3) 湿原の上流地域で森林を整備・再生し，湿原に流入する土砂を減らそうという事業などが計画されている．

釧路湿原の自然再生事業では，地元住民や地元の環境保護団体，業者，研究者などによって構成される協議会を設置し，釧路湿原の自然をどのように再生するかについて議論が交わされている．しかし，自然再生のあり方に関しては関係者間の中で意見の相違が見られ，合意形成は必ずしも容易ではない状況にある．こうした意見の対立は自然再生事業に対する価値観の相違が原因と考えられることから，選好の多様性を把握できる潜在クラスモデルによる評価が有効であろう．

---

[11] 釧路湿原の自然再生事業については第 3 章の「3.3.3 釧路湿原における自然再生事業の評価」も参照されたい．

第 2 章 表明選好法の最新テクニック 1：選好の多様性

表 2.3 属性・水準表

| 属性 | 水準 |
|---|---|
| 再生事業 | 河川の再蛇行化，森林の回復，ため池の設置 |
| 土砂削減量（％） | 5%, 10%, 15%, 20% |
| 成功確率（％） | 30%, 50%, 80%, 100% |
| 支払額（円/年） | 500 円，1,000 円，2,000 円，5,000 円 |

### 2.3.2 データ

こうした背景をふまえ住民に対して選択型実験により釧路湿原の自然再生事業の価値を評価する調査を実施した。調査方法はインターネットを利用したウェブ調査を採用した。調査時期は 2008 年 2 月 8 日から 13 日である。調査会社に登録されているモニターから北海道在住の 20 代から 60 代の男女を対象に調査を依頼し，1,570 人から回答を得た。

表 2.3 はこの選択型実験で用いた属性と水準を示したものである。再生事業の種類として，釧路湿原で実際に行われている 3 つの事業（河川の再蛇行化，森林の回復，ため池の設置）を用いた。さらに土砂削減量と事業の成功確率も属性として用いた[12]。価格属性である支払額は 500 円〜5,000 円の金額を用いた。

この属性・水準表をもとに直交配列を用いて選択型実験のプロファイルを作成した。図 2.11 は選択型実験の質問例を示している。選択肢は，対策の代替案 3 種類，現状維持，どれも選ばない，の 5 つである。この中からもっとも好ましいものを 1 つだけ選んでもらった。このような選択型実験の質問を回答者 1 人につき 6 回尋ねた。

### 2.3.3 推定結果

最初に選好の多様性を無視した標準的なモデル（条件付ロジットモデル）の推定結果を見てみよう（表 2.4）。標準的なモデルでは，森林の回復が 787.5 円

---

[12] 調査では，成功確率（30％，50％，80％，100％）と表現したバージョンと失敗確率（70％，50％，20％，0％）と表現したバージョンの 2 通りの質問を行ったが，ここでは失敗確率を「1 − 失敗確率」により成功確率に読み替えることで，すべての回答者について成功確率に対する評価を求める。

以下の4つの選択肢のうち、あなたが最もよいと思うものを1つだけ選んでください。

| | 選択肢 1 | 選択肢 2 | 選択肢 3 | 選択肢 4 | |
|---|---|---|---|---|---|
| 事業の種類 | 再蛇行化 | 森林の回復 | ため池の設置 | 現状維持（事業の強化は行わない） | どれも選べない |
| 土砂削減量 | 現在の土砂流入量の5%を削減 | 現在の土砂流入量の10%を削減 | 現在の土砂流入量の20%を削減 | | |
| 事業が成功する見込み | 半々で成功する（50%） | 確実に成功する（100%） | あまり成功しそうにない（30%） | | |
| 支払い額（今後10年間） | 毎年 1,000 円 | 毎年 5,000 円 | 毎年 500 円 | | |

図 2.11　選択型実験の質問例

表 2.4　限界支払意志額（条件付ロジット）

| | |
|---|---|
| ため池の設置 | −884.3 円 |
| 森林の回復 | 787.5 円 |
| 河川の再蛇行化 | 96.8 円 |
| 土砂削減量 | 75.0 円/% |
| 事業の成功確率 | 60.7 円/% |

注：単位は1世帯当たり年間の金額である。

ともっとも価値が高く、2番目が河川の再蛇行化（96.8円）であり、ため池の設置はマイナスの価値となっている。この結果だけでは、森林の回復を強化することを住民は求めていると単純に判断され、自然再生事業のあり方をめぐる意見の対立は見えてこない。つまり、選好の多様性を無視したモデルでは、価値観の相違による対立構造を明らかにすることはできないのである。

次に、潜在クラスモデルの推定結果について見てみよう。ここではメンバーシップ変数は用いずに、すべての回答者のクラス所属確率が等しい（$\pi_{ns} = \pi_s, \forall n$）と仮定して $\pi_s$ を直接推定する方法を採用した。潜在クラスモデルでは、まずクラス数を決定する必要がある。そこで、クラス数を変化させたときの AIC, AIC3, crAIC, BIC を調べたところ表 2.5 の結果が得られた。これによると、crAIC以外はクラス数が13のときに最小となっていることから、ここではクラス数13を採用した[13]。なお、クラス数13では推定すべきパラ

---

[13] Andrews and Currim（2003）のモンテカルロ・シミュレーションの結果では、クラス数の決定に最適な指標は AIC3 であった。

第 2 章 表明選好法の最新テクニック 1：選好の多様性　　51

表 2.5　クラス数の決定

| クラス数 | パラメータ数 | LL | AIC | AIC3 | crAIC | BIC |
|---|---|---|---|---|---|---|
| 1 | 7 | −13161.1 | 26336.1 | 26343.1 | 26336.8 | 26373.6 |
| 2 | 15 | −11228.5 | 22487.0 | 22502.0 | 22492.3 | 22567.4 |
| 3 | 23 | −9991.9 | 20029.7 | 20052.7 | 20047.6 | 20153.0 |
| 4 | 31 | −9702.3 | 19466.6 | 19497.6 | 19509.2 | 19632.7 |
| 5 | 39 | −9478.8 | 19035.5 | 19074.5 | 19119.2 | 19244.5 |
| 6 | 47 | −9365.7 | 18825.4 | 18872.4 | 18970.7 | 19077.2 |
| 7 | 55 | −9225.3 | 18560.5 | 18615.5 | 18792.6 | 18855.2 |
| 8 | 63 | −9121.5 | 18369.0 | 18432.0 | **18717.2** | 18706.6 |
| 9 | 71 | −9076.6 | 18295.2 | 18366.2 | 18793.8 | 18675.7 |
| 10 | 79 | −9046.7 | 18251.4 | 18330.4 | 18939.0 | 18674.8 |
| 11 | 87 | −9068.1 | 18310.2 | 18397.2 | 19230.4 | 18776.4 |
| 12 | 95 | −9002.7 | 18195.5 | 18290.5 | 19396.6 | 18704.5 |
| 13 | 103 | −8956.0 | **18118.1** | **18221.1** | 19653.6 | **18670.0** |
| 14 | 111 | −8951.2 | 18124.4 | 18235.4 | 20052.8 | 18719.2 |

注：効用関数の属性数は 7（ASC を含む），回答者数 1,570。

メータ数は 103 にも及ぶが，EM アルゴリズムを用いた推定では安定的に推定結果を得ることができた。

図 2.12 はクラス数が 13 のときの限界支払意志額の分布を示したものである。森林の回復，河川の再蛇行化のいずれも限界支払意志額は 0 円以上 1,000 円未満がもっとも多いものの，森林は 2,000 円以上の価値を持つクラスも多く存在するのに対して，河川ではマイナスの価値を持つクラスが多い。図 2.13 は森林の回復と河川の再蛇行化の両者の限界支払意志額の中で 13 のクラスが

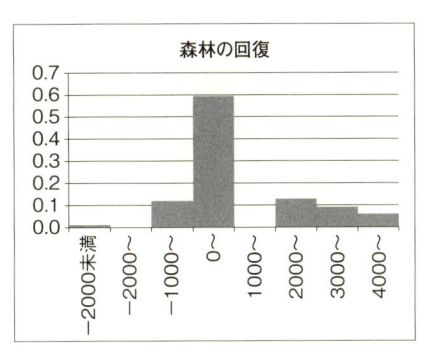

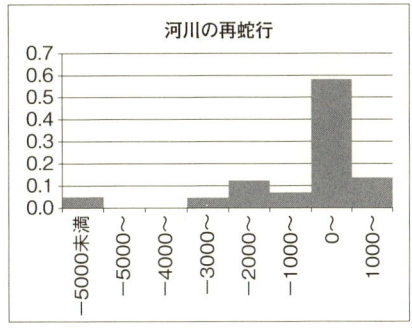

図 2.12　限界支払意志額の分布

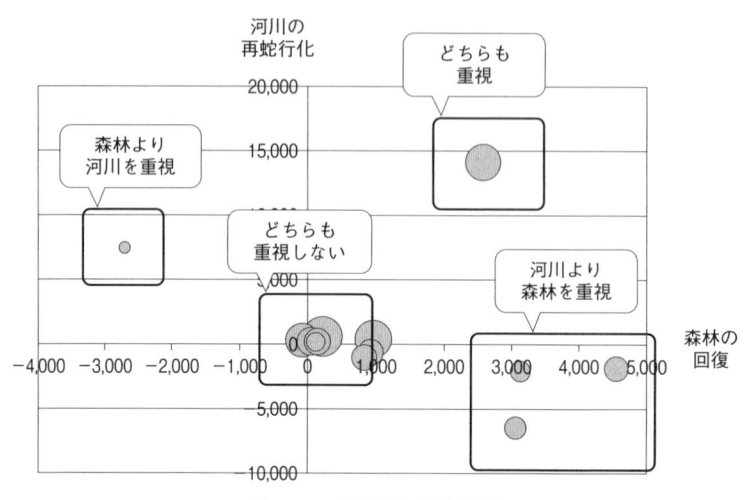

図 2.13 価値観の対立構造

どこに位置するかを示したものである。丸の大きさは各クラスの占める割合を示している。図を見ると，回答者は大別すると，森林と河川の両者を重視するグループ，森林をより重視するグループ，河川をより重視するグループ，そしてどちらも重視しないグループに区分される。このように自然再生事業に対しては，多様な価値観が存在し，どの事業を重視するかに対して意見が分かれることから，合意形成が困難となっていることが考えられるだろう。

## 2.4　まとめと今後の課題

本章では，環境に対する選好の多様性を把握するモデルを展望し，その中でも近年注目を集めている潜在クラスモデルについて詳細を解説した。潜在クラスモデルは，回答者が選好の異なる複数のクラスに区分されると想定し，各クラス別に選好パラメータを推定することができる。また，各回答者がどのクラスに所属するのかをメンバーシップ関数によって分析することが可能なため，選好の多様性が生じる原因を分析することも可能である。

ただし，潜在クラスモデルは，推定すべきパラメータ数が多く，尤度関数が複雑な形状をとることもあり，従来の最尤法で推定することは困難なことも多

い。そこで，EMアルゴリズムによる推定方法が提案されている。EMアルゴリズムを用いると，クラス数が100を超える場合でも安定的に推定値を得ることが可能である。本章では，EMアルゴリズムを用いて推定するために著者たちが作成した統計プログラムの使い方を解説するとともに，EMアルゴリズムの理論についても紹介した。

そして，潜在クラスモデルの実際を見るために，釧路湿原の自然再生事業を対象とした選択型実験に潜在クラスモデルを適用した実証研究を紹介した。選好の多様性を無視した従来のモデルでは，回答者間の価値観の対立構造を把握することができないが，潜在クラスモデルを用いると，回答者は選好の異なる13のクラスに区分されることが示され，特に森林の回復と河川の再蛇行化に対して価値観の対立構造が存在することが明らかとなった。

今回は自然再生事業を対象としたが，環境をめぐる開発と保護の対立は，全国各地のさまざまな環境問題で生じている。したがって，自然再生事業だけではなく，その他のさまざまな環境問題に対しても潜在クラスモデルによる分析を行うことが必要とされるだろう。潜在クラスモデルを用いることで，従来のモデルでは把握できなかった価値観の対立構造を分析することが可能となり，さらには開発と保護の対立の解消と今後の持続可能な管理に向けて新たな対策のあり方について検討することが可能となるであろう。

また，本章では表明選好法の1つである選択型実験に対して潜在クラスモデルを適用したが，トラベルコスト法などの顕示選好法に対しても潜在クラスモデルは適用可能である。今後は顕示選好法への適用についても実証研究を進めることが必要であろう。

# 第3章 表明選好法の最新テクニック2：審議型貨幣評価

伊藤伸幸・竹内憲司

## 3.1 研究の背景

本章では，表明選好法における回答者の選好形成の問題と費用便益分析（cost benefit analysis）における効率性や衡平性に関する倫理的な問題について取り上げる。そして，それらの解決策の1つとして提唱されている審議型貨幣評価（deliberative monetary valuation）について，これまでの評価手法との比較を行い，近年の研究動向を概観する。

環境を貨幣評価することの主要な目的は，あるプロジェクトや政策を実施することで生じる環境への影響，つまり外部性を費用便益分析において考慮することにある。費用便益分析は，試行錯誤的でより包括的な政策分析を行う際の判断材料の1つとして用いられることもあるが，特定の政策決定を行うための社会的意思決定ルールとして，より直接的に用いられることもある（Sugden 2005; Turner 2007）。審議型貨幣評価は，主に後者における問題を解決するために発展してきた評価手法であるといえる。

環境に直接または間接的に影響を与えうるプロジェクトや政策の意思決定者が，市民の選好に関する情報を集め，それらを意思決定のプロセスに組み込んでいく際に直面する問題として，次の2つを挙げることができる。1つは選好形成の問題である。人々が複雑な環境問題について事前に選好を形成しておらず，その問題について十分に理解していないといった状況では，評価額の妥当性が疑われる可能性がある（Spash and Hanley 2008）。通常の表明選好法

では，回答者は統一化された同じ情報を与えられ，短時間での回答を要求される。しかしながら，あらかじめ回答者の選好が形成されていない場合には，必要な情報や回答のための時間を十分に与える必要がある。2つ目は倫理的な問題である。費用便益分析は効率性を価値基準としたアプローチであるが，環境に関する意思決定ではこれ以外の価値基準が焦点となる場合がある。Sagoff (1988) が指摘するように，環境問題が単に希少資源の効率的な利用に関する問題ではなく，衡平性や手続き的公正性，文化的な価値観に関する問題も包含しているのであれば，この問題に対する単純な答えは存在しない。

### 3.1.1 費用便益分析に対する批判

費用便益分析は，1930年代にアメリカの公共水道事業計画に導入されて以来，イギリスをはじめとするヨーロッパ諸国にも広まり，実にさまざまな事業，政策，計画，行動指針に適用されてきた。しかし，その応用が拡大するにつれ，その現実性や妥当性に関する批判も広がっている (Hanley and Spash 1994)。

費用便益分析は，あるプロジェクトや計画，政策を実施すべきか否かを判断するために，それらの社会的価値 (social value) を評価する手続きの1つである[1]。Pearce (1998) はその概要を以下のようにまとめている。

1. 人々が得ることのできる「福祉 (well-being)」（厚生あるいは効用）のすべてを便益として定義し，人々が被るであろう福祉の損失のすべてを費用として定義する。
2. 福祉（便益）とは，ある個人がその収益を守るためにどのぐらい支払ってもよいと思うか（支払意志額），あるいはどのぐらいの補償を受け取ればその収益を手放すか（受入補償額）によって測られる。
3. 被る福祉の損失（費用）とは，個人がいくら受け取ればその損失に耐えることができるか（受入補償額），あるいは個人がその損失を回避するためにいくら支払ってもよいと思うか（支払意志額）によって測られる。

---

[1] 費用便益分析に関する詳細については，Boadway and Bruce (1984) や Johansson (1993), Mishan and Quah (2007) を参照されたい。

4. 支払意志額と受入補償額は，人々の選好の尺度である。人々の選好を費用便益分析における基本的価値観とし，社会は個人の集計であると考える。
5. 便益が費用を上回った場合，そのプロジェクト，あるいは政策は潜在的に価値のあるものとみなされる。しかし，限られた予算に対して，プロジェクトや政策は多く存在するため，それらを望ましい順に順序付けすることが必要とされる。ほとんどの場合，順序付けは費用便益比によって行われ，順位の高いものから予算を使い切るまでプロジェクトが実行に移される。
6. 費用と便益は時間をまたぐ。そして，人間の選好がもっとも優先され，彼らは将来よりも現在を好む傾向にある。費用便益分析ではそのような人間の「現在志向」を考慮するため，将来の便益は割引率によって割り引かれる。割り引かれた便益と費用の将来から現在までの合計は現在価値とされ，現在価値にされた費用と便益はプロジェクトや政策の社会的価値の尺度として用いられる。

費用便益分析は個人が合理的な消費者選好を持っていると仮定する。そしてそのような選好に基づいて，資源をいかに効率的に配分するかについての判断基準を提供する。しかしながら，それぞれの個人は，消費者としての選好，「消費者選好 (consumer preference)」だけでなく，政治社会の一員，あるいは市民としての選好，「市民選好 (citizen preference)」を持つことが主張されてきている (Sagoff 1988; Turner 2007)。社会的な意思決定において，そのような社会から独立した消費者選好が，より社会の集団に配慮した市民選好よりも相応しい倫理的基準であるかが問われているのである。

**消費者選好と市民選好**

表明選好法によって個人の支払意志額や受入補償額を測ろうとする際には，それを独立した個人にとっての問題として扱うことも，その個人が属する社会における問題として扱うことも可能である。前者は消費者の枠組み (consumer frame)，後者は市民の枠組み (citizen frame) として定義され，それぞ

## 第3章 表明選好法の最新テクニック2：審議型貨幣評価

れの枠組みにおける選好は消費者選好，市民選好と呼ばれている．社会の多くの人々が便益を享受するプロジェクトについて消費者の枠組みでは個人は自分に生じる便益のみを考慮することが求められるのに対し，市民の枠組みでは自分だけでなく社会に属する他の個人に生じる便益についても考慮することが求められる（Sugden 2005）．一般に，消費者選好と市民選好ではプロジェクトに対する支払意志額に乖離が生じる．以下では，Nyborg（2000）にしたがって，市民選好と消費者選好の違いを定式化し，どのような条件のもとで両者の乖離が生じるのかについて示そう．

まず，社会に存在する個人を $n = 1, \ldots, N$ とし，$N$ 人の存在する社会を考える．すべての個人は倫理的判断ができ，その判断は個人間で異なる主観的な社会的厚生関数（subjective social welfare function），

$$W^m = V^m(w_1^m, \ldots, w_n^m, \ldots, w_N^m), \ \forall m \in \{1, \ldots, N\} \tag{3.1}$$

によって与えられるものとしよう．ここで，$w_n^m$ は観察者である個人 $m$ によって評価された個人 $n$ の福祉を表し，主観的な社会的厚生関数 $V^m$ は $w_n^m$ に関して推移的で連続な増加関数であると仮定する．さらに，$w_n^m$ が基数的で個人間の比較が可能であると仮定する．このような福祉の測り方は広く受け入れられている概念ではないが，ここでは，人々が日常において他人の福祉を直感的に評価しているという洞察からこのような仮定をおく．

個人 $n$ の可処分所得，公共財の供給量（あるいは質），個人属性をそれぞれ，$M_n$, $q$, $z_n$ とする（ここでは私的財の価格を一定として省略する）．このとき，任意の個人 $m$ はそれらをすべて観察でき，個人的福祉関数（personal well-being function）$v^m$ によって個人 $n$ の福祉を次式によって評価できるものとする．

$$w_n^m = v^m(M_n, q; z_n), \ \forall n, m \in \{1, \ldots, N\} \tag{3.2}$$

ただし，個人的福祉関数 $v^m$ は，所得と公共財の供給量に関して，凹で連続な増加関数であるとする．さらに，個人によって主観的に判断される最低限度の生活水準に必要な所得を $\bar{M}_m \geq 0$ とし，

$$\lim_{M_m \to \bar{M}_m} \partial v^m(M_m, q; z_m)/\partial M_m = \infty \qquad (3.3)$$

を仮定する。また，公共財の供給量を増やすための資金は課税の導入によって調達されるものとし，個人的福祉関数は通常の間接効用関数と同様に扱う。つまり消費者選好では，個人が自身の福祉を最大化することを仮定する。あるプロジェクトによる公共財の限界的変化 $\Delta q$ に対する個人 $m$ の支払意志額 $IWTP^m$ は，

$$IWTP^m = -\Delta M_m = \frac{\partial v^m(M_m, q; z_m)/\partial q}{\partial v^m(M_m, q; z_m)/\partial M_m} \Delta q \qquad (3.4)$$

として与えられる。これは，通常の表明選好法における支払意志額の定義と同じである。

次に市民選好について考えよう。消費者選好とは対照的に，市民選好では社会にとって何が最良かを考える個人を仮定する。したがって，個人はプロジェクトによる公共財の供給量の変化と課税への支払によって社会の状態が初期時点と無差別になるように自身の支払意志額を決める。つまり，市民選好による支払意志額は $V^m$ を全微分し，$\Delta W^m = 0$ とおくことで，

$$\begin{aligned}
-\Delta M_m &= \left[ \frac{\partial V^m}{\partial w_n^m} \frac{\partial v^m(M_m, q; z_m)}{\partial M_m} \right]^{-1} \left[ \sum_{n \neq m} \frac{\partial V^m}{\partial w_n^m} \frac{\partial v^m(M_n, q; z_n)}{\partial M_n} \Delta M_n \right. \\
&\quad \left. + \sum_n \frac{\partial V^m}{\partial w_n^m} \frac{\partial v^m(M_n, q; z_n)}{\partial q} \Delta q \right] \\
&= \frac{1}{\beta_m^m} \left[ \sum_{n \neq m} \beta_n^m \Delta M_n + \sum_n \gamma_n^m \Delta q \right]
\end{aligned} \qquad (3.5)$$

として与えられる。ただし，所得と公共財の限界社会的厚生に関する厚生ウェイトをそれぞれ，$\beta_n^m \equiv (\partial V^m/\partial w_n^m)(\partial v^m(M_n, q; z_n)/\partial M_n)$，$\gamma_n^m \equiv (\partial V^m/\partial w_n^m)(\partial v^m(M_n, q; z_n)/\partial q)$ としている。これらの厚生ウェイトは，個人 $n$ の所得あるいは公共財が追加的に 1 単位増えた場合に，個人 $m$ の主観的な社会的厚生がどれだけ変化するかを表している。$IWTP^m$ と比較すると，式 (3.5) で与えられる支払意志額の定義はやや複雑になっている。市民選好による支払意志額は，他のすべての人の所得と公共財の限界社会的厚生に対する

主観的な信念にも依存して決まる。したがって，市民選好では回答者の個人的選好だけではなく，社会に対する衡平性などの倫理的あるいは政治的な視点も考慮されていることになる。

$\beta_n^m$ と $\gamma_n^m$ を決定するためには，回答者が他のすべての人の所得 $M_n$ と個人属性 $z_n$ ($n \neq m$) に関する情報を把握していることが要求される。単純化のため以下では，回答者 $m$ が初期時点において，自分以外の個人 $n$ の福祉を主観的に評価するために必要とされる，個人 $n$ の所得と個人属性に関する情報を十分把握していると仮定する。ここでは2つの単純なケースとして，(1) すべての個人が回答者と同じ金額を課税として支払う共同責任（shared responsibility）の枠組みにおける市民選好と，(2) 回答者だけが課税を支払う単独責任（sole responsibility）の枠組みにおける市民選好について定式化する。

はじめに，共同責任における市民選好について考えよう。共同責任では，回答者 $m$ は自分以外の人も同じ額だけ支払うことを想定する。つまり，式 (3.5) において $\Delta M_n = \Delta M_m = \Delta M (\forall n, m \in \{1, \dots, N\})$ が成立しているので，この場合の市民選好による支払意志額 $\overline{SWTP}^m$ は，

$$\overline{SWTP}^m = -\Delta M = \frac{\sum_n \gamma_n^m}{\sum_n \beta_n^m} \Delta q \tag{3.6}$$

として与えられる。これを消費者選好における $IWTP^m$ と比較するために $\Delta q = 1$ とおき，$IWTP_n^m$ を回答者 $m$ による個人 $n$ の支払意志額の主観的な評価，つまり $IWTP_n^m \equiv (\partial v^m(M_n, q; z_n)/\partial q)/(\partial v^m(M_n, q; z_n)/\partial M_n)$ とすると，

$$\overline{SWTP}^m = \frac{\sum_n \beta_n^m IWTP_n^m}{\sum_n \beta_n^m} \tag{3.7}$$

とできる。つまり，$\overline{SWTP}^m$ と $IWTP^m$ の乖離は回答者自身の評価だけでなく，他のすべての人の評価にも依存することになる。一般に，他のすべての個人 $n$ の個人的福祉関数 $v^n$ が回答者 $m$ によって考慮されたとしても ($IWTP_n^m = IWTP^n, \forall n, m \in \{1, \dots, N\}$)，市民選好による個人 $m$ の支払意志額は消

費者選好による社会全体の平均支払意志額と一致しない（$\overline{SWTP}^m \neq (1/N)\sum IWTP^n$）。これらが一致するには，さらに所得の限界社会的厚生がすべての個人間で等しいこと（$\beta_n^m = \beta, \forall n \in \{1,\ldots,N\}$）が要求される。この条件は，以下のように示すことができる。

$$\overline{SWTP}^m = \frac{\beta \sum_n IWTP_n^m}{N\beta} = \frac{1}{N}\sum_n IWTP^n \tag{3.8}$$

次に，単独責任における市民選好について考えよう。単独責任では回答者のみが課税に対する支払を行うので，$\Delta M_n = 0$（$\forall n \in \{1,\ldots,N\}, n \neq m$）が成立している。このときの支払意志額 $\widehat{SWTP}^m$ は，

$$\widehat{SWTP}^m = \frac{\sum_n \gamma_n^m}{\beta_m^m}\Delta q \tag{3.9}$$

として与えられる。$IWTP^m$ および $\overline{SWTP}^m$ と比較するために，$\Delta q = 1$ とおくと，

$$\widehat{SWTP}^m = \frac{\sum_n \beta_n^m IWTP_n^m}{\beta_m^m} = \frac{\sum_n \beta_n^m IWTP_n^m}{\sum_n \beta_n^m - \sum_{n \neq m} \beta_n^m} \tag{3.10}$$

とできる。消費者選好と市民選好による支払意志額の乖離をまとめると，表3.1のようになる。(a) の条件は所得の限界社会的厚生がすべての個人について等しくならない限り満たされないため，$IWTP^m$ と $\overline{SWTP}^m$ には一般的に乖離が生じる。そして (b) に示されているように，両者の大小関係については，回答者以外の個人 $n$ の支払意志額に対する主観的評価と彼らに対する厚生ウェイトの両方に依存して決まっていることがわかる。もっとも単純なケースとして，2人の個人 $n$ と $m$ だけが存在する社会を考えると，(b) は $IWTP^m < IWTP^n$ が満たされる限り，共同責任の市民選好による個人 $m$ の支払意志額が消費者選好による支払意志額を上回ることを示している。(c) の条件は少なくとも他の1人の $IWTP^n$ に対する主観的評価が正であり，かつその個人の所得の限界社会の厚生に対する主観的評価が正であれば成立するので，一般に単独責任の市民選好による支払意志額は，消費者選好による支払

表 3.1 市民選好と消費者選好の乖離

| 選好の乖離 | 条件 |
| --- | --- |
| (a) $\overline{SWTP}^m = IWTP^m$ | $\beta_n^m = \beta,\ \forall n \in \{1,\ldots,N\}$ and $IWTP^m = (1/N)\sum IWTP_n^m$ |
| (b) $IWTP^m < \overline{SWTP}^m$ | $IWTP^m \left(\sum_{n \neq m} \beta_n^m\right) < \sum_{n \neq m} \beta_n^m IWTP^n$ |
| (c) $IWTP^m < \widehat{SWTP}^m$ | $\beta_n^m IWTP^n > 0, \exists n \in \{1,\ldots,N\}, n \neq m$ |
| (d) $\overline{SWTP}^m < \widehat{SWTP}^m$ | $\beta_n^m IWTP^n > 0, \exists n \in \{1,\ldots,N\},$ and $\beta_n^m > 0,$ $\exists n, m \in \{1,\ldots,N\}, n \neq m$ |

意志額を上回ることを示している．さらに，(d) では，回答者を含め少なくとも1人の $IWTP^n$ に対する主観的評価が正で，かつ他の個人の所得の限界社会的厚生に対する評価が正であれば成立するので，一般に単独責任の市民選好による支払意志額は，共同責任の市民選好による支払意志額を上回ることを示している．

環境財，あるいはより一般に公共財に対し，消費者選好による支払意志額を表明選好法で聞き出せるかどうかは，対象としている財に排除性を持たせて供給することができるかどうかに左右される．

例として，公共のラジオ放送番組によって得られる便益を挙げよう．市民の枠組みを使った表明選好法では，回答者に番組の提供と該当する地域の居住者の間で費用を分担することを想定してもらい，そのプロジェクトを実行するための支払意志額を尋ねればよい．このとき，ラジオ放送を聴取することの便益は該当する地域に住んでいる限り非競合性と非排除性を持つ．一方，消費者の枠組みの場合には，各居住者が料金を支払うことで番組を聴取できるようになることを想定してもらい，その番組を聴取するための支払意志額を尋ねればよい．このとき，ラジオ放送を聴取することの便益は非競合性は持つが非排除性は持たない．つまり，財の供給手段を工夫することによって，その財に排除性を持たせることができれば，消費者選好による支払意志額を聞き出すことができる．

しかしながら，消費者の枠組みで尋ねることが困難な公共財も存在する．その代表的なものが環境の存在価値である．存在価値は，すべての人々がその環境が存在することで得られる便益であり，たとえ仮想的であっても，他の個人への供給を排除することが不可能であることから，消費者の枠組みで支払意志

額を聞き出すことはきわめて難しいといえる。

　Sugden (2005) は，存在価値が環境経済学者にとってもっとも重要な環境の特性であることを認めたうえで，費用便益分析を市場シミュレーションとして解釈し，消費者の枠組みで個人の評価を聞きだすべきであると主張している。これに対し，Sagoff (1988; 1998) は，環境に関する意思決定は市民選好に基づくものであり，表明選好法において個人を消費者として扱うことは望ましくないと主張する。

**社会的衡平性への配慮**

　通常の費用便益分析では，所得の限界効用が個人間で等しいと仮定している[2]。一方で，これまで費用便益分析における衡平性への配慮を目的に，厚生ウェイトによって重み付けを行うことが試みられてきた。しかしながら，それらの重み付けは費用便益分析を用いる意思決定に影響を与えるだけでなく，もっともらしいとされる厚生ウェイトの範囲も広くなっている。結果として，その不明瞭さが費用便益分析における重み付けが敬遠される大きな要因となっている。ただし，Atkinson and Mourato (2008) は，以上のことは採用すべき重み付けについて単にわれわれの理解が足りていないというだけで，衡平性に関する重み付けが適切でないということを意味するわけではないと指摘する。

　Sugden (2005) の主張するように，費用便益分析を市場シミュレーションとして用いる場合には，費用便益分析が効率性のみを考慮していることに問題は生じない。しかし，Pearce (1998) が指摘するように効率性が政治プロセスにおいて容易に軽視されてしまう価値基準であるとすれば，費用便益分析に衡平性への配慮を導入することで，社会的意思決定におけるより中心的な役割を果たせるかもしれない (Turner 2007)。

　政治科学においては，Rawls (1971) と Habermas (1984) が，社会的衡平性を手続き的規範 (procedural norm) という視点から理解すべきであると主張している。Herbermas (1990) は，社会的権力や策略，イデオロギーが経済的価値の決定に影響しないよう，参加者が発言の自由かつ等しい権利を有する

---

[2] この点に関する詳細な議論は，Brekke (1997) を参照されたい。

公正な討論を保障することを手続き的規範の最終的な目標とし，公正なプロセスによって得られる結果こそが公正な結果を導くとしている。

**合理的な消費者選好**

近年の行動経済学や実験経済学の知見は，合理的な消費者選好を仮定したモデルが現実の人間行動を十分に説明できないことを示している（Gowdy 2004）。合理的な消費者の選好には，個人がすべての私的財と公共財に対して一貫性のある選好を持ち，それらは時間を隔てて安定的で，かつ状況や表明するメカニズムに対し独立であることが仮定されている。また，選好が人々の経験や，社会的な交流，歴史的あるいは文化的な経歴，意思決定過程の形式などによって変化するような，「内生的選好（endogenous preference）」を考慮していないことに対しても批判がなされてきている（Turner 2007）。

Macmillan et al.（2002）とÁlvarez-Farizo and Hanley（2006）は，合理的な消費者選好を前提とした通常の表明選好法について以下の問題点を挙げている。

1. 通常の調査は10～30分の間で終了する。実際に環境評価に関連する質問に回答する時間は面接調査の場合5分程度であり，評価対象としている環境問題やプロジェクトについて注意深く考える時間がほとんど与えられていない。
2. 回答者は与えられた情報について質問することができず，必要に応じて追加的な情報を求めることもできない。環境財に対して事前に選好が形成されていない（消費者理論における完備性の仮定に反する）場合に，調査者の説明やアンケートに記載された回答者にとっての新しい情報と，自分の環境意識や信条を結び付けてその場で選好を形成しようとする可能性がある。このような状況下で，環境という複雑で馴染みの薄い財を回答者に評価してもらうということは，十分に形成されていない選好に基づいた政策の意思決定をまねく恐れがある。
3. 日常生活では，商品を購入したり環境保全に対する寄付をしたりするとき，友人や家族とそのことについて話をしたり，どんな点を重視したらよ

いかなどについていろいろと調べたりするが、通常の調査では、そのような機会は与えられていない。
4. 市民選好に基づく倫理的側面が考慮されていない（Sagoff 1988; 1998）。

　市民選好では主観的な厚生ウェイトによって衡平性や政治的視点が回答者によって考慮されている。市民選好に基づいた公正な討論によってプロジェクトを評価することができれば、費用便益分析に社会的衡平性への配慮を導入することができるのではないだろうか。また、十分に選好が形成されていない場合には、選好の形成に必要な時間と情報を回答者に十分に与える必要がある。次節では、これらの議論から生まれた審議型貨幣評価について取り上げよう。

## 3.2　審議型貨幣評価の詳細

　これまで費用便益分析の持つ問題点について紹介してきたが、ここでは、それらを解決するための手法として提唱されている審議型貨幣評価について紹介する。審議型貨幣評価は、表明選好法と政治科学における審議過程の要素を結びつけたものであり、選好形成や社会的衡平性の問題に、表明選好法の評価プロセスで対処しようとするものである。審議型貨幣評価の1つに、市民が医療政策や環境政策等の制度設計に参加する市民審議会[3]（citizen's jury）を取り入れたものがある。市民審議会は裁判制度における陪審制を環境政策の審議に応用したものである。参加者は郵送による通知によって10～20名程度集められ、特定の環境政策について、数名の専門家や行政担当者による10～15分程度のプレゼンテーションを受け、その後参加者だけで3～4日かけて審議を行う。参加者は最終日に提言を作成し、行政当局に提出する。このような市民審議会はドイツやアメリカ、イギリスなどで取り入れられている（Aldred and Jacobs 2000）。Spash（2008）は、そのような市民審議会の制度を審議型貨幣評価に応用することで、(1) 情報のオープンアクセス、(2) 証人や潜在

---

[3]　「市民陪審制」と訳されることもあるが、市民審議会が裁判ではなく、特定の政策や行政計画について審議を行う機関であることから、ここでは市民審議会とした。市民審議会の詳細については、Coote and Lenaghan（1997）を参照されたい。

的な人間以外の利害およびその将来世代に対する配慮，(3) 衡平性，公正性，分配問題に関する直接的な議論が可能になるとしている。市民審議会のような審議型アプローチと CVM の相違点は Söderholm (2001) によって表3.2のようにまとめられている。

審議型貨幣評価の明確な定義は確立されていないが，その目的が環境の社会的価値に対するグループの合意形成であることについては，研究者の間である程度の一致が見られる (Brown et al. 1995; Ward 1999; Wilson and Howarth 2002; Howarth and Wilson 2006; Spash 2008)。

## 3.3 審議型貨幣評価の実際

審議型貨幣評価に関する研究はこれまでいくつかのフィールドで応用されているが（表3.3参照），手法そのものが体系的に確立されていないため，試行錯誤的に行われているのが現状である。以下では，MacMillan et al. (2002)，Álvarez-Farizo and Hanley (2006) および Ito et al. (2009) による研究を取り上げて紹介する。

### 3.3.1 スコットランドにおける野生のガンの保護プロジェクトの評価

Macmillan et al. (2002) は，取り上げられている環境問題について，議論したり熟考したりする時間を増やすことによって個人の支払意志額の妥当性を改善しようとマーケットストール (market stall) というアプローチを提唱している。この評価手法は，環境政策に関する市民審議会の手法を発展させたものであると位置付けられている。マーケットストールに参加する一般市民は，グループによる1時間程度の討論に1週間を空けて2回参加する。このときのグループの人数は5〜10人である。Macmillan et al. (2002) は，マーケットストールの利点として，(1) 参加者は支払意志額を決めるために通常のアンケートや面接調査より多くの情報と時間が与えられ，(2) 取り上げられている環境問題について他の参加者や司会者 (moderator) と自由に議論することができる。また，(3) 2回の議論の間に1週間の間隔を空けることで，家族や友人との議論や自発的な情報収集，考察のための機会が与えられ，回答者が

表 3.2　CVM と審議型アプローチの主な相違点

| | CVM | 審議型アプローチ |
|---|---|---|
| 人間行動におかれる諸仮定 | 外生的に与えられた選好に基づいて，効用を最大化する個人 | 混在する動機を持つ（状況に応じて，一定の原理に基づき論理的に価値観を構築する）個人 |
| 回答者の関与 | 回答者の役割は 1 つに限定されており，敏感で，単独的，個人的である。彼らの視点は私的で質問の影響を受けにくい。 | 参加者は相互に作用する集団の一員であり，異なる役割を試行できる。彼らの視点は公的で，課題の影響を受けやすい。 |
| 参加者に対する要求 | 参加者は損得を考え，慎重に行動する。 | 参加者は自身の持つ美徳や能力に基づき論理的に考えて行動する。 |
| 問題の枠組み | 議題は調査者によって決定される。 | 議題は審議を通じて展開される。 |
| 市民と政策決定者の関係 | 政策決定者は「消費者」としての市民の選好を満足させるように対応する。 | 政策決定者は「市民」とし市民に決定を委ね，決定に対する責任は市民で共有される。 |
| 調査の結果 | 人々の関心に関する情報を定量化する。結果は政策の正当性を立証したり，政策との整合性を評価したりするために用いられる。 | 定量化されることがほとんどなく，多くの場合結果は不明瞭で，一貫性がない。人々が直面している問題に対してどう理解しているかを明らかにする。 |
| 「情報」の取り扱い | ほとんどの場合，情報については引用元が明らかにされず，質問の機会が与えられない。 | 参加者の持つ情報が主張され，反論される機会が与えられる。 |
| 方法論的な「原則」 | 方法論が独立している；プロセスは理論的に決まり，制約がある。 | 方法論は流動的；プロセスは動的で制約がない。 |
| 分配問題への対応 | 権利の分配の問題は容認される。 | 権利の分配を問題とする場合がある。 |
| 検証のプロセス | 方法論的厳密さや結果の収束性，先行研究との一貫性について前例を通じた検証を行う。 | 参加者の間での相互確認と議論を通じて検証する。 |
| 制度との適合性 | 官僚制度や財政構造に受け入れられやすい。 | 官僚制度や財政構造によって受け入れられにくいこともある。 |
| 最終的な到達点 | 結果を重視する。 | 結果と同様にプロセスそのものを重視する。 |
| 政治的な意義 | 消費者の習慣と管理社会を促進する。 | 市民の習慣と民主主義的価値観を促進する。 |
| 母集団の代表性 | 確保できる。 | ほとんど確保できない。 |

出所：Söderholm（2001）をもとに作成。

表 3.3 審議型貨幣評価の研究動向

|  | 評価対象 | 支払手段 |
| --- | --- | --- |
| Gregory and Wellman (2001) | 流域の自然再生 | 一般的な税金 |
| Macmillan et al. (2002) | 野生のガンの保護 | 一般的な税金 |
| Kenyon and Hanley (2005) | 氾濫原森林の再生 |  |
| 笹尾・柘植 (2005) | 廃棄物広域処理施設の設置 | 補償金 |
| Álvarez-Farizo and Hanley (2006) | 流域の管理 | 水道料金の値上げ |
| Ito et al. (2009) | 湿原の自然再生 | 一般的な税金 |
| Lienhoop and MacMillan (2007) | 水力発電用のダムや道路の建設 | 電気料金の値上げ／値引き |

自身の支払意志額を再評価できることを挙げている。

**ケーススタディ**

環境評価の対象とされたのは,スコットランドに飛来する野生のガンの保護プロジェクトである。スコットランドは渡り鳥である野生のガンにとっては重要な飛来地となっており,絶滅危惧種であるマガンの世界全体の生息数の80%以上がスコットランドのアイラ島や大西洋沿岸にある小島を生息地としている。また絶滅危惧種ではないが,アイスランドハイイロガンやヒシクイが本島東部の各地で確認されている。しかしながら,過去30年間にわたってガンの個体数が急速に増えたことで,野生のガンの保護活動が農家の反対を受けるという事態が起きた。増えすぎた野生のガンが牧草や穀物を餌にするようになったことで,農業被害が起きていたのである。そして,とりわけ被害の深刻だったアイラ島では,政府が農業者に対して野生のガンによる被害を補償するという措置がとられていた。

**マーケットストールの手順**

はじめに参加者を集めるため,251人のスコットランドの一般市民に対して面接調査を行った。面接調査では,ガンの保護プロジェクトの資金を今後10年間の一般税の引き上げによって賄うとした場合の支払意志額が尋ねられ,質問形式として支払カード方式が用いられた。このとき,面接対象者にマーケッ

トストールへの参加を依頼し，52人の同意を得た。マーケットストールでは，4～8人からなるグループを合計8グループ編成した。

マーケットストール1日目（セッション1）：司会者は，仮想的なガンの保護プロジェクトとそのプロジェクトに対する税金の支払について参加者に説明を行った。各参加者には司会者から与えられた情報の記載されたファイルが手渡され，プロジェクトのさまざまな側面に関して司会者に質問をする機会も与えられた。ファイルには，仮想的な税金の支払手段などについて理解を深めてもらうためにQ&A形式の説明書きも添付されていた。質疑応答の後，ガンの保護プロジェクトに対する各参加者の支払意志額を尋ねるためのアンケートが行われた（このアンケート調査票は面接調査と同じ形式のものが使われている）。最後に，ガンの保護や野鳥保護区への訪問，自然観察など関連する活動などについて，次のセッションまでの間に，考えたことや疑問に思ったことを日記としてまとめてくるよう参加者に依頼し，1日目を終了させた。

マーケットストール2日目（セッション2）：セッションのはじめに，参加者と司会者との間でプロジェクトに関する質疑応答が行われ，その後，参加者は支払意志額を尋ねるアンケートに回答した。

## 分析結果

分析の結果，面接調査による支払意志額は審議型貨幣評価によって聞きだされた支払意志額の約3.5倍高かったことが明らかになった。Macmillan et al. (2002)は，これまでの研究で仮想的な支払意志額が実際に支払う金額の2～10倍高くなることが示されていることを取り上げ，審議型貨幣評価によって仮想的な支払意志額が実際に支払う場合の支払意志額に近づく可能性があると結論付けている。その要因の1つとして，意思決定により多くの時間をかけたことと，参加者が自発的に資料を集める機会を与えたことを挙げている。2回のセッションの間に，多くの参加者が図書館や野鳥保護区に訪れたり，本や新聞を読んだりすることに時間を費やしたことが彼らの日記に記されていた。参加者の中には，インドに生息する絶滅危惧種のトラに関するテレビ番組を見たことによって，本人とその家族がガンの保護よりもトラに関心を持つようになったと記した人もいた。

通常の表明選好法の調査では，回答者に自発的な情報収集の機会を与えていない．支払意志額を表明するための自発的な情報収集が必要であれば，アンケート調査を複数回行い，その間に必要な情報を各自で収集してもらうように依頼することもできる．しかし，参加者がグループでの議論をより充実させようと自発的に情報を収集していたのであれば，単にアンケート調査で自発的な情報収集の機会を与えても同じだけの情報を収集してくれないかもしれない．審議型貨幣評価が単に情報収集の機会を与えただけでなく，情報を収集する動機付けになっていたかについては明らかにされておらず，今後の研究課題の1つとして挙げられるだろう．

### 3.3.2 スペイン・ナヴァーラ地方のシダコス川における水質改善の評価

Álvarez-Farizo and Hanley (2006) は，Macmillan et al. (2002) によって提唱されたマーケットストールを応用した評価ワークショップ (valuation workshop) を提案している．評価ワークショップは，市民審議会と選択型実験を一体化させた審議型貨幣評価手法の1つである．評価ワークショップでは，審議型貨幣評価が3〜4日の間を空けて3回のセッションによって行われる．

**ケーススタディ**

スペインのナヴァーラ地方を流れるシダコス川では，夏季の河川水位の低下による生態系への影響，硝酸塩とアンモニアの汚染，高温廃水などによる熱公害が環境問題として取り上げられており，国内の農業用水や工業用水のための取水と，農地や下水処理場からの汚染がその主な原因として考えられていた．コイが生息でき，かつ川の水を飲用水として利用できるまで水質を改善するには，水量を現在の水準よりも12%増やす必要があった．そのために水利用をどれだけ軽減し，汚染をどれだけ削減できるかが，目標を達成するための重要な指標とされていた．前者は灌漑設備の整備，水の再利用，都市部における配管の整備，家計に対する節水の呼びかけなどが対策として挙げられていた．後者の対策については，農場で廃棄物を貯蔵する施設を設備したり，都市部における下水処理を高度化したりすることなどが考えられていた．

## 評価ワークショップの手順

　参加者を集めるため，サラゴサ市民 345 人に対し通常の選択型実験に関する面接調査が行われた。回答者の中から評価ワークショップへの参加を募り，最終的に 12 人のグループを 2 つ構成した。評価ワークショップの各セッションは 3〜4 日の間隔をあけて行われた。

　評価ワークショップ 1 日目（セッション 1）：グループごとに別々の部屋に移動してもらい，最初に，(1) 司会者（研究者が担当）から環境問題と現在提案されている解決策について，グループのメンバーに対し説明が行われた。説明の内容は，面接調査で与えられたものと同じで，このときの司会者はこの後に続くすべてのセッションを通じて進行を担当した。次に，(2) 選択型実験を含むアンケート調査を行った。選択型実験では，司会者が「自身の経済状況や，家族，資源の代替的な利用の可能性について考慮したうえで，自己本位の視点から選択してください」という指示をし，回答を依頼した。この指示は面接調査のときにも行われていた。アンケート調査の後，(3) 司会者が今回取り上げられた問題についてメンバーの間で議論するよう依頼した。このときの議論では，自分たちが何をすることを求められているかについて，さまざまな考えが挙げられている。そして最後に，(4) 次のセッションまでに今回取り上げられた問題について，家族や友人と会話をしたり，インターネットや図書館などを利用して自分で学習したりするよう各自に依頼した。

　評価ワークショップ 2 日目（セッション 2）：はじめに，(1) 前回説明した内容について簡単に復習し，セッション 1 が終わってから浮かんだ疑問点などについて参加者と司会者の間での質疑応答と参加者間での議論が同時に行われた。その後，(2) 選択型実験を含むアンケート調査が，セッション 1 と同じ手順で行われ，(3) セッション 1 の選択型実験の集計結果がメンバーに公表された。(4) 最後にセッション 1 と同様に，次のセッションまでに各自で情報収集をするよう依頼した。

　評価ワークショップ 3 日目（セッション 3）：はじめに，(1) これまでの復習と，参加者と司会者の間での質疑応答，参加者間での議論が行われた。このとき，「今回のセッションが政策に影響を与える最後の機会になる」ことがメンバーにアナウンスされた。次に，(2) 集合的選択型実験（collective choice experiment）が行われた。この選択型実験の調査票そのものはセッション1やセッション2と同じであるが，集合的選択型実験では回答に先立って司会者から参加者に，「地域社会や環境にとってもっとも良いと思われるものは何か考えたうえで選択してください」という指示が出され，各メンバーに市民選好を表明することを要求した。

**分析結果**

条件付ロジットモデルによる分析の結果，評価ワークショップでは，従来の選択型実験よりも議論や考えるための時間と情報が多く与えられたことで，選好が有意に変化していたことが示されている。さらに，セッション2とセッション3については選好に有意な差が見られなかった。集団的視点を意識し，市民選好を表明することを求められたのはセッション3の選択型実験だけである。したがって，セッション2では個人的視点から望ましいと思う選択をするように指示されていたことから，参加者が社会にとって望ましいものを個人的視点においてもなお，望ましいと感じるようになったと解釈できる。Álvarez-Farizo and Hanley（2006）はこの結果について，消費者選好から市民選好への変化であると結論付けているが，セッション2で聞き出した選好はあくまで消費者の枠組みで聞き出された消費者選好であり，両者は明確に区別すべきである。つまり，消費者選好と市民選好が一致するように，所得の限界社会的厚生に関する主観的な厚生ウェイトがすべての個人間で等しくなり，自分以外のメンバーの支払意志額に対する主観的な評価の平均値が自身の支払意志額と等しくなったと解釈できる（表3.1（a）参照）。

市民選好による評価では，各個人が社会全体の便益について考慮することから，社会的衡平性に関しても配慮されることになる。評価ワークショップにおける参加者の議論が，私的な福祉に関するものでなく，市民選好を形成することにどの程度寄与していたかについて定量的に分析するのは困難であるが，Álvarez-Farizo and Hanley（2006）の分析結果はその可能性を示唆するものであるといえる。

### 3.3.3 釧路湿原における自然再生事業の評価

Ito et al. (2009) は，Macmillan et al. (2002) やÁlvarez-Farizo and Hanley (2006) による審議型貨幣評価の手法を応用し，釧路湿原自然再生事業の評価における合意形成実験を行っている．審議型貨幣評価では，環境の社会的価値に対するグループの合意形成を目的としているが，合意形成が困難な場合には多数決による意思決定が許容されている．しかしながらどのような意思決定ルールが審議型貨幣評価に望ましいかという問題に関する分析は十分にされてこなかった．ここでは，そのような審議型貨幣評価における意思決定ルールについて実験的アプローチから分析を行う．

**ケーススタディ**

釧路湿原では，明治以降の上流域での森林伐採や農地開発等によって湿原中心部への土砂の流入量が増加している．これにより湖沼で急速に土砂が堆積することで水生植物や淡水魚が減少したり，土砂の流入による土壌の乾燥化によってハンノキ林が拡大し，本来植生の大部分を占めるヨシやスゲ類が減少したりするなど，湿原の生態系への影響が問題視されている．そのような湿原への土砂の流入を軽減するために，農業排水対策である沈砂池の設置，直線化された河川の蛇行化，森林の整備・再生といった事業が自然再生協議会で了承され，すでに実施段階に移っている．

釧路湿原におけるこれらの自然再生事業の経済的価値を評価するため，仮想的な自然再生事業のための基金と，その財源をもとにした追加的な自然再生事業の計画を回答者に複数提示し，どのような事業計画が好ましいかを選択してもらうという選択型実験を行った．それぞれの事業計画の属性は土砂の流入を削減するための個別の事業とし，各属性の水準はそれらの事業によって削減される湿原中心部への土砂の流入量とした（表3.4）．さらに，これらの属性とその水準から，仮想的な代替案であるプロファイルを直交配列を用いて25個作成し，そのうち費用負担がなく，追加的な事業のある非現実的なプロファイル4つを取り除いた．アンケート調査票では仮想的な2つの代替案を乱数を用いて組み合わせ，現状の計画と合わせて計3つの選択肢からなる図3.1のような選択セットを9つ用意した．

第3章 表明選好法の最新テクニック2：審議型貨幣評価　　73

表3.4　プロファイルの属性と水準

| 属性 | 水準 | | | | |
|---|---|---|---|---|---|
| 沈砂池の設置 | 8% | 10% | 12% | 14% | 16% |
| 河川の蛇行化 | 8% | 10% | 12% | 14% | 16% |
| 森林の整備・再生 | 8% | 10% | 12% | 14% | 16% |
| 年間費用負担（円） | 0 | 500 | 1,000 | 2,000 | 5,000 |

| | 計画1 | 計画2 | 現状の計画 |
|---|---|---|---|
| 沈砂池の設置 | 8% | 14% | 8% |
| 河川の蛇行化 | 14% | 8% | 8% |
| 森林の整備・再生 | 14% | 14% | 8% |
| 年間費用負担（円） | 1,000 | 2,000 | 0 |

図3.1　選択セットの例

**実験の手順**

　合意形成実験は，2007年9月15日に北海道釧路市生涯学習センターの会議室および学習室で行った．釧路市の年齢構成，性別・年代別の就業率を考慮して20～50代の釧路市民36名のリクルーティングを民間の調査会社に依頼した．実験は6名1グループで，意思決定ルールの影響を分析するため，多数決ルールと合意形成ルールをそれぞれ3グループずつ編成した．実験は3つのセッションで構成されるが，すべてのセッションは1日で行われた．実験のタイムスケジュールは表3.5のとおりである．

　セッション1：グループによるディスカッションの前に，釧路湿原で行われている自然再生事業の内容について説明し，質疑応答を行った．ここでの説明と質疑応答は，事業計画や，選択型実験の設問について被験者の理解を深めることが目的であるため，説明された内容は事前に自宅で回答してきてもらったアンケート票に含まれている情報と同程度にした．質疑応答では，選択セットの回答方法や，事業内容に関する質問が出された．全体でのプレゼンテーションの後，グループに分かれて別々の部屋で実験を行い，他のグループの実験内容が被験者にわからないように配慮した．被験者には実験を行う部屋に移動した後に，個別に選択型実験のアンケートに回答するよう指示した．

　セッション2：セッション2以降は各グループの司会者がすべての進行を行

表 3.5 実験のタイムスケジュール

| セッション | 内容 | 時間 |
| --- | --- | --- |
| セッション1 | プレゼンテーション | 20分 |
| | アンケート1（選択型実験） | 20分 |
| セッション2 | ディスカッション | 20分 |
| | アンケート2（選択型実験） | 15分 |
| セッション3 | 集団的意思決定（選択型実験） | 30分 |

った．セッションの冒頭で，実験についての説明と質疑応答を行った．このとき被験者には，ディスカッションの後にグループで採択をとり，採択された結果がそのまま事業計画として実行されることを想定してもらうよう指示した．グループで採択された事業計画が実行され，市民全体に増税による費用負担が生じるのであれば，被験者はより市民選好に基づいた意思決定を意識しやすくなる．実験についての説明では，集団的意思決定に用いられる意思決定ルールについても説明した．実験についての説明と質疑応答の後にディスカッションを行い，被験者にはディスカッションの後に，個別に選択型実験のアンケートに回答してもらうよう指示した．

セッション3：集団的意思決定では，はじめに司会者がグループで選んだ事業計画がそのまま実行されることを想定してもらうようメンバーに再び指示した．さらに多数決グループの場合には，好ましいと思われる事業計画に挙手をしてもらい，同数票になった場合にはサイコロで事業計画を決めるように指示した．合意形成グループでは，司会者がサイコロを振ってランダムに被験者を選び，好ましいと思う事業計画案をグループに提案してもらうよう指示した．他のメンバーからの反対がなければ，その被験者が提案した事業計画が採択され，他のメンバーから反対された場合には，反対したメンバーに事業計画の提案とその理由について説明してもらうよう指示し，1つの事業計画が決まるまでこれらの手続きを繰り返し行った．1つの設問につき，3分以上経過しても決まらない場合は意思決定を保留し，他の設問がすべて終わってからもう一度採択をとるようにした．各メンバーには，あらかじめどの事業計画に挙手するか，あるいは提案するかについてチェックシートに回答してもらうよう指示した．合意形成グループのうち採択が決まらなかったグループが1つあったが，

それ以外はすべて時間内に実験が終了した。

**分析結果**

　集団的意思決定では，各被験者は他のグループメンバーと選好が異なった場合に，自分が好ましいと思った計画案以外のものが選ばれる可能性がある。合意形成グループでは，グループで選択されようとしている計画案に対して，それが好ましくない計画案であれば反対することができる。被験者はそのことを表明するかについても自由に意思決定ができるため，合意形成グループのメンバーが，自分が好ましいと思った計画案以外のものが選ばれようとしたときに，それに反対しなければ，そのときの効用が反対したときの効用よりも上回っているか無差別であるということになる。これに対し多数決グループでは，採択された計画案を受け入れるしかなく，反対意見を表明することができない。したがって，多数決ルールでは，被験者が採択の結果に対して不満を持ったまま事業計画が決められてしまう可能性がある。

　意思決定ルールによるこれらの影響を分析するため，被験者に集団的意思決定で採択された結果について，「かなり納得できた」，「まあまあ納得できた」，「あまり納得できなかった」，「まったく納得できなかった」の4段階で主観的に評価をしてもらった。この質問はそれぞれの採択についてではなく，9回の意思決定についての総合的な評価として回答してもらった。「まったく納得できなかった」と回答した被験者が1人もいなかったため，「まあまあ納得できた」と回答した個人の選択した事業計画がグループの採択結果と一致しなかった選択セットで1となるダミー変数 $NQ$ と，「あまり納得できなかった」と回答した個人の選択した事業計画がグループの採択結果と一致しなかった選択セットで1となるダミー変数 $UN$ を作成した。どちらのダミー変数も，個人の選択した計画案と採択されたものが一致した場合には0になる。多数決グループでは34，合意形成グループでは27の選択セットで個人の選択とグループの採択の間で不一致が生じていた。そのうち，$NQ$ は多数決グループで14，合意形成グループで17の選択セットで1をとり，$UN$ は多数決グループで6，合意形成グループで4の選択セットで1をとっていた。

　個人間の選好の乖離と集団的意思決定に対する不満の程度について分析す

るため，採択をする前に各個人が個別に記入したチェックシートの回答データと，グループによる採択結果のデータをプールした．グループによる採択結果のデータは，グループ内のすべての個人が採択された選択肢と同じ選択をしているように作成し，それぞれの被験者に対し，個人による意思決定のデータとそれに対応する集団による意思決定のデータが1つ存在するようにした．$NQ$と$UN$は，個人の意思決定による選好パラメータを基準として，そこから集団的意思決定による選好パラメータへの乖離を説明できるようにするため，個人の意思決定による回答データでは$NQ$と$UN$は常に0をとるようにした．個人間の費用負担1円当たりの限界効用の乖離とそれに対する不満の程度の関係は，$NQ$あるいは$UN$と$COST$との交差項のパラメータをそれぞれ推定すればよい．

集団的意思決定において，各個人$n$の選択肢$i$から得られる観察可能な効用$V_{ni}$が次式によって与えられると仮定する．

$$V_{ni} = ASC_i + \beta_1 POND_i + \beta_2 RIVER_i + \beta_3 FOREST_i$$
$$+ (\beta_p + \gamma_1 NQ_i + \gamma_2 UN_i)COST_i \quad (3.11)$$

ただし，$ASC_i$は現状の計画以外を選んだときの選択肢$i$の定数項である．これを条件付ロジットモデルで推定した結果を表3.6に示す．

表 3.6 条件付ロジットモデルの推定結果

| 変数 | 多数決グループ | | 合意形成グループ | |
| --- | --- | --- | --- | --- |
| | 係数 | 標準誤差 | 係数 | 標準誤差 |
| POND | $-0.1519^{***}$ | 0.0462 | $-0.0333$ | 0.0387 |
| RIVER | 0.0550 | 0.0461 | $0.1768^{***}$ | 0.0503 |
| FOREST | $0.2808^{***}$ | 0.0482 | $0.1576^{***}$ | 0.0458 |
| COST | $-0.0014^{***}$ | 0.0002 | $-0.0010^{***}$ | 0.0001 |
| NQ*COST | $0.0005^{**}$ | 0.0003 | $-0.0007$ | 0.0005 |
| UN*COST | $0.0007^{**}$ | 0.0004 | 0.0004 | 0.0004 |
| $ASC_1$ | $1.4290^{***}$ | 0.4109 | $0.8450^{***}$ | 0.3718 |
| $ASC_2$ | $1.5480^{***}$ | 0.4116 | $1.0140^{***}$ | 0.3888 |
| Num of obs. | 324 | | 318 | |
| Log likelihood | $-195.71$ | | $-235.4$ | |
| McFadden's $R^2$ | 0.45 | | 0.33 | |

注：$^{***} < 1\%$; $^{**} < 5\%$．

個人の選択したプロファイルとグループの採択したものが一致しているとき，沈砂池の設置事業に対する限界支払意志額（marginal willingness to pay）は，

$$\Delta U = \beta_1 \Delta POND + \beta_2 \Delta RIVER + \beta_3 \Delta FOREST + \beta_p \Delta COST = 0$$

$$MWTP^{POND} = \left. \frac{\Delta COST}{\Delta POND} \right|_{\Delta RIVER = \Delta FOREST = 0} = -\frac{\beta_1}{\beta_p} \quad (3.12)$$

で与えられる．このとき，グループと個人の間における限界支払意志額の乖離は起きていない．一方で，個人の選択したプロファイルとグループの採択したものが一致せず，かつ被験者が「まあまあ納得できた」と感じる沈砂池の設置事業に対するグループの限界支払意志額は，$MWTP_{NQ} = -\beta_1/(\beta_p+\gamma_1)$，同様に，「あまり納得できなかった」場合については，$MWTP_{UN} = -\beta_1/(\beta_p+\gamma_2)$として定義できる．

グループと個人の選択が一致していた場合の限界支払意志額を基準にして，それらが一致しなかった場合の限界支払意志額の乖離と集団的意思決定に対する納得の程度の関係を調べると，多数決グループでは，$MWTP_{NQ}/MWTP = 166.0\%$，$MWTP_{UN}/MWTP = 216.5\%$となっており，グループとの選好の乖離が大きくなるほど集団的意思決定に対する納得の程度が低下し，支払意志額にして216.5%以上の乖離が生じた場合に意思決定に不満を感じることが明らかになった．合意形成グループについても同様の推定を行ったが，$\gamma_1$と$\gamma_2$のパラメータはどちらも有意にならなかった．これらの結果は，多数決ルールでは個人とグループの間の選好の乖離が支払意志額にして166.0%未満まで小さくならない限り，意思決定に対する不満が解消されないが，合意形成ルールでは，そのような選好の乖離に起因する不満が生じないと結論付けることができる．この要因として，合意形成グループでは自分の意見とそれに基づく提案が採択されなかった際に，発言をすることによって選好の乖離に対する不満が解消されていた可能性が挙げられる．

以上の結果は，審議型貨幣評価における合意形成ルールの適用が多数決ルールに比べて支持されることを示している．しかしながら，グループのメンバー間での選好の乖離が大きくなれば，合意形成にかかる時間が長くなることが考

えられる。その場合には，意思決定にかかる機会費用が大きくなり，合意形成の優位性は弱まるだろう。

## 3.4 まとめと今後の課題

本章では，審議型貨幣評価という表明選好法を応用した新たな評価プロセスについて取り上げた。これまでの研究で審議型貨幣評価は，(1) 調査側と回答者の質疑応答や回答者間の審議を評価プロセスに取り入れることで，選好形成に関する問題に対処できること，(2) 回答者は審議を通じて市民選好を形成すること，などが明らかにされてきている。費用便益分析を市場シミュレーションとして位置付けるか，あるいは効率性以外の倫理的基準を包含した社会的意思決定ツールとして位置付けるかは，政治的・倫理的な判断の求められる課題といえるかもしれない。

費用便益分析を市場シミュレーションとして用いる場合には，すべての回答者が消費者選好を表明していることが要求される。したがって，表明選好法によるアンケート調査を実施する際には，市民選好を表明しようとする回答者をコントロールし，消費者選好を表明させることに注意を払わなければならない。この問題は，調査シナリオにおける支払手段や財の供給手段を工夫し，市民の枠組みによって選好を聞き出すことである程度は対応できるが，環境の存在価値のように消費者の枠組みを適用できない財を評価する場合には，この方法は使えない（Nyborg 2000; Sugden 2005）。そして，当然ながら消費者の枠組みを適用する場合には，衡平性などの倫理的問題への配慮を完全にあきらめることになる。

一方，審議型貨幣評価を適用することで効率性以外の倫理的な基準を考慮した費用便益分析を行う場合には，どのような課題が残されているのだろうか。もっとも大きな課題として，審議型貨幣評価によって評価された支払意志額を集計したものが，衡平性などの倫理的基準を考慮していない従来の費用便益分析と比較してどれだけ優れているかについて，理論的な基礎付けが行われていないことが挙げられるだろう。この点に関して，Wilson and Howarth (2002) は，審議型貨幣評価のような審議プロセスを取り入れた評価手法は，従来の費

用便益分析よりも優れているというより，2つの手法を補完的なものとして見るべきであるとしている。しかしながら，われわれは最終的に意思決定を行わなければならない。2つの異なる評価手法に基づいて出された結果に対し，どう判断すべきかについて何らかの回答を用意するべきではないだろうか。さもなければ，その不明瞭さ故に，評価手法そのものが重み付けされた費用便益分析のように敬遠されかねない。審議型貨幣評価に関する研究蓄積はまだ非常に少なく，審議型貨幣評価の手法そのものも体系的には確立されていない。これらの課題に答える今後のさらなる研究が期待されている。

# 第 II 部　顕示選好法

# 第4章 顕示選好法の新展開

庄子康・星野匡郎・柘植隆宏

## 4.1 顕示選好法とは何か

　環境の価値を評価する手法は，顕示選好法と表明選好法に大別することができる。表明選好法が環境の価値を人々に尋ねる直接的な評価手法であるのに対して，顕示選好法は人々の経済活動から得られる情報を手掛かりに環境の価値を評価する間接的な評価手法である。顕示選好法は人々の経済活動の履歴を用いて評価を行うため，非利用価値を評価することは不可能である。しかしながら，評価の目的に対応した適切なデータを入手することさえできれば，表明選好法でしばしば問題となる仮想的な状況設定にともなうバイアスの影響を受けないため，顕示選好法によって頑健な結果を得ることができる。

　顕示選好法には，本章で紹介するトラベルコスト法（travel cost method）やヘドニック法（hedonic price method）以外にも，代替法（replacement cost method）や回避支出法（averting expenditures method）などの手法が含まれる。顕示選好法に分類されるそれぞれの手法の概要を整理すると，表4.1のようにまとめることができる。

　トラベルコスト法とヘドニック法は需要曲線や価格関数を推定するため，得られた評価額が経済理論の裏付けを持つ。そのため，多くの研究者がより洗練された手法を求めて研究を進めるとともに，実務面においても広く用いられており，顕示選好法の中心的な手法となっている。そこで，本書においても，トラベルコスト法とヘドニック法を中心的に取り上げる。

表 4.1 顕示選好法の代表的手法

| |
| --- |
| トラベルコスト法：レクリエーション活動に費やす旅行費用から評価<br>　需要曲線を推定するため理論と整合的な評価額を得ることができるが，旅行費用の算定方法によって評価結果が影響される |
| ヘドニック法：住環境と住宅価格，または労働環境と賃金との関係から評価<br>　価格関数を推定するため理論と整合的な評価額を得ることができるが，多重共線性により環境の価値だけを正確に評価することが難しい場合がある |
| 代替法：環境財を代替する市場財の価格から評価<br>　直感的に理解しやすいが，適用は代替可能な市場財が存在する場合のみに限られる |
| 回避支出法：環境悪化を回避するために必要となる支出額から評価<br>　適切な支出対象が設定できる場合，理論と整合的な評価額を得ることができるが，支出対象の設定によって評価結果が影響される |

　第5章および第6章でトラベルコスト法とヘドニック法の最新テクニックを紹介する前に，本章ではそれぞれの手法の全般的な解説を行う。トラベルコスト法についてはシングルサイトモデルとサイト選択モデルを，ヘドニック法についてはヘドニック住宅価格法とヘドニック賃金法を取り上げ，経済理論と分析テクニックの基礎を解説するとともに，現在の研究動向を紹介する。これにより，各手法の歴史や手法間の関係，さらには現在の研究課題を理解することができ，次章以降で紹介する最新テクニックがなぜ必要とされるのかをより深く理解することができるであろう。

## 4.2　顕示選好法の手続き

　表明選好法と同じように，顕示選好法を行う際の手続きも，以下の4段階に分けることができる。基本的な手続きは表明選好法で示された流れと同様である。

1. 課題の定義
2. 評価方法の選択
3. 調査の設計と実施
4. 推定と分析

まず分析者は,「レクリエーションサイトの環境が改善されることで利用者はどれほどの便益を得るか」,「大気汚染の被害額は住宅価格の変化を手掛かりに評価するとどれほどになるか」などの具体的な評価の目的を定めることになる。表明選好法と顕示選好法の大きな違いは,表明選好法がアンケート調査により把握した仮想的な状況に関するデータを分析に用いるのに対して,顕示選好法は実際に行われた経済活動のデータを分析に用いることである。したがって,評価の目的を定める際には,分析に必要なデータが入手可能であるか,あるいは明らかにしたい課題に対して十分な精度のデータが入手できるかを検討することが重要である。第6章で紹介する空間計量経済学を応用したヘドニック法が発展した背景には,地理情報システム(GIS)の発展によって,これまでは不可能であった,より複雑な情報処理が効率的に行えるようになったことも影響している。調査の設計と実施では,経済活動に関する既存のデータを入手するとともに,表明選好法と同様にアンケート調査を行って情報を入手することも多い。そこでは,実際に回答者がどこのレクリエーションサイトを訪問したか,どれだけの価格で住宅を購入したかなどが質問される。表明選好法と異なり,お金を支払った経験のない財に対して質問が行われるようなことはないので,表明選好法のような注意深いシナリオ設定は必要としない。ただ顕示選好法を適用する場合には,トラベルコスト法におけるオンサイトサンプリングやヘドニック法における多重共線性など,データに関係する厄介な問題が存在している。オンサイトサンプリングとは,レクリエーションサイトで訪問回数などを聴取すると,訪問していない人々がサンプルから除外され,またより頻繁に訪問している人ほどサンプリングされやすいといった問題であり,ヘドニック法における多重共線性とは,たとえば,環境質が高く利便性のよい宅地では,部屋数が多い大きな住宅が建設される傾向があるとすると,住宅価格と環境質の関係を特定することが困難になるといった問題である。どちらも,あらかじめ問題点を理解したうえで適切に対処する必要がある。このように,顕示選好法の手続きは表明選好法で示された流れと基本的に同様であるが,顕示選好法で特に注意すべき部分も存在している。

## 4.3 トラベルコスト法の経済理論と基本テクニック

### 4.3.1 トラベルコスト法の理論的背景

トラベルコスト法は，そのレクリエーションサービスを享受するために費やした旅行費用に基づいて環境の価値を評価する手法である。主に自然公園や森林，ビーチなどのレクリエーションサイトを対象に，その環境の価値を評価したり，環境の質が改善された場合の便益を評価したりするために用いられてきた。

この手法のアイディアは，1947年にHotellingがアメリカの国立公園局に出した手紙の中で示された。Trice and Wood（1958）などによって実証研究が始められ，Clawson等によって，次節で示すシングルサイトモデルのゾーントラベルコスト法として体系化されることになる（Clawson 1959; Clawson and Knetsch 1966）。

以下では，1年間の森林公園への訪問行動を例として具体的に考えよう。ある訪問者は森林公園を訪れることによって効用を得るが，限界効用逓減の法則から，訪問回数が増えるにつれて得られる効用は減少する。また，森林公園を訪れるには旅行費用がかかるが，簡単化のためここでは訪問回数にかかわらず一定とする。以上の状況を示したものが図4.1である。この訪問者が1回目にこの森林公園を訪れることから得る便益（効用の貨幣評価額）を $p_1$，訪問に要する旅行費用を $TC$ とすると，$p_1 > TC$，すなわち純便益は正であるから，この訪問者は森林公園を訪れる。2回目，3回目と訪問回数が増えるにつれて得られる便益は減少するが，依然として純便益は正であるから，この訪問者は森林公園を訪れる。しかし4回目の訪問では，$p_4 < TC$ となることから，この訪問者は訪問しないという判断を下すことになる。つまり，この訪問者は，森林公園を3回訪れるのである。

財やサービスへの支払意志額（の総和）から，実際に支払った額（の総和）を差し引いた金額は消費者余剰（consumer surplus）と呼ばれる。図4.1には，森林公園への訪問から得られる個人の消費者余剰が示されている。

図4.1のような個人のレクリエーション需要曲線をすべての個人について集

第4章　顕示選好法の新展開

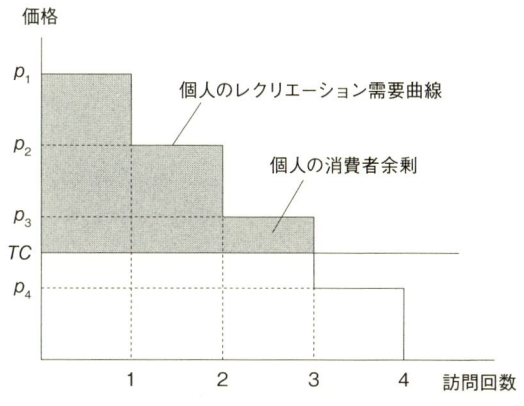

**図4.1　個人のレクリエーション需要曲線と消費者余剰**

計したものが，社会のレクリエーション需要曲線である。個人のレクリエーション需要曲線の場合と同様に，社会のレクリエーション需要曲線に基づいて，社会の消費者余剰を計測することができる。もっとも基本的なトラベルコスト法では，この消費者余剰によって環境の価値を評価する。

この消費者余剰を計測するためには，対象とするレクリエーションサービスが非本質財（non-essential goods）であるという前提が必要となる。もし対象とするレクリエーションサービスが本質財であれば，どれだけ旅行費用が高額であっても訪問回数は0回とはならないため，消費者余剰は無限大となる。しかしながら，一般にレクリエーションサービスは価格弾力性が高いサービスであり，非本質財として扱うことに問題が生じることは多くないと思われる。

このように，1つのレクリエーションサイトを対象として評価を行う手法をシングルサイトモデルと呼ぶ。シングルサイトモデルは，レクリエーションサイトからの旅行費用に基づいて設定された各ゾーンの訪問率（ゾーン内の訪問者数／ゾーン内の人口）と旅行費用との関係から分析を行うゾーントラベルコスト法（zonal travel cost method）と，各訪問者の訪問回数と旅行費用との関係から分析を行う個人トラベルコスト法（individual travel cost method）に分類される。

### 4.3.2 シングルサイトモデル

**ゾーントラベルコスト法**

ゾーントラベルコスト法では，森林公園を中心として，同心円状に旅行費用が等しいゾーンを設定する。実際には，旅行費用の代わりに距離に応じてゾーンが設定されることが多い。ここで，森林公園から $i$ 番目のゾーンまでの旅行費用を $p_i$ とする。また，それぞれのゾーンの人口 $POP_i$ とそれぞれのゾーンからの年間訪問者数 $VIS_i$ から，$i$ 番目のゾーンの訪問率 $VIS_i/POP_i$ を求める。そして，両者に式 (4.1) のような関係が存在すると考える。

$$VIS_i/POP_i = x(p_i, s_i) \tag{4.1}$$

ただし，$x(\cdot)$ は通常の需要関数，$s_i$ は職業や所得などを示す社会経済的な属性変数（ただし，ゾーンごとの平均値）である。簡単化のため $s_i$ の影響を捨象すると，森林公園から遠くに住んでいる訪問者ほど森林公園までの旅行費用が高くなり，訪問回数が少なくなると考えられるので，旅行費用と各ゾーンの訪問率との間には図 4.2 のような関係が想定される。

ゾーン $i$ に住んでいるある訪問者にとって，森林公園のレクリエーションサービスによって得られる訪問当たりの便益は，ゾーン $i$ からの旅行費用が訪問回数 0 回となる価格 $p^*$ まで上昇したときの消費者余剰の変化分となる。このような価格 $p^*$ を留保価格といい，本質財でなければ必ず存在する。この値に，ゾーン $i$ の訪問者数 $V_i$ を乗ずることで，ゾーン $i$ に居住する人々が，レ

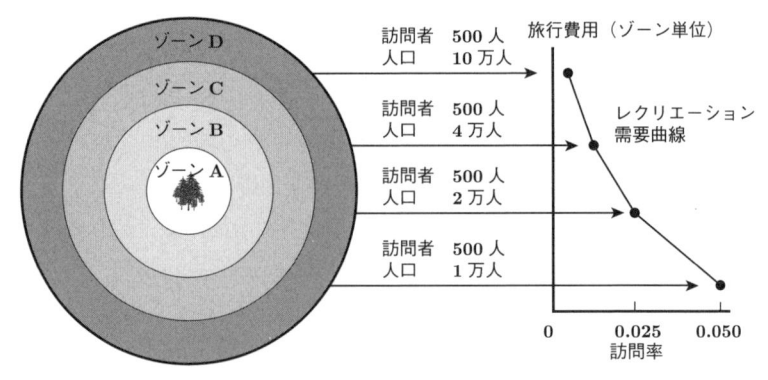

図 4.2 ゾーントラベルコスト法のイメージ

クリエーションサービスから得る便益を求めることができる．ここでゾーンの数を $m$ とすると，森林公園のレクリエーションサービスが提供する年間の便益 $B$ は，以下のように求めることができる（McConnell 1985）．

$$B = \sum_{i=1}^{m} VIS_i \int_{p_i}^{p^*} x(p, s_i) dp \tag{4.2}$$

ゾーントラベルコスト法の大きな問題点は，社会経済的な属性変数 $s_i$ がゾーンごとの平均値として導入されている点である．たとえば，所得の高い人や野鳥観察を趣味とする人などは，そうでない人よりも頻繁に森林公園を訪問しているかもしれない．しかし，ゾーントラベルコスト法では，これらの個人間の差異は把握することができないのである．このような問題点を解消することができるのが，次に紹介する個人トラベルコスト法である．

**個人トラベルコスト法**

ある個人 $j$ が森林公園を年間 $VIS_j$ 回訪問する状況は，通常の需要関数 $x(\cdot)$ を用いて以下のように表現することができる．

$$VIS_j = x(p_j, s_j) \tag{4.3}$$

先ほどと同様に，旅行費用と訪問回数との間には図 4.3 のような関係が想定され，訪問者 $j$ にとっての便益は，旅行費用が訪問回数 0 回となる留保価格まで上昇したときの消費者余剰の変化分として表すことができる．

個人トラベルコスト法は，社会経済的な属性変数が訪問回数に与える影響も分析することができるため，より現実的な評価を行うことができる．しかしながら，訪問回数という非負の整数値を独立変数としているため，ポアソンモデルや負の二項分布モデルなどのカウントモデルと呼ばれる手法を適用する必要がある（Shaw 1998）．これらの手法については，栗山・庄子（2005）にまとめられているので参照されたい．

ここまでに紹介したシングルサイトモデルでは，レクリエーション需要曲線を推定するので，レクリエーションサービスの変化，たとえば森林公園の施設整備や閉鎖がレクリエーション需要に対してどのような影響をもたらすの

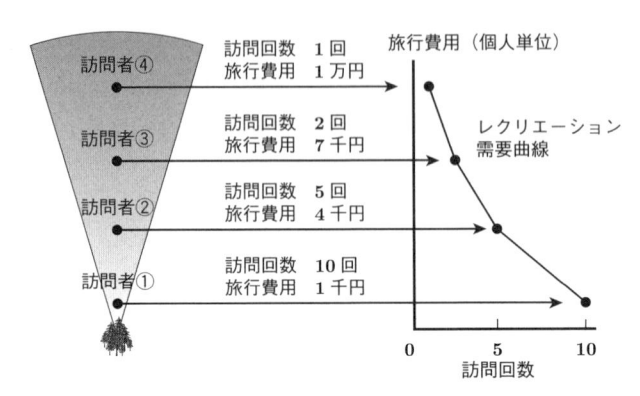

図4.3 個人トラベルコスト法のイメージ

かについても，事前と事後の調査を通じて評価を行うことができる。また，弱補完性（weak complementarity）のもとでは，森林公園の環境改善や悪化が訪問者の補償需要曲線にもたらす影響から便益や損失も評価することができる（Mäler 1974）。弱補完性とは，対象となる財が非本質財で，その消費量が0のときはその財はわれわれの効用に影響を与えない（つまり，支払意志額も0となる）場合に満たされる条件である[1]。図4.4に示されるように，ある個人が環境の改善により訪問回数を2回から3回に増加させると，補償変分の変化

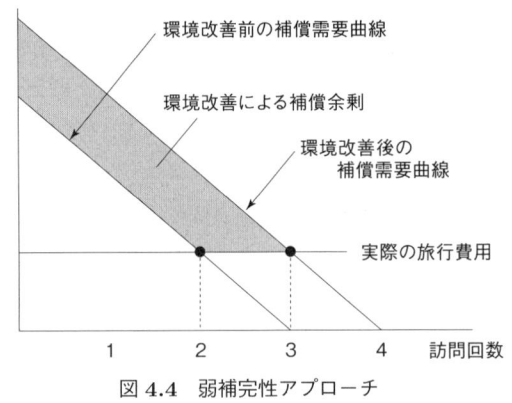

図4.4 弱補完性アプローチ

---

[1] 弱補完性に関しては補論を参照されたい。

分によって環境改善に関する補償余剰を計測することができる。ただ，ここで用いている補償需要曲線はこれまで用いてきた通常の需要関数とは異なり，直接観察することができないという問題点がある。

### 4.3.3 サイト選択モデル

シングルサイトモデルでは，ある1つの森林公園への訪問行動に基づいてその森林の価値を評価した。このような分析は，たとえば，都市近郊に森林公園が1つだけ存在する状況で，それが都市住民にどれだけの便益をもたらしているかを評価するような場合には有効である。しかしながら，森林公園が複数存在する場合には，代替的な目的地の存在についても考慮しなければならない。ここでは，図4.5のように，都市近郊に3つの森林公園があり，訪問者がいずれかの森林公園に訪問する状況を考えよう。

ここで，訪問者の効用関数 $U_i$ が，効用をもたらす要因が観察可能（森林面積や旅行費用など）な部分 $v_i$ と，分析者には観察不可能であり，誤差項として扱われる部分 $\varepsilon_i$ からなるとすると，レクリエーションサイト $i$ を訪問する場合の効用は以下のように表すことができる。

$$U_i = v(q_i, M - p_i) + \varepsilon_i \tag{4.4}$$

ただし，$q_i$ はレクリエーションサイト $i$ の環境属性（たとえば，森林面積），$M$ は所得，$p_i$ はレクリエーションサイト $i$ までの旅行費用を表す。

訪問者は3つのレクリエーションサイトの中で，もっとも大きな効用が得られるレクリエーションサイトを選択すると考えられる。したがって，レクリエーションサイト $i$ が選択される確率 $P_i$ は，以下のように表される。

$$P_i = \Pr[v_i + \varepsilon_i \geq v_j + \varepsilon_j] \quad \forall j \neq i \tag{4.5}$$

ここで，誤差項に第一種極値分布（ガンベル分布）を仮定すると，レクリエーションサイト $i$ が選択される確率は以下の条件付ロジットモデルによって表される（McFadden 1974）[2]。

---

[2] 先行研究の中には，このモデルを多項ロジットモデルと呼んでいるものもあるが，本書では Haab and McConnell (2002) にしたがい，説明変数が代替案の属性であるものを条件付ロジッ

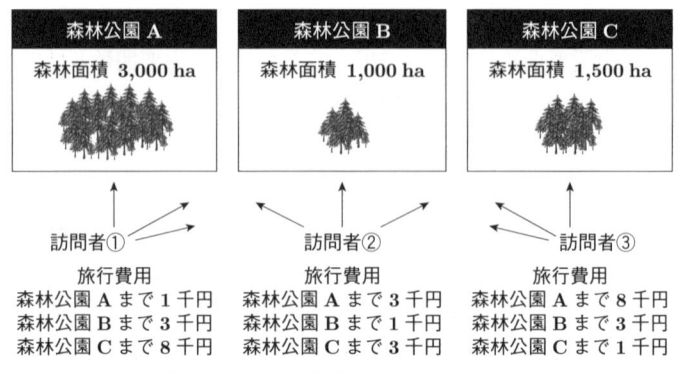

```
┌─────────────────┐  ┌─────────────────┐  ┌─────────────────┐
│   森林公園 A    │  │   森林公園 B    │  │   森林公園 C    │
│ 森林面積 3,000 ha│  │ 森林面積 1,000 ha│  │ 森林面積 1,500 ha│
│      🌲🌲🌲      │  │       🌲        │  │      🌲🌲       │
└─────────────────┘  └─────────────────┘  └─────────────────┘
```

訪問者①　　　　　訪問者②　　　　　訪問者③

旅行費用
森林公園 A まで 1 千円　　森林公園 A まで 3 千円　　森林公園 A まで 8 千円
森林公園 B まで 3 千円　　森林公園 B まで 1 千円　　森林公園 B まで 3 千円
森林公園 C まで 8 千円　　森林公園 C まで 3 千円　　森林公園 C まで 1 千円

図 4.5　サイト選択モデルのイメージ

$$P_i = \frac{\exp(v_i)}{\sum_{j \in C} \exp(v_j)} \tag{4.6}$$

ただし，$C$ はレクリエーションサイトの集合であり，ここでは $C = \{1, 2, 3\}$ である。$v$ に線形を仮定すると，パラメータとして，旅行費用 1 単位が効用に与える影響 $\beta_p$ と，森林面積 1 単位が効用に与える影響 $\beta_f$ が求められる。$\beta_p$ の絶対値は所得の限界効用，$\beta_f$ は森林面積の限界効用を表す。これらの値から，森林面積と旅行費用のトレードオフ，つまり，森林面積が 1ha 大きいレクリエーションサイトを訪問するためであれば，追加的にいくらの費用を支払ってもいいと考えるかを $-\beta_f/\beta_p$ として算出することができる。また，これらのパラメータを用いて，レクリエーションサイトの環境改善や施設整備がどれだけの便益をもたらすかも評価することができる。たとえば，森林面積が $q^0$ から $q^1$ に増加した場合の便益は補償変分（compensating variation: $CV$）として式 (4.7) のように表すことができる。同様に，レクリエーションサイトが新設された場合の便益は式 (4.8) のように表すことができる。

---

トモデル，個人属性であるものを多項ロジットモデルと呼ぶ。

$$CV = -\frac{1}{\beta_p}\left[\ln\sum_{j\in C}\exp\left[v(q^1)\right] - \ln\sum_{j\in C}\exp\left[v(q^0)\right]\right] \quad (4.7)$$

$$CV = -\frac{1}{\beta_p}\left[\ln\sum_{j\in C'}\exp\left[v(q)\right] - \ln\sum_{j\in C}\exp\left[v(q)\right]\right] \quad (4.8)$$

ただし，$C$ は新設されたレクリエーションサイトを含まないレクリエーションサイトの集合（新設以前の集合），$C'$ は新設されたレクリエーションサイトを含むレクリエーションサイトの集合（新設以後の集合）を表す．

サイト選択モデルでは，選好の多様性を把握することを目的として混合ロジットモデルや潜在クラスモデルが適用されるなど，手法の改良に向けたさまざまな試みが行われている．これらについても，栗山・庄子（2005）にまとめられているので参照されたい．

### 4.3.4 トラベルコスト法の研究動向

トラベルコスト法にはいくつかの課題が残されている．ここでは主要な3つの課題を取り上げる．1つ目の課題は，旅行費用の算定である．トラベルコスト法では旅行費用に基づいて評価を行うが，旅行費用に参入すべき項目の選択は分析者に任されている．たとえば，森林公園を訪問する場合，自家用車の燃料費を旅行費用に算入することには多くの人が同意するであろう．しかし，自家用車の購入費用や整備費用についてはどうであろうか．もし，森林公園に行くためだけに自家用車を所有していたとすれば，購入費用や整備費用も旅行費用に算入するのが妥当であろう．しかし，多くの人はさまざまな目的のために自家用車を所有しているため，これらの費用の一部のみを算入する方が妥当であろう．しかしながら，どれだけの金額を森林公園への訪問のための費用とすべきかは個人によって大きく異なり，さらに同様の問題が，登山靴やレインウェア，行き帰りの食事など，関連するすべての項目に当てはまることになる．これらのことから，分析者がすべての項目を精査し，真の旅行費用を算定することはほぼ不可能である．

なかでも，特に評価結果への影響が大きいと考えられるのが，機会費用（訪問に費やす時間の価値）である．機会費用は賃金率や労働形態，訪問時期だけ

でなく，移動時間を楽しいものと認識しているかなど，さまざまな要因に影響されると考えられる。このような機会費用の算定の難しさが，旅行費用の算定をより一層困難なものとしている。旅行費用や機会費用の算定に関しては，Randall（1994）や竹内（1999），栗山・庄子（2005）を参照されたい。

2つ目の課題は，多目的旅行の扱いである。多目的旅行とは，1回の旅行中に複数の目的地を訪問する旅行形態である。京都や奈良の寺社仏閣巡りのような多目的旅行は，日本では主要な旅行形態である。しかし，このような旅行形態では，旅行費用のうちどれだけがどの目的地のために発生しているのかを特定することが困難である。これまで多目的旅行については，分析から除外したり，目的地間の重要性を別途尋ね，それらに基づいて旅行費用を配分したりといった対策がとられてきたが，どれも理論と整合的な方法ではなかった。多目的旅行を包括的に取り扱うモデルはいまだ開発されていないのが現状である。

3つ目の課題が，第5章で端点解モデルによってその解決を試みる課題である。これまで訪問回数の決定を分析するシングルサイトモデルと訪問地の決定を分析するサイト選択モデルを概観してきたが，現実には両者を同時に決定することが多い。つまり「ある森林公園に何度訪問するか？」あるいは「どの森林公園に訪問するか？」ではなく，「どの森林公園にそれぞれ何度訪問するか？」という選択である。このようなシングルサイトモデルとサイト選択モデルの統合に関して，近年，訪問地の決定と訪問回数の決定を1つの効用最大化問題として扱う端点解モデルが開発され，注目を集めている（von Haefen and Phaneuf 2003; 2005）。第5章では，この端点解モデルについて詳しく解説する。

## 4.4 ヘドニック法の経済理論と基本テクニック

### 4.4.1 ヘドニック法の理論的背景

ヘドニック法とは，財の価格はその財を構成する属性によって説明される，という考えに基づき，属性ごとの潜在的な経済価値を評価する手法である。ヘドニック法の経済理論的解釈はRosen（1974）によって与えられた。Rosenは消費者と生産者の取引による市場均衡として，ヘドニック価格関数（市場価

格関数) が表せるとした.すなわち,ヘドニック価格関数は,消費者と生産者の最適な行動の結果,付け値関数 (bid function) とオファー関数 (offer function) の接点の集まりとして定義される.ここで付け値関数とは消費者がある効用水準のもとで最大限支出できる財の価格であり,また,オファー関数とは生産者がある利潤水準のもとで最低限必要とする財の価格である.以下では消費者と生産者の数は充分大きく,また財に関して完全情報を有していると仮定する.

ある環境質の改善に対する支払意志額を調べるには,ヘドニック価格関数を推定したうえで,消費者の環境質の改善に対する需要構造を推定する,二段階の推定が必要である.ここでは単純化のために,属性として $Z$ という1つの環境質のみ有する財を考える.また,$Z$ 以外の価格に影響する要因をまとめて $X$ と表す.$X$ にはたとえば,ある市場に属する消費者や生産者の属性の分布など,財ではなく市場自体を特徴付けるような変数が含まれる.このとき,財の価格は一般的に

$$P = p(Z; X) \tag{4.9}$$

と書ける.以下では Rosen の二段階推定法について概説する.

### 消費者行動

まず,消費者は合成財 $c$ と属性 $Z$ を有する財を所得 $M$ のもとで購入し,自身の効用 $u$ を最大化するように行動すると考える.$Y^d$ を消費者の所得や年齢,好みなどをまとめた ($M$ を含む) 消費者属性ベクトルとし,効用関数を $U(c, Z; Y^d)$ と表せば,消費者行動は

$$\max_{c,Z} U(c, Z; Y^d) \quad \text{s.t.} \quad M = c + P$$

と書ける.このとき得られる効用水準を $u^*$ としたとき,以下を満たす $\Theta$ を付け値と呼ぶ.

$$U(M - \Theta, Z; Y^d) = u^* \tag{4.10}$$

また,式 (4.10) を $\Theta$ について解いたものを付け値関数として $\theta(Z; u^*, Y^d)$ と

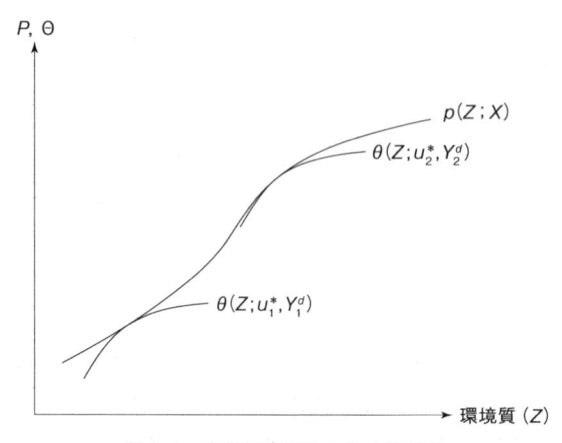

**図 4.6** 市場価格関数と付け値関数

書く．市場価格 $P$ は消費者が市場で最低限支払わなければならない財の価格であるから，最適行動をとる消費者にとっては，付け値と市場価格は一致するはずである．すなわち，市場価格関数 $p(Z;X)$ は付け値関数 $\theta(Z;u^*,Y^d)$ の包絡線となる．図 4.6 は，2 人の異なる消費者の付け値関数と市場価格関数の関係を示したものである．

### 生産者行動

一方，生産者は属性 $Z$ を有する財を用いて生産し，利潤 $\pi$ を最大化するように行動すると考える．消費者の場合と同様に，$Y^s$ を生産者の生産技術などをまとめた生産者属性ベクトルとする．生産量を $Q$，利潤関数を $\Pi(Q,Z;Y^s)$，生産コストを $C(Q,Z;Y^s)$ と表せば，生産者行動は

$$\max_{Q,Z} \Pi(Q,Z;Y^s) \quad \text{s.t.} \quad \Pi(Q,Z;Y^s) = QP - C(Q,Z;Y^s)$$

と書ける．よって，生産者の最適行動のもとでは以下が成立している．

$$\frac{\partial p(Z;X)}{\partial Z} = \frac{\partial C(Q,Z;Y^s)}{\partial Z}\frac{1}{Q} \tag{4.11}$$

$$P = \frac{\partial C(Q,Z;Y^s)}{\partial Q} \tag{4.12}$$

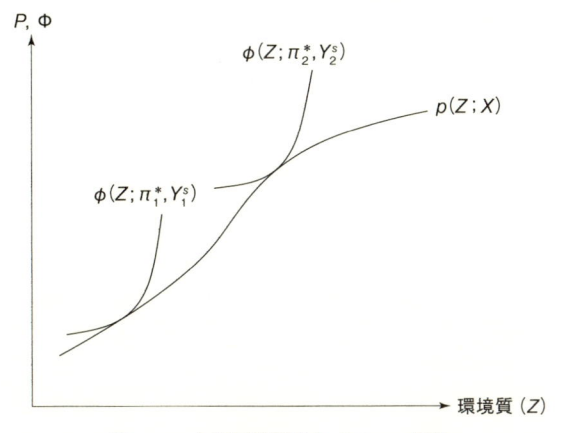

図 4.7 市場価格関数とオファー関数

このとき得られる利潤水準を $\pi^*$ としたとき，以下を満たす $\Phi$ を指し値（オファー）と呼ぶ。

$$Q\Phi - C(Q, Z; Y^s) = \pi^* \tag{4.13}$$

$$\Phi = \frac{\partial C(Q, Z; Y^s)}{\partial Q} \tag{4.14}$$

また，式 (4.13)，式 (4.14) を $\Phi$ について解き $Q$ を除いたものをオファー関数として $\phi(Z; \pi^*, Y^s)$ と書く。消費者の場合と同様に，市場価格関数 $p(Z; X)$ はオファー関数 $\phi(Z; \pi^*, Y^s)$ の包絡線となる。図 4.7 は，2 つの異なる生産者のオファー関数と市場価格関数の関係を示したものである。

**二段階推定法**

以上から，市場均衡を表す市場価格関数は付け値関数とオファー関数の包絡線となっていて，均衡点においてこれら 3 つの関数は同一の接線を共有することがわかる（図 4.8）。

ここで，ある取引 $i$ における $Z$ に関する限界市場価格関数，限界付け値関数，限界オファー関数をそれぞれ

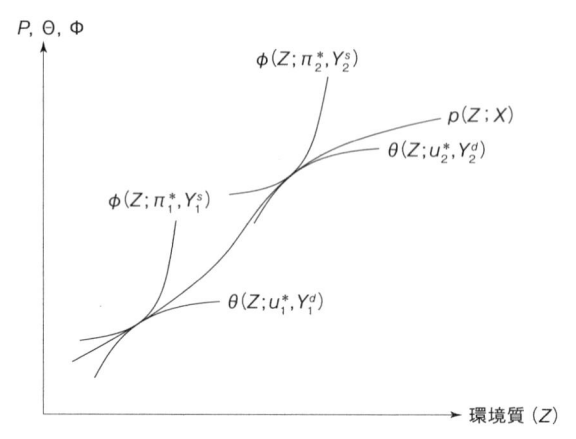

図 4.8 市場価格関数，付け値関数，オファー関数の関係

$$q_i = f(Z_i, X_i, \varepsilon_i) \tag{4.15}$$
$$q_i^d = g(Z_i, Y_i^d, \varepsilon_i^d) \tag{4.16}$$
$$q_i^s = h(Z_i, Y_i^s, \varepsilon_i^s) \tag{4.17}$$

で表すことにする。ただし $\varepsilon_i$, $\varepsilon_i^d$, $\varepsilon_i^s$ は誤差項であり，ここでは観察できない変数の影響も明示的に考慮することにする。式 (4.15)，式 (4.16)，式 (4.17) は $P$, $\Theta$, $\Phi$ を $Z$ で微分し $i$ で評価したものにそれぞれ等しい。よって明らかに，任意の $i$ に関して

$$q_i = q_i^d = q_i^s$$

が成立している。

Rosen の二段階推定法では，まず第一段階で式 (4.9) のヘドニック価格関数を推定し，$\hat{p}(Z; X)$ を得る。その結果から，$i$ における $Z$ の限界市場価格 $\hat{q}_i = \hat{f}(Z_i, X_i)$ を計算する。そして，第二段階で $\hat{q}_i$ を被説明変数として，$\hat{q}_i = g(Z_i, Y_i^d, \varepsilon_i^d)$ と $\hat{q}_i = h(Z_i, Y_i^s, \varepsilon^s)$ を解く。ここで $Z$ の水準は消費者と生産者の同時決定であるため内生変数となり，第二段階の推定においていわゆる同時方程式バイアスが生じる。そこで Rosen は $Y_i^s$ を式 (4.17) 中の $Z_i$ の操作変数とし，また $Y_i^d$ を式 (4.16) 中の $Z_i$ の操作変数とした二段階最小二乗法を用

いることを提案した。

しかしながら，Rosen の二段階推定法には識別可能性に関する重要な制約があることが Brown and Rosen（1982）や Diamond and Smith（1985）によって指摘された。すなわち，式 (4.16)，式 (4.17) は，以下の2つの条件のどちらかが満たされない限り，識別不可能である：

1. $X$ の中に $Y^d$ や $Y^s$ に含まれない変数が含まれていること。
2. 式 (4.15) における $Z$ の次数が式 (4.16)，式 (4.17) のそれよりも高いこと。

以上のどちらの条件も満たされないとき，第二段階の推定は第一段階で得られた限界市場価格関数の情報を複製しているだけである。この識別可能性の問題について，異なる複数の市場のデータを使用して条件1を満たすような $X$ を得ることが1つの解決法とされている（Diamond and Smith 1985）。さらに，式 (4.16)，式 (4.17) が識別可能な場合においても，二段階最小二乗法の実施に関して，Rosen の提案する操作変数は適切でないことが Kahn and Lang（1988）によって示された。この問題は，$Y_i^s$ ($Y_i^d$) が一般的に $\varepsilon_i^d$ ($\varepsilon_i^s$) と独立でないことによる。有効な操作変数の選択について，詳しくは Bartik（1987）や Kahn and Lang（1988）を参照されたい。

**第一段階のみでの評価**

図 4.9 は図 4.8 を拡大したものであるが，図より明らかに，$Z_b - Z_a$ 程度の局所的な環境変化であれば，ヘドニック価格関数と付け値関数による評価額はほとんど一致している。

$$p(Z_b; X) - p(Z_a; X) \approx \theta(Z_b; u_1^*, Y_1^d) - \theta(Z_a; u_1^*, Y_1^d)$$

すなわち，環境質の変化が微少である場合，第一段階のヘドニック価格関数の推定のみによる経済評価が可能である（肥田野 1997; Palmquist 1992）。したがって，複数の市場のデータを入手することが通常容易でないこともあり，騒音被害や公園への近接性などの局所的な環境質の経済評価に関する多くの研究

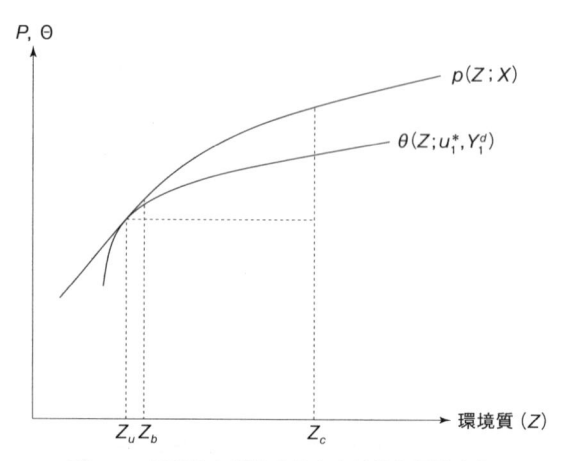

図 4.9 局所的な環境変化と大域的な環境変化

は,第一段階のヘドニック価格関数推定のみ行っている。他方,$Z_a$ が $Z_c$ に変化するような大規模な影響をもたらす環境プロジェクトについては,ヘドニック価格関数のみによる正確な経済評価は不可能であり,過大評価になる。

$$p(Z_c;X) - p(Z_a;X) > \theta(Z_c;u_1^*,Y_1^d) - \theta(Z_a;u_1^*,Y_1^d)$$

### 4.4.2　ヘドニック住宅価格法

ヘドニック住宅価格法において,住宅の価格は住宅の広さ,部屋数,築年数,交通アクセスなどの属性によって決定されると考えられる。これらの属性同様に,もし近隣の環境質の水準によっても住宅価格や家賃が変化するのであれば[3],環境質を住宅の属性としてヘドニック価格関数を推定することで,環境質の経済評価が可能となる。サンプルサイズを $n$ としたとき,もっとも単純な線形ヘドニック価格関数は以下のように書ける:

$$P = X\beta + Z\gamma + \varepsilon \tag{4.18}$$

ただし $P$ は住宅価格の $n \times 1$ ベクトル,$X$ は住宅の環境質以外の属性の $n \times k$

---
[3] これを「キャピタリゼーション仮説」と呼ぶ。詳しくは Kanemoto (1988),肥田野 (1997) などを参照されたい。

行列，$Z$ は環境質の $n \times l$ 行列，$\varepsilon$ は誤差項の $n \times 1$ ベクトルを表し，そして $\beta$ と $\gamma$ はそれぞれ推定すべき $k \times 1$ ベクトル，$l \times 1$ ベクトルである．$M = (X, Z)$ と書くとき，$M'M$ の逆行列が存在し，かつ $E[\varepsilon_i|M_i] = 0$ がすべての $i = 1, \ldots, n$ で成立すれば，通常の最小二乗推定量

$$(\hat{\beta}, \hat{\gamma})' = (M'M)^{-1}M'P$$

は一致推定量かつ不偏推定量となる．このとき，環境質の限界的価値は $\hat{\gamma}$ で与えられる．

　ヘドニック価格関数推定の際，関数形の選択や多重共線性の存在には充分注意が必要である．関数形の選択に関しては，式 (4.18) のような単純な線形モデルだけでなく，変数に対数変換や Box-Cox 変換を施すことで，より当てはまりのよい関数形を見つける必要がある．ある変数 $x$ に対する Box-Cox 変換とは，以下の変換を表す：

$$x^{(\eta)} = \begin{cases} (x^\eta - 1)/\eta & \eta \neq 0 \\ \ln x & \eta = 0 \end{cases}$$

よって，関数形は非線形であるため，非線形最小二乗法や最尤法を用いて推定することになる．また，関数形の特定化を一切必要としないノンパラメトリックモデルも考えられるが，変数の次元が増えるにつれて推定に必要とするサンプルサイズが極端に大きくなり，また推定結果の解釈も困難になるため，実用的な方法ではない．パラメトリックモデルにノンパラメトリック手法を組み合わせた，いわゆるセミパラメトリックモデルは近年研究が盛んに行われている．一方，説明変数間に多重共線性が存在するとき，係数の推定値は不安定になり推定結果の信頼性を損なう．たとえば，海岸付近の宅地データを使用して海の景観と海への近接性を評価したいとする．おそらく，海の景観が見える住宅は海に近い傾向があるので，景観と近接性を表す変数は共線性を有し，上で述べたような問題が生じる．この問題を緩和する 1 つの方法として，近接性の変数として単なる直線距離ではなく，道路ネットワークや地形まで考慮した一般的な距離概念を用いることが挙げられる．

### 4.4.3 ヘドニック賃金法

ヘドニック賃金法では，賃金は職種や勤務地，労働環境などの属性によって決定されると考えられる。多くの人々は劣悪な労働環境にある仕事を希望しないため，そのような仕事の賃金は相対的に押し上げられるだろう[4]。したがって，労働環境の質を賃金の属性としてヘドニック賃金関数を推定することで，労働環境の質の経済評価が可能となる。具体的には，健康被害や死亡リスクの経済評価に関する研究が多く実施されている（Viscusi 1993）。このようにして推定された生命価値を特に「統計的生命価値（value of statistical life: VSL）」と呼ぶ。

4.4.1項で述べたように，Rosenによるヘドニック法の経済理論は完全情報を仮定している。住宅市場の場合は，インターネットや住宅情報誌などの普及や，住宅情報の開示に関する法的整備も進んでおり，比較的完全情報に近い状態が実現しつつある。しかし，労働市場においては完全情報の仮定は依然としてしばしば非現実的である。情報の不完全性のもとでは情報収集を明示的に考慮する必要があるが，それを考慮せずに通常のヘドニック法を実施すると得られた推定値はバイアスを持つことがHwang et al. (1998)によって示されている。

### 4.4.4 ヘドニック法の研究動向

近年のヘドニック法の研究動向は大きく2つに分けられる。すなわち，二段階推定の識別可能性に関する理論的研究と，ヘドニック価格関数推定の精緻化に関する統計学的研究である。前者については，近年の重要な研究としてたとえばHeckman et al. (2010)やEkeland et al. (2004)が挙げられる。4.4.1項で挙げた条件2は限界市場価格関数の非線形性を意味するが，Ekeland et al. (2004)は，その非線形性の一般性を正式に証明し，第一段階の推定方法としてセミノンパラトリック手法を用いることを提案している。後者については，空間計量経済学[5]を用いた手法やセミパラメトリックモデルが近年特に

---

[4] これを「補償賃金格差仮説（compensating wage differential）」と呼ぶ。補償賃金格差の考え方はアダム・スミスの『国富論』に端を発する。
[5] 和書において空間計量経済学を体系的にまとめた書籍は現時点ではきわめて少ないが，例外として清水・唐渡（2007）がある。

注目されている。空間計量経済学を応用したヘドニック法は第6章で解説される。紙幅の制約上，セミパラメトリックモデルを応用したヘドニック法は本書では取り上げないが，環境評価の文脈での研究としては Bontemps et al. (2008) などがある。

## 4.5 まとめ

本章では顕示選好法の中でも，トラベルコスト法とヘドニック法を取り上げて，その経済理論と基本テクニックについて紹介した。本章で紹介した内容に対しては，すでに数多くの理論研究・実証研究が行われており，また実用に耐えうる信頼できる手法として，幅広く実務にも用いられている。実際にトラベルコスト法は，国立公園などの自然地域の管理のために幅広く用いられ，ヘドニック法も都市計画などを考える上で頻繁に利用されている。一方で，これらの手法にはさまざまな課題が残されており，最新の研究はそれらの課題解決を目指して行われている。トラベルコスト法における新しい動向が第5章で紹介する端点解モデルであり，ヘドニック法における新しい動向が第6章で紹介する空間ヘドニック法である。

新しい研究動向については，次章以降で詳細に述べることとし，本章では最後に，表明選好法と顕示選好法との関わりについて簡単に整理したい。

顕示選好法の課題のうち解決できないものとして挙げられるのは非利用価値の評価である。非利用価値は直接的にも間接的にも利用をともなわない価値と定義される。顕示選好法は人々の経済活動から得られる情報を手掛かりに評価を行う手法であるから，顕示選好法で評価できるということは，何らかの形で利用がともなっていることを意味している。つまり，その価値は非利用価値ではないことになる。したがって，非利用価値の評価は表明選好法に頼らざるをえない。

しかしながら，顕示選好法が非利用価値の評価にまったく寄与していないわけではない。非利用価値を評価できる表明選好法では，しばしば仮想的な状況設定にともなうバイアスの影響を受けることになる。しかし，表明選好法と顕示選好法を同じような枠組みで実施し，両者を結合して推定する試みが行われ

ている (Ben-Akiva and Morikawa 1990; Adamowicz et al. 1994)。つまり，頑健な顕示選好法の結果を用いて，表明選好法の結果を補正する試みである。これらはSP/RP結合モデルと呼ばれ，表明選好法の問題点を補強するものとして，海外ではしばしば用いられている。

　これに対して，日本ではこれまで表明選好法と顕示選好法はまったく異なる手法として取り扱われる傾向があった。表明選好法と顕示選好法のお互いの欠点を補完しあい，より正確な評価額を得ようといった志向は欠けているといえよう。選択型実験とサイト選択モデルは，理論的な枠組みを共有しているが，環境評価分野に関しては，上記のような結合推定などはあまり行われていない。このような，表明選好法と顕示選好法を融合させるような研究は，今後の重要な課題となるだろう。

# 第 5 章　顕示選好法の最新テクニック 1：端点解モデル

柘植隆宏・庄子康・栗山浩一

## 5.1　研究の背景

　第 4 章で述べたとおり，トラベルコスト法はシングルサイトモデルとサイト選択モデルに大別される。シングルサイトモデルとは，ある特定のサイトへの訪問行動をモデル化するものであり，ゾーントラベルコスト法や個人トラベルコスト法が含まれる。シングルサイトモデルでは訪問回数を分析することはできるが，特定のサイトのみを分析対象とするため，代替地の影響を分析できないという問題がある。一方，サイト選択モデルとは，複数のサイトの中から訪問地を選択する選択行動をモデル化するものであり，離散選択トラベルコスト法とも呼ばれる。サイト選択モデルでは，訪問地選択を分析することはできるが，訪問回数を分析できないという問題がある。そこで，これまでは，訪問回数の分析にはシングルサイトモデル，訪問地選択の分析にはサイト選択モデルという使い分けが行われてきた。
　しかし，現実には「今年の夏休み中に，どの海水浴場に何回ずつ訪問するか」といったように「一定期間中に，どのサイトに何回ずつ訪問するか」といった意思決定を行うことも多い。このような行動を分析するためには，訪問地選択と訪問回数選択の双方を分析できるモデルが必要となる。
　そこで，これまでに，訪問地選択をサイト選択モデルによって分析し，そこで得られた補償変分を訪問回数を分析する個人トラベルコスト法の説明変数として用いることにより訪問地選択と訪問回数選択を逐次的に分析するリンク

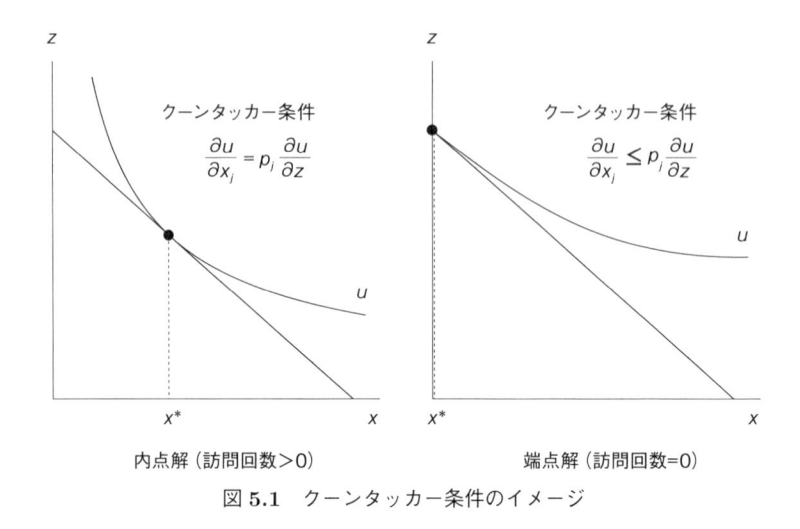

図5.1 クーンタッカー条件のイメージ

左図: 内点解（訪問回数>0）、クーンタッカー条件 $\frac{\partial u}{\partial x_j} = p_j \frac{\partial u}{\partial z}$

右図: 端点解（訪問回数=0）、クーンタッカー条件 $\frac{\partial u}{\partial x_j} \leq p_j \frac{\partial u}{\partial z}$

モデル（Bocksteal et al. 1986; Parsons and Kealy 1995）や，訪問地選択を分析するサイト選択モデルを繰り返し適用することで訪問回数についても分析を行う繰り返しネステッドモデル（Morey et al. 1993）などが開発されている。しかし，前者は効用関数に一定の形を仮定した場合を除いて効用理論と整合的でないことが指摘されており，後者はモデルが非常に複雑になるため適用が困難であるといった問題がある。

これに対し，近年，訪問地選択と訪問回数選択の双方を分析できるモデルとして，端点解モデル（corner solution model，クーンタッカーモデルとも呼ばれる）が注目を集めている。端点解モデルでは，訪問するサイトについては内点解，訪問しないサイトについては端点解として扱うことで，訪問地選択と訪問回数選択の双方を1つの効用最大化問題としてモデル化する。端点解モデルにおける効用最大化の一階の条件（クーンタッカー条件）を図示したものが図5.1である。このようなモデル化を行うことで，「ほとんどのサイトには訪問しない（端点解の存在）が，複数回訪問するサイトもある」といったシーズン単位のレクリエーションデータの特徴を考慮した分析が可能となる。また，効用最大化の一階の条件を用いて推定を行うため，経済理論との整合性が高い。端点解モデルの特徴をまとめたものが表5.1である。

表 5.1 シングルサイトモデル，サイト選択モデルと端点解モデルの比較

|  | 訪問回数選択 | 訪問地選択 | ランダム効用理論との整合性 |
| --- | --- | --- | --- |
| シングルサイトモデル | Yes | No | No |
| サイト選択モデル | No | Yes | Yes |
| 端点解モデル | Yes | Yes | Yes |

端点解モデルの研究は，Hanemann (1978) と Wales and Woodland (1983) により始められたが，Phaneuf et al. (2000) と von Haefen et al. (2004) により飛躍的な進歩を遂げ，その後，研究が急速に進展している。

本章では，このような端点解モデルについて解説を行う。本章の構成は以下のとおりである。5.2 節では，端点解モデルの経済理論，推定方法，厚生測度の計算方法など，端点解モデルの詳細について述べる。5.3 節では，北海道内の自然公園への訪問行動を端点解モデルを用いて分析した事例を紹介する。その中で，調査の内容，効用関数の特定，旅行費用の計算などについて解説する。5.4 節ではより進んだ研究について紹介するとともに，今後の課題を提示する。

## 5.2 端点解モデルの詳細

### 5.2.1 分析手順と分析のイメージ

まず，端点解モデルの概念を示す。前述のとおり，これまでは，訪問回数の分析にはシングルサイトモデル，訪問地選択の分析にはサイト選択モデルという使い分けが行われてきた。しかし，現実には「今年の夏休み中に，どの海水浴場に何回ずつ訪問するか」といったように，「一定期間中に，どのサイトに何回ずつ訪問するか」といった意思決定を行うことも多い。このような行動を分析するため，近年，訪問地選択と訪問回数選択の双方を分析できるモデルとして，端点解モデルが注目を集めている。

端点解モデルの分析には，代替案である各レクリエーションサイトの属性データ，回答者の属性データ，そして「どのサイトに何回ずつ訪問したか」を表す訪問データを用いる。レクリエーションサイトの属性データとしては，水質の程度，生息する生物の種数，保護地区の面積など，環境質の状況を表す

データや，宿泊施設やレストランの数など，施設の整備状況を表すデータなどが用いられる．回答者の属性データとしては，分析上必須のデータである所得と居住地のほかに，年齢，性別などの個人属性や，レクリエーション経験の豊富さを表す経験年数などのデータが用いられる．これらのデータのうち，レクリエーションサイトの属性データに関しては，公表された統計資料等から把握することが可能であるが，回答者の属性データと訪問データに関しては，独自のアンケート調査により収集することが一般的である．分析上もっとも重要な変数である旅行費用は，回答者の居住地のデータをもとに作成する．具体的には，各回答者の居住地から各サイトへの距離を計算し，一定の交通手段を利用することを仮定したうえで，訪問に要する交通費や時間を算定する．旅行費用には機会費用も含めなければならないため，訪問に要する時間も貨幣換算し加算する．

推定を行うためには，効用関数の形状を特定する必要がある．分析を容易にするため，効用関数にはCES（constant elasticity of substitution）型やLES（linear expenditure system）型などの加法分離的な関数形を仮定することが多い[1]．

効用関数を特定化したら，収集・加工されたデータを使用して，選好パラメータの推定を行う．推定には，効用最大化の一階の条件を用いる．

選好パラメータが推定されたら，それを用いて補償変分を計算する．環境変化や政策実施に関するシナリオを想定し，それが実現した場合の厚生変化を補償変分により評価する．しかし，効用関数に仮定することが多いCES型やLES型などの効用関数では，効用関数が所得に関して非線形であるため，補償変分を代数的に解いて求めることができない．そこで，二分法（numerical bisection）などの数値計算により探索的に求める方法が用いられる．

### 5.2.2　経済理論と推定方法*

端点解モデルでは，以下の効用最大化問題を考える．

---

[1] 加法分離的な効用関数とは，効用がそれぞれの財から得られる効用の合計として表されるような効用関数である．

## 第5章 顕示選好法の最新テクニック1：端点解モデル

$$\max U(x, q, z, \beta, \varepsilon)$$
$$\text{s.t.} \ p'x + z = M, \ z > 0, \ x_j \geq 0, \ j = 1, \ldots, J \tag{5.1}$$

ただし，$U$ は効用関数，$x = (x_1, \ldots, x_J)'$ は各サイトへの訪問回数のベクトル，$q = (q_1, \ldots, q_J)'$ は各サイトの属性行列，$z$ はヒックス合成財（価格を1に基準化したニュメレール），$\beta$ はパラメータのベクトル，$\varepsilon = (\varepsilon_1, \ldots, \varepsilon_J)'$ は誤差項のベクトル，$p = (p_1, \ldots, p_J)'$ は各サイトへの旅行費用のベクトル，$M$ は所得，$x_j$ はサイト $j$ への訪問回数を表す。

この効用最大化問題は，消費者が一定期間に，予算制約および各サイトへの訪問回数の非負制約のもとで，自らの効用を最大化させることを意味する。この問題を解くと，以下の条件が得られる。

$$U_j \leq U_z p_j,$$
$$x_j \geq 0,$$
$$x_j[U_j - U_z p_j] = 0, \ j = 1, \ldots, J \tag{5.2}$$

ここで，$U_j = \partial U/\partial x_j$，$U_z = \partial U/\partial z$ である。この条件は，訪問するサイト（内点解）については，訪問とニュメレールの限界代替率が旅行費用と等しくなるように訪問回数が決定されるが，訪問しないサイト（端点解）については，訪問とニュメレールの限界代替率が旅行費用以下になることを表す。

ここで，$U_{z\varepsilon} = \partial^2 U/\partial z \partial \varepsilon = 0$，$\partial U_j/\partial \varepsilon_k = 0, \forall k \neq j$，$\partial U_j/\partial \varepsilon_j > 0, \forall j$ を仮定すると，

$$U_j(\varepsilon) = \hat{U}_j(\varepsilon_j), \ \partial \hat{U}_j/\partial \varepsilon_j > 0, \ \forall j, \ U_z(\varepsilon) = \hat{U}_z \tag{5.3}$$

となる。なお，最後の $U_z(\varepsilon) = \hat{U}_z$ は非確率的であることを表す。

以下の等式，

$$\hat{U}_j(x, q, M - p'x, \beta, g_j) - \hat{U}_z(x, q, M - p'x, \beta, g_j)p_j = 0 \tag{5.4}$$

の解を $g_j$ とすると，式 (5.2) は以下のように書ける。

$$\varepsilon_j \leq g_j(x, p, M, q, \beta),$$
$$x_j \geq 0,$$
$$x_j[\varepsilon_j - g_j] = 0, \quad j = 1, \ldots, J \tag{5.5}$$

なぜならば，$g_j(x,p,M,q,\beta)$ のとき，$\hat{U}_j = \hat{U}_z p_j$ であるため，最初の式は $\hat{U}_j \leq \hat{U}_z p_j$ と同じ意味である。

ここで，訪問回数がゼロ（端点解）となる確率は $\mathrm{pr}(x_j = 0) = \mathrm{pr}[\varepsilon_j < g_j]$ であり，一方，訪問回数が正（内点解）となる確率は $\mathrm{pr}(x_j = x_j^*) = \mathrm{pr}[\varepsilon_j = g_j]$ である。したがって，最初の $k$ 個のサイトを訪問する（$x_j > 0, j = 1, \ldots, k$ かつ $x_j = 0, j = k+1, \ldots, J$）確率は，以下のように表される。

$$\int_{-\infty}^{g_{k+1}} \cdots \int_{-\infty}^{g_M} f_\varepsilon(g_1, \ldots, g_k, \varepsilon_{k+1}, \ldots, \varepsilon_j) abs \mid J_k \mid d\varepsilon_{k+1}, \ldots, d\varepsilon_j \tag{5.6}$$

ただし，$\mid J_k \mid$ は $\varepsilon$ から $(x_1, \ldots, x_k, \varepsilon_{k+1}, \ldots, \varepsilon_j)'$ への変換のためのヤコビアンの行列式であり，$abs \mid J_k \mid$ はその絶対値を表す[2]。

$\varepsilon_j$ の分布 $f_\varepsilon$ に特定の形を仮定することで，$\beta$ を推定することが可能となる。ここで，$\varepsilon_j$ がスケールパラメータ $\mu$ の第一種極値分布にしたがうと仮定すると，尤度関数は以下のようになる。

$$L(\beta \mid x^*, p, M, q) = abs \mid J_k \mid \prod_{j \in C} \left( \left[ \frac{1}{\mu} \exp\left(\frac{-g_j}{\mu}\right) \right]^{I[x_j^* > 0]} G\left(\frac{g_j}{\mu}\right) \right) \tag{5.7}$$

ただし，
$$I[x_j^* > 0] = 1 \quad x_j^* > 0 \text{ のとき},$$
$$= 0 \quad x_j^* \leq 0 \text{ のとき}.$$
$$G(s) = \exp(-\exp(-s))$$

である。ここで $s$ は分布のパラメータを表す。

---

[2] ヤコビアンに関しては，本章の付録1を参照されたい。

### 5.2.3 効用関数の特定化*

効用関数には，CES 型や LES 型などの加法分離的な関数形を仮定することが多い。ここでは代表的な関数形として，von Haefen et al. (2004) で用いられたものと Phaneuf et al. (2000) で用いられたものを紹介する。

von Haefen et al. (2004) では，効用関数を以下のように特定している。

$$U(x, q, z, \beta, \varepsilon) = \sum \Psi(z, \varepsilon_j) \ln(\phi(q_j) x_j + \theta) + \frac{1}{\rho} z^\rho$$

$$\Psi(z, \varepsilon_j) = \exp(\delta' z + \varepsilon_j)$$

$$\phi(q_j) = \exp(\gamma' q_j)$$

$$\rho = 1 - \exp(\rho^*)$$

$$\ln \theta = \theta^*$$

$$\ln \mu = \mu^*, \quad j = 1, \ldots, J \tag{5.8}$$

ここで，$x$，$q$，$z$，$\beta$，$\varepsilon$ の定義は，前出のとおりである。$z$ は個人属性，$\varepsilon_j$ はサイト $j$ の誤差項，$q_j$ はサイト $j$ の属性ベクトル，$x_j$ はサイト $j$ への訪問回数，$\delta$ は個人属性のパラメータベクトル，$\gamma$ はサイト属性のパラメータベクトルを表す。

$\Psi(\cdot)$ には，個人属性と誤差項が入る。$\phi$ はシンプル・リパッケージング・インデックス (simple repackaging index) と呼ばれ，環境質をはじめとしたサイト属性の状況を単一の数値にまとめた指標である。$\phi(q_j) = \exp(\gamma' q_j)$ であるから，必ずプラスとなる。$\theta$ はトランスレイティング (translating) と呼ばれ，訪問回数に関係なく効用に影響する部分を表す。$\rho$ は所得効果を表す。$\rho < 1$ であり，$\rho \to 0$ のときの $\frac{1}{\rho} z^\rho$ の極限値は $\ln z$ となる。この効用関数では，訪問しないサイトの環境質は効用に影響しない ($x_j = 0$ のとき，$\partial U / \partial q_j = 0$) ため，弱補完性を満たす[3]。

Phaneuf et al. (2000) では，効用関数を以下のように特定している。

$$U = \sum \Psi(q_j, \varepsilon_j) \ln(x_j + \theta) + \ln(z) \tag{5.9}$$

---

[3] 弱補完性に関しては，補論を参照されたい。

この効用関数では，サイト属性 $q_j$ が $\Psi$ の中に入っているため，$x_j = 0$ の場合でも，$\theta = 1$ の場合を除いて $q_j$ が効用に影響する（$x_j = 0$ のとき，$\partial U/\partial q_j \neq 0$）。これは，利用するか否かにかかわらず得られる価値である非利用価値（受動的利用価値）が存在することを仮定していることになる。

### 5.2.4　厚生測度の計算方法*

旅行費用と属性の $(p^0, q^0)$ から $(p^1, q^1)$ への変化に関する補償変分 $CV$ は，上記の式 (5.1) の効用最大化問題を解くことで求められる間接効用関数 $V$ を用いると，以下のように定義される[4]。

$$V(p^0, q^0, M, \beta, \varepsilon) = V(p^1, q^1, M - CV, \beta, \varepsilon) \tag{5.10}$$

また，支出関数 $e$ を用いると，以下のように定義される。

$$CV = M - e(p^1, q^1, U^0(p^0, q^0, M, \beta, \varepsilon), \beta, \varepsilon) \tag{5.11}$$

$CV = CV(p^0, q^0, p^1, q^1, M, \beta, \varepsilon)$ であり，確率変数である。そこで，$CV$ の平均値 $E(CV)$ を求めることになる。しかし，効用関数に仮定することが多い CES 型や LES 型などの関数形では，効用関数が所得に関して非線形であるため，$CV$ を代数的に解いて求めることができない。そこで，二分法などの数値計算により探索的に求める方法が用いられる。

式 (5.10) を用いて $CV$ を求める手順は以下のとおりである。

1. 誤差項 $\varepsilon_t$ を抽出する（$t$ は抽出の回数を表す）。
2. $\varepsilon_t$ と実際の訪問回数に基づいて，ベースライン（旅行費用と属性の変化前の状況）の効用を計算する。
3. 変化後の最適消費（最適な訪問回数 $x_t^*$ とニュメレールの消費量 $z_t^*$）を求める。
4. $\varepsilon_t$ のもとでの $CV_t$ を計算する。
5. $\varepsilon_t$ を抽出しなおして，同様の手順を繰り返す。最後に $CV_t$ の平均をとっ

---

[4] 厚生測度の導出に関しては，補論で解説を行うので参照されたい。

て $E(CV)$ を求める。

一方，式 (5.11) を用いて $CV$ を求める手順は以下のとおりである。

1. 誤差項 $\varepsilon_t$ を抽出する。
2. $\varepsilon_t$ と実際の訪問回数に基づいて，ベースラインの効用を計算する。
3. 変化後の旅行費用と属性のもとで，ベースラインの効用を得るために必要な支出額を求める。
4. $\varepsilon_t$ のもとでの $CV_t$ を計算する。
5. $\varepsilon_t$ を抽出しなおして，同様の手順を繰り返す。最後に $CV_t$ の平均をとって $E(CV)$ を求める。

いずれのアプローチにおいても誤差項の抽出が必要となるが，von Haefen (2003) は，現実に観察できる訪問行動の情報を用いた方法（条件付アプローチ：conditional approach）を開発した。従来の方法（非条件付アプローチ：unconditional approach）では，ベースラインの状況と，旅行費用 $p$，属性 $q$，所得 $M$ が変化した状況の双方での行動を予測するのに対し，この方法では，変化前の状況で観察できる行動を完全に再現することができるため，後者だけを予測する。

条件付アプローチでは $f_\varepsilon$ から $\varepsilon_t$ を抽出するが，その方法は，実際にサイトを訪問したかどうかに依存する。1) サイト $j$ を訪問していた場合，$\varepsilon_{tj} = g_{tj}$ とする。2) サイト $j$ を訪問していなかった場合は，$\varepsilon_{tj} < g_{tj}$ なので，以下の打ち切り第一種極値分布からの抽出となる。ただし，$U_{tj}$ は標準一様分布からの無作為抽出である。

$$\varepsilon_{tj} = -\ln[-\ln(\exp(-\exp(-g_{tj}))U_{tj})] \tag{5.12}$$

$CV$ の計算方法として，Phaneuf et al. (2000) は旅行費用と属性の変化の前後で効用が等しくなるような $CV$（式 (5.10) で定義される $CV$）を二分法 (numerical bisection) により求める方法を提案した。この方法では，訪問可能なサイトのすべての組み合わせについて，それぞれのサイトへの訪問回数を

求め,もっとも効用が高くなる訪問回数の組み合わせを明らかにする。たとえば,$J$ のサイトが存在する場合,すべての組み合わせの集合は以下の $A$ で表される(ただし $\Phi$ は空集合)。

$$A = \{\{\Phi\}, \{1\}, \ldots, \{J\}, \{1,2\}, \{1,3\}, \ldots, \{1,2,\ldots,J\}\} \quad (5.13)$$

この $2^J$ のすべての組み合わせについて,それぞれの場合の各サイトへの訪問回数を需要関数より求め,それを効用関数に代入することで効用を計算し,もっとも効用が高くなる訪問回数の組み合わせを明らかにするのである。

しかし,サイト数 $J$ が大きくなると,$2^J$ のすべての組み合わせについて,それぞれのサイトに対する訪問回数を求め,効用を計算することは困難になる(たとえば,本章で紹介する実証研究では 11 のサイトを扱うが,その場合は $2^{11} = 2048$ 通りの組み合わせが存在する)。そこで, von Haefen et al. (2004) はより計算負荷の小さな方法として,効用最大化の一階の条件を用いて $CV$ を求める方法を開発した。この方法では,1) 二分法による最適消費($x^*$ と $z^*$)の探索と,2) 二分法による $CV$ の探索を組み合わせる。

## 1) 二分法による最適消費($x^*$ と $z^*$)の探索

$U(\cdot) = \sum_{j=1}^{J} u_j(x_j) + u_z(z)$ と表されるような加法分離的な効用関数の場合,効用最大化の一階の条件は式 (5.2) と式 (5.14) で示される。

$$z = M - p'x \quad (5.14)$$

ここで,$j$ 番目の条件には,$x_j$ と $z$ のみが入る。したがって,最適な $z$ の値 $z^*$ を代入すれば,$x_j$ を求めることができる。つまり,最適な $z$ を求めさえすれば,効用最大化問題を解いた場合と同じように最適消費($x^*$ と $z^*$)が得られることになる。そこで,von Haefen et al. (2004) は,以下のように,二分法により最適消費($x^*$ と $z^*$)を探索する方法を提案した。

1. $i$ 回目の反復において,$z_a^i = (z_l^{i-1} + z_u^{i-1})/2$ とする。最初は,$z_l^0 = 0$,$z_u^0 = M$ とする。
2. $z_a^i$ のもとで,式 (5.2) のクーン・タッカー条件より $x_i$ を求め,その $x_i$ と

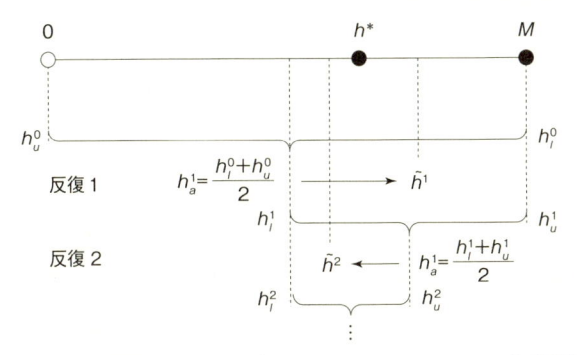

第 5 章 顕示選好法の最新テクニック 1：端点解モデル　　115

図 5.2　二分法のイメージ（von Haefen et al. 2004 より引用）

式 (5.14) より $\tilde{z}^i$ を求める。
3. $\tilde{z}^i > z_a^i$ ならば $z_l^i = z_a^i$, $z_u^i = z_u^{i-1}$ とする。$\tilde{z}^i < z_a^i$ であれば $z_l^i = z_l^{i-1}$, $z_u^i = z_a^i$ とする。
4. $|(z_l^i - z_u^i)| \leq c$ となるまで繰り返す。ここで $c$ は任意の小さな値である。

このようにして見つけられる $x^*$ と $z^*$ を効用関数に代入することで効用を計算することができる。

## 2) 二分法による $CV$ の探索

上記の方法と，旅行費用 $p$ と属性 $q$ の変化の前後での効用を一致させるような補償額を求める二分法を組み合わせることで，$CV$ を求めることができる。

1. ベースラインの効用 $V^0 = V(p^0, q^0, M, \beta, \varepsilon)$ を求める。
2. $i$ 回目の反復において，$CV_a^i = (CV_l^{i-1} + CV_u^{i-1})/2$ とする。最初は，$CV_l^0 = 0$, $CV_u^0 = M$ とする。
3. $(p^1, q^1, M - CV_a^i, \beta, \varepsilon)$ のもとで，上記の二分法により $x^*$ と $z^*$ を求める。
4. 効用関数に $x^*$ と $z^*$ を代入して，$V^i = V(p^1, q^1, M - CV_a^i, \beta, \varepsilon)$ を求める。$V^i > V^0$ ならば $CV_l^i = CV_a^i$, $CV_u^i = CV_u^{i-1}$ とする。$V^i < V^0$ で

あれば $CV_l^i = CV_l^{i-1}$, $CV_u^i = CV_a^i$ とする。
5. $|(V^i - V^0)| \leq c$ となるまで繰り返す。ここで $c$ は任意の小さな値である。

**支出最小化アプローチ**

これに対し，von Haefen (2003) は，より効率的な計算方法として，支出最小化問題を解く方法を提案した。加法分離的な効用関数の場合，個人の支出最小化問題の一階の条件（クーンタッカー条件）は式 (5.2) と式 (5.15) で示される。

$$\bar{u} = \sum_{j=1}^{J} u_j(x_j) + u_z(z) \tag{5.15}$$

そこで，以下のアルゴリズムを使って，支出が最小になる $x$ と $z$ を求める (von Haefen and Phaneuf 2005)。

1. $i$ 回目の反復において，$z_a^i = (z_l^{i-1} + z_u^{i-1})/2$ とする。最初は，$z_l^0 = 0$，$z_u^0$ は $U(0, q_1, z_u^0, \beta, \varepsilon) = U^0$ を満たす解とする。
2. $z_a^i$ のもとで，式 (5.2) のクーンタッカー条件より $x^i$ を求め，$U^i = U(x^i, q_1, z_a^i, \beta, \varepsilon)$ を求める。
3. $U^i < U^0$ ならば $z_l^i = z_a^i$，$z_u^i = z_u^{i-1}$ とする。$U^i > U^0$ ならば $z_l^i = z_l^{i-1}$，$z_u^i = z_a^i$ とする。
4. $|(z_l^i - z_u^i)| \leq c$ となるまで繰り返す。ここで $c$ は任意の小さな値である。

このようにして見つけられる $x^*$ と $z^*$ を用いることで，変化後の旅行費用 $p^1$ と属性 $q^1$ のもとで，ベースラインの効用を達成するために必要となる支出が計算できる。その支出額を用いて，式 (5.11) より $CV$ を計算することができる。

## 5.3 端点解モデルの実際：
## 北海道内の自然公園への訪問行動の分析

### 5.3.1 調査内容

北海道には6つの国立公園と5つの国定公園がある．それぞれの場所と特徴は，図5.3および表5.2のとおりである．

2008年7月23日から2008年7月30日に，調査会社のモニターである北海道内の一般世帯を対象にインターネットを利用したウェブ調査を実施し，1,008件の回答を得た．

調査では，端点解モデルの分析に必要なデータとして，1) 11の自然公園への過去1年間の訪問回数，2) 居住地など，旅行費用の計算に必要なデータ，

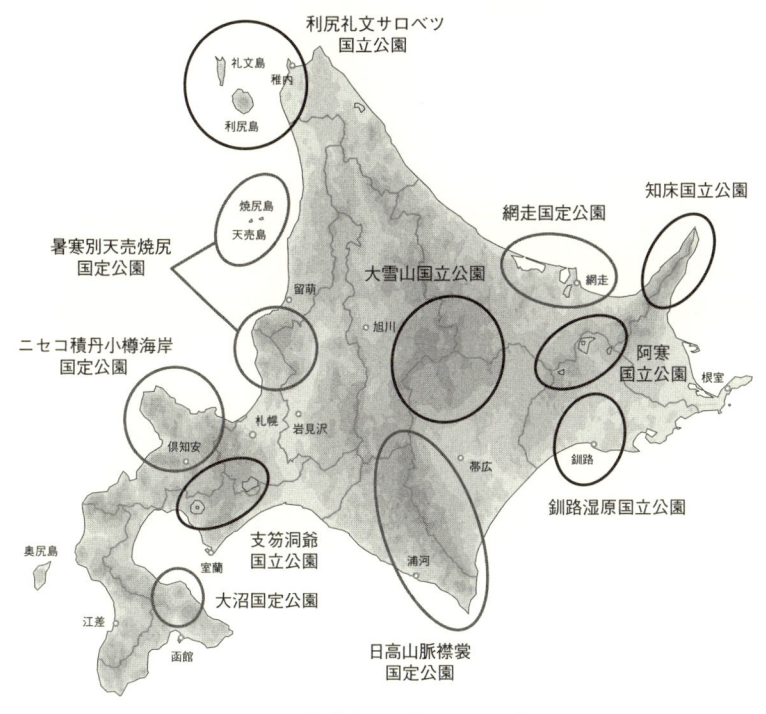

図 5.3　北海道内の国立公園と国定公園

表 5.2 各サイトの特徴

|  | 特別保護地区の比率（%） | 集団施設地区区域面積（ha） | マイカー規制の距離（km） |
| --- | --- | --- | --- |
| 国立公園名 | | | |
| 利尻礼文サロベツ国立公園 | 40.2 | 0.0 | 0.0 |
| 大雪山国立公園 | 16.2 | 448.8 | 25.0 |
| 支笏洞爺国立公園 | 2.7 | 332.9 | 1.8 |
| 知床国立公園 | 60.9 | 31.1 | 11.0 |
| 阿寒国立公園 | 11.5 | 171.3 | 0.0 |
| 釧路湿原国立公園 | 24.2 | 0.0 | 0.0 |
| 国定公園 | | | |
| 暑寒別天売焼尻国定公園 | 4.5 | 0.0 | 0.0 |
| 網走国定公園 | 0.2 | 8.2 | 0.0 |
| ニセコ積丹小樽海岸国定公園 | 1.6 | 236.0 | 0.0 |
| 日高山脈襟裳国定公園 | 18.8 | 0.0 | 0.0 |
| 大沼国定公園 | 4.4 | 22.4 | 0.0 |

3) 所得，4) 年齢，性別など，その他の個人属性のデータを収集した．

### 5.3.2 分析に使用するデータと加工方法

分析に必要なすべての質問に回答した 951 人のデータを使用した．回答者の個人属性の特徴は表 5.3 のとおりである．

旅行費用は，以下のように計算した．

$$TC = \frac{Dist(km) \times 2}{10(km/l)} \times 100(yen/l) + Highway(yen) \times 2$$
$$+ Time(hour) \times 2 \times 2803(yen/hour) \times \frac{1}{3} \tag{5.16}$$

ここで，$TC$ は旅行費用，$Dist$ は居住地から目的地までの片道距離（$Dist(km) \times 2$ は往復距離）を表す．ガソリン代はリッター当たり 100 円（$100(yen/l)$），燃費はリッター当たり 10 km（$10(km/l)$）と仮定する．$Dist(km) \times 2/10(km/l)$ は往復のガソリン消費量，$Dist(km) \times 2/10(km/l) \times 100(yen/l)$ は往復のガソリン購入費用を表す．$Highway(yen) \times 2$ は往復の高速料金，$Time(hour) \times 2$ は往復の移動時間を表す．北海道の平均賃金率

表 5.3 回答者の個人属性

|  | 平均（標準偏差） |
| --- | --- |
| 性別（男性 = 1） | 0.53（0.50） |
| 年齢（歳） | 43.8（12.2） |
| 年収（万円） | 584.6（324.6） |

(2000 年) である 2,803 円に 1/3 をかけた約 934.3 円を 1 時間当たりの機会費用と仮定する（Cesario 1976）。

### 5.3.3 効用関数の特定化

von Haefen et al. (2004) にならい，効用関数を以下のように特定する。

$$U(x, q, z, \beta, \varepsilon) = \sum \Psi(z, \varepsilon_j) \ln(\phi(q_j) x_j + \theta) + \frac{1}{\rho} z^\rho$$

$$\Psi(z, \varepsilon_j) = \exp(\delta_0 + \delta_{male} male + \delta_{age} age + \varepsilon_j)$$

$$\phi(q_j) = \exp(\gamma_{protect} protect + \gamma_{area} area + \gamma_{car} car)$$

$$\rho = 1 - \exp(\rho^*)$$

$$\ln \theta = \theta^*$$

$$\ln \mu = \mu^*, \ j = 1, \ldots, 11 \tag{5.17}$$

ここで，$\delta_0$ は定数項，$male$ は性別（男性 = 1），$age$ は年齢，$protect$ は特別保護地区の比率，$area$ は集団施設地区の面積，$car$ はマイカー規制の実施距離を表す。その他の変数の定義は前出のとおりである[5]。

効用最大化の一階の条件より，以下の式が導かれる。

$$\varepsilon_j \leq g_j, \ j = 1, \ldots, 11 \tag{5.18}$$

ここで，

$$g_j = -\delta' z + \ln(p_j / \phi(q_j)) + (\rho - 1) \ln(M - p'x) + \ln(\phi(q_j) x_j + \theta) \tag{5.19}$$

---

[5] 特別保護地区とは，国立公園内で特に優れた自然景観を有する地区であり，その保全のために厳重な行為規制が行われる。集団施設地区とは，公園区域内の利用の拠点として，宿泊施設やキャンプ場をはじめとした各種施設を総合的に整備するよう指定される地区である。

である。$\varepsilon_j$ が第一種極値分布にしたがうと仮定し，$\beta$ を推定する。

### 5.3.4 選好パラメータの推定結果

選好パラメータの推定結果は表5.4のとおりである[6]。すべての変数が1%水準で有意となった。年齢と性別はプラスに有意となった。このことは，男性の方が女性よりも訪問回数が多いこと，および，年齢が高いほど訪問回数が多いことを表している。特別保護地区の比率はプラスに有意となった。これは，人々が自然や景観の豊かな場所を好むことを表している。集団施設地区の面積もプラスに有意となった。これは，人々が施設の充実した場所を好むことを表している。マイカー規制の実施距離数はマイナスに有意となった。これは，人々がマイカー規制を広く実施している場所を好まないことを表している。マイカー規制が実施されることで，マイカーでのアクセスが制限され，アクセスがより困難になるためであると考えられる。

比較のために，端点解モデルの分析に用いたデータを，サイト選択のデータに読み替えて，サイト選択モデルにより分析を行った結果を示す。たとえば，ある個人が知床を2回訪問していた場合，ここでは，11のサイトの中から知床を選択する選択行動を2回行ったとみなし，2回の選択データに読み替える。

サイト選択モデルによる選好パラメータの推定結果は表5.5のとおりである。端点解モデルと同様に，すべての変数が1%水準で有意となった。旅行費用は，予想通りマイナスに有意となった。また，すべてのサイト属性の係数が，端点解モデルと同様の符号で推定された。

以上の結果より，端点解モデルとサイト選択モデルで，定性的には同様の結果が得られることが確認された。

### 5.3.5 厚生変化のシミュレーション

3つのシナリオに関する厚生変化のシミュレーションを行う。シナリオ1

---

[6] 推定には GAUSS8.0 と Maxlik5.0 を用いた。また，Roger H. von Haefen のウェブサイト (http://www4.ncsu.edu/ rhhaefen/) で公開されている GAUSS コード (classical estimation code) を使用した。

表 5.4 選好パラメータの推定結果（端点解モデル）

| 変数 | 推定値（t 値） |
|---|---|
| Ψ パラメータ | |
| 定数項 | 4.6599（4.533） |
| 男性 | 0.3124（4.518） |
| 年齢 | 0.0121（4.236） |
| φ パラメータ | |
| 特別保護地区の比率 | 0.0136（9.419） |
| 集団施設地区の面積 | 0.0019（11.272） |
| マイカー規制の実施距離 | −0.2729（−8.057） |
| その他のパラメータ | |
| $\theta^*$ | 0.8251（17.245） |
| $\rho^*$ | −1.6293（−4.820） |
| $\mu^*$ | −0.2208（−9.369） |
| log-likelihood | −7063.42 |
| number of cases | 951 |

表 5.5 選好パラメータの推定結果（サイト選択モデル）

| 変数 | 推定値（t 値） |
|---|---|
| 特別保護地区の比率 | 0.0229（14.173） |
| 集団施設地区の面積 | 0.0041（28.920） |
| マイカー規制の実施距離 | −0.6247（−19.274） |
| 旅行費用 | −0.0904（−40.580） |
| log-likelihood | −8448.42 |
| number of cases | 4079 |

は，知床のマイカー規制が強化される場合を想定する．ここでは，マイカー規制の実施距離が 50% 増加すると設定する．シナリオ 2 は，すべてのサイトのアクセスが悪化する状況（入場料が徴収されるようになった状況や訪問により多くの時間がかかるようになった状況など）を想定する．ここでは，すべてのサイトへの旅行費用が 1,000 円上昇すると設定する．シナリオ 3 は，知床が訪問できなくなる（閉鎖される）状況を想定する．ここでは，知床への旅行費用が一律 1 億円上昇し，訪問することができなくなったと設定する．

端点解モデルにおいて，誤差項の抽出には von Haefen（2003）の条件付アプローチを採用した．また，補償変分の計算には，von Haefen（2003）の支

表 5.6　補償変分の計算結果

|  | 端点解モデル | サイト選択モデル |
| --- | --- | --- |
| シナリオ 1 | −438.6 円 | −147.7 円 |
| シナリオ 2 | −3421.4 円 | −854.1 円 |
| シナリオ 3 | −1967.5 円 | −525.5 円 |

出最小化アプローチを採用した。比較のため，サイト選択モデルの結果に基づいて計算された補償変分も示す。計算には，第 4 章の式 (4.7) と式 (4.8) を用いた。

計算の結果は表 5.6 のとおりである[7]。両モデルにおいて，シナリオ 2 の場合の厚生の損失がもっとも大きく，シナリオ 1 の場合の厚生の損失がもっとも小さいという結果となった。しかし，モデル間で，金額は大きく異なる。端点解モデルによる補償変分は，サイト選択モデルによる補償変分の約 3 倍から 4 倍となった。背景の経済理論，効用関数の関数形，使用しているデータのいずれもが異なるため，モデル間の補償変分の差をもたらす原因を特定することは容易でないが，仮に，経済理論との整合性がより高く，現実のレクリエーション行動をより反映する可能性の高いデータを使用している端点解モデルの方が信頼性が高いとすると，一般的に用いられているサイト選択モデルは過小評価をもたらす可能性があると考えられる。

## 5.4　まとめと今後の課題

本章では，訪問地選択と訪問回数選択の双方を分析できるモデルとして注目を集めている端点解モデルについて解説を行った。

本章では端点解モデルの基礎についてのみ解説を行った。本章で紹介することのできなかった，より進んだ研究として，以下のものが挙げられる。第 1 に，von Haefen et al. (2004) により，選好の多様性を考慮したランダムパラメータモデルも開発されている。これに関しては，本章の付録 2 において

---

[7]　計算には GAUSS8.0 と Maxlik5.0 を用いた。また，Roger H. von Haefen のウェブサイト（http://www4.ncsu.edu/ rhhaefen/）で公開されている GAUSS コード（classical welfare code -expenditure function approach-）を使用した。

概要を解説するので，参照されたい。また，より詳しくは，von Haefen et al. (2004) および von Haefen and Phaneuf (2005) を参照されたい。第2に，選好の多様性を考慮するためのもう1つのアプローチとして，潜在クラスモデルが開発されている。Kuriyama et al. (2010) は，EMアルゴリズムを用いた推定により，端点解モデルにおいて潜在的なクラスごとのパラメータを推定する方法を開発している。第3に，ベイジアンのフレームワークによる推定も行われている。von Haefen and Phaneuf (2005) は，マルコフ連鎖モンテカルロ (Markov Chain Monte Carlo: MCMC) 法を用いた推定により，通常の推定 (classical estimation) と比較して，より多くのパラメータを，より短時間に推定することが可能であることを示している。第4に，レクリエーションの訪問回数は非負の整数値をとるため，通常の端点解モデルが置く連続変数の仮定は非現実的である。そのため，Kuriyama and Hanemann (2006a) は，端点解モデルを整数計画問題として扱う方法を提案している。第5に，ある時期にあるサイトを利用することができない場合，他のサイトを利用する（空間的代替）ほかにも，時期を変更して当初の目的のサイトを利用する（時間的代替）ことがありうる。このような時間的代替の効果を考慮した分析を行うため，Kuriyama and Hanemann (2006b) は動学化した端点解モデルを提案している。

端点解モデルの今後の課題としては，以下の2点が挙げられる。第1に，周遊行動の分析が挙げられる。日本では，一度の旅行の中で，複数の目的地を周遊することが多い。このような行動を分析するために，周遊行動が扱えるよう端点解モデルを拡張することが必要である。第2に，より一般的な効用関数の使用が挙げられる。現在は，尤度関数の計算を容易にするために加法分離的な効用関数が用いられているが，この仮定は制約的である。今後は，加法分離的でないより一般的な効用関数の使用を検討することが必要である。

## 付録1　ヤコビアン変換

確率を表す式の中に変数変換を含むとき，ヤコビアン変換（Jacobian transformation）が必要になる[8]。

誤差項の分布 $f(\varepsilon)$ を特定化したが，最終的に関心があるのは $x$ が観察される確率である．$x$ は誤差項 $\varepsilon$ の関数であるため，$x$ の分布関数は以下で表される．

$$f(x) = F[\varepsilon(x)] abs \mid J_k \mid \tag{5.20}$$

$abs \mid J_k \mid$ は $\varepsilon$ の $x$ に関する一階微分からなる行列の行列式の絶対値である．

式 (5.6)，式 (5.7) の $\mid J_k \mid$ は以下のとおりである．

$$\mid J_k \mid = \begin{vmatrix} \dfrac{\partial \varepsilon_1}{\partial x_1} & \cdots & \dfrac{\partial \varepsilon_1}{\partial x_k} \\ \vdots & \ddots & \vdots \\ \dfrac{\partial \varepsilon_k}{\partial x_1} & \cdots & \dfrac{\partial \varepsilon_k}{\partial x_k} \end{vmatrix}$$

ここで，

$$\frac{\partial \varepsilon_j}{\partial x_k} = \frac{(1-\rho)p_k}{z} \times 1[x_j^* \neq 0], \ \forall j \neq k \tag{5.21}$$

$$\frac{\partial \varepsilon_j}{\partial x_j} = \left( \frac{(1-\rho)p_j}{z} + \frac{\phi(q_j)}{\phi(q_j)x_j + \theta} \right) \times 1[x_j^* \neq 0]$$
$$+ 1[x_j^* = 0], \ \forall j \tag{5.22}$$

である．ただし，$1[x_j^* \neq 0]$ は $x_j^* \neq 0$ のとき 1 をとり，$x_j^* = 0$ のとき 0 をとるインディケータファンクションであり，$1[x_j^* = 0]$ は $x_j^* = 0$ のとき 1 をとり，$x_j^* \neq 0$ のとき 0 をとるインディケータファンクションである．したがって，$x_j^* = 0$ のとき，$J_k$ は単位行列となり，$\mid J_k \mid = 1$ となる．

## 付録 2 ランダムパラメータモデルの概要

端点解モデルでは，選好の多様性を考慮したランダムパラメータモデルも推定可能である．ただし，計算の負担が大きくなるので，個人属性の係数以外は固定することが一般的である．

---

[8] 変数変換についてより詳しくは，Mood et al. (1974) 等の統計学の教科書を参照されたい．

第5章 顕示選好法の最新テクニック1：端点解モデル

効用関数を式 (5.8) のように特定化したとする。個人属性の係数 $\delta$ は平均 $\bar{\delta}$, 分散共分散行列 $\sum_{\delta}$ の多変量正規分布にしたがうと仮定し，単純化のため非対角要素をゼロとする。

ランダムパラメータモデルは，シミュレーションを用いた最尤法 (maximum simulated likelihood) により推定される。シミュレートされた尤度関数は，式 (5.23) で表される。ここで，$\delta^t$ は $\delta$ の $t$ 回目 $(t = 1, \ldots, T)$ の無作為抽出を表す。

$$\hat{l}(x) = \frac{1}{R} \sum_{t=1}^{T} l(x \mid \delta^t) \tag{5.23}$$

ここでの無作為抽出には，疑似ランダムドローであるハルトン系列からのドロー（ハルトンドロー）を用いることが多い。

補償変分の計算では，観察できない異質性をシミュレートするため，個人 $n$ のパラメータ $\delta_n$ と第一種極値分布から抽出された $\varepsilon_n$ の同時分布（joint distribition），$f(\delta_n, \varepsilon_n \mid x_n) = f(\delta_n \mid x_n)f(\varepsilon_n \mid \delta_n, x_n)$ からの抽出が必要となる。

$f(\delta_n \mid x_n)$ からの抽出には，アダプティブ・メトロポリス–ヘイスティング・アルゴリズム (adaptive Metropolis-Hasting algorithm) が用いられる。アダプティブ・メトロポリス–ヘイスティング・アルゴリズムに関しては，Train (2009) を参照されたい。

# 第6章 顕示選好法の最新テクニック2：空間ヘドニック法

星野匡郎

## 6.1 研究の背景

### 6.1.1 はじめに

ヘドニック法を用いた環境評価の研究は非常に多く存在するが，特に近年の実証研究の多くはヘドニック価格関数推定の精緻化に注力している．なかでも注目されているのが，空間計量経済学を用いた手法である．空間計量経済学（および空間統計学）を応用したヘドニック法は特に「空間ヘドニック法（spatial hedonic approach）」と呼ばれる．表6.1は空間ヘドニック法を用いた環境評価の先行研究として主な事例をまとめたものである．近年のヘドニック法による環境評価研究において，空間ヘドニック法が主要な分析手法となっていることが表6.1からもうかがえる．

Anselin (1988) によれば，空間計量経済学とは（狭義には），「空間的自己相関（spatial autocorrelation）」や「空間的多様性（spatial heterogeneity）」といった空間データ特有の性質を明示的に考慮した計量経済手法のことを指す．したがって空間ヘドニック法とは，たとえばヘドニック住宅価格関数を推定する場合，個々の住宅の位置情報を用いて空間的自己相関や空間的多様性を考慮することでヘドニック価格関数の推定を改善する手法，といえる．空間データ特有の2つの性質のうち，空間的自己相関とは，空間的に近接するデータの間に相関関係が見られる状態を意味する．空間的自己相関のモデル化はCliff and Ord (1973) にさかのぼり，空間統計学や計量地理学の分野で盛んに用い

表 6.1 空間ヘドニック法を用いた環境評価事例

| 著者 | 評価対象 |
|---|---|
| Anselin and Gallo (2006) | 大気質 |
| Anselin and Lozano-Gracia (2009) | 大気質 |
| Brasington and Hite (2005) | 廃棄物処理場 |
| Cohen and Coughlin (2008) | 空港の騒音，近接性 |
| Gawande and Smith (2001) | 核廃棄物の輸送 |
| Hoshino and Kuriyama (2010) | 都市公園 |
| Kim and Goldsmith (2009) | 養豚業 |
| Kim et al. (2003) | 大気質 |
| Leggett and Bockstael (2000) | 水質 |
| Paterson and Boyle (2002) | 住宅から見える景観 |

られた。その後 Anselin (1988) を中心として計量経済理論としての整備が図られ，現在ではヘドニック価格関数の推定以外にも，犯罪率や失業率の地域的分析や地方自治体の行動分析，企業の出店行動など，さまざまな応用例が報告されている。一方，空間的多様性とは，空間的な分散不均一性やパラメータの空間的可変性を意味する。空間的多様性は，空間的自己相関とは異なり，たとえばランダムパラメータモデルやセミパラメトリックモデルなど通常の計量経済学の範疇に属する手法で対応可能である。空間的自己相関や空間的多様性が存在するにもかかわらず，それらを考慮せずに推定を実行した場合，推定量の効率性だけでなく一致性をも損なう場合がある（後述）。したがって，そのようなモデルから得られた結果は統計的に信頼できるものではない。この事実から，近年では空間データを扱う際に何らかの空間計量経済的手法を用いることは一般的となりつつある。

　本章の目的は，環境評価の観点を踏まえつつ空間ヘドニック法について解説することである。本章の構成は以下のとおりである。まず 6.2 節では，空間ヘドニック法の背景を述べる。特に空間データ特有の重要な性質である空間的自己相関について詳述する。具体的な空間ヘドニック法の実施方法については 6.3 節において解説される。ここでは，先行研究で特に頻繁に使用されている 2 つの空間ヘドニックモデルに注目する。推定方法として，最尤法を用いた方法と最尤法以外の方法を解説するが，後者は上級者向けであるため，初学者は飛ばしてかまわない。またデータが空間的自己相関を有しているか否かを検定

する方法を解説し，ここまでの手法解説のまとめとして，空間ヘドニック法実施の具体的手順について説明する．さらに6.4節では，空間ヘドニック法の実際の適用例として，東京都世田谷区における都市公園の経済評価研究を紹介する．最後に，本章のまとめを述べる．

### 6.1.2 空間ヘドニック法の背景

上述のとおり，空間ヘドニック法とは，データの空間的自己相関や空間的多様性を明示的に考慮したヘドニック法を意味する．これまでの多くの空間ヘドニック法の文献では，主に空間的自己相関のモデル化に焦点を当てている．したがって紙幅の制約上，本章は空間的自己相関を考慮したヘドニック法についてのみ取り扱う．空間的多様性を考慮した推定方法については，たとえば，Cho et al. (2006)，Fotheringham et al. (2002) を参照されたい．

空間的自己相関とは，Manski (1993) の提唱した「リフレクション (reflection)」，すなわち，グループの平均的行動とそのグループに属する個人の行動の類似性，の空間版と解釈できる．Manskiはこの類似性を以下の3つの観点から説明している：

1. 内生的効果（endogenous effects）：個人の行動が属するグループの全体的な行動に応じて異なる．
2. 外生的効果（exogenous effects）[1]：個人の行動が属するグループの外生的な属性に応じて異なる．
3. 相関効果（correlated effects）：同様の社会・経済的背景を有する個人がグループを構成するため，同じグループに属する個人は同様の行動をとる．

以上の3つの観点はそれぞれ異なる政策的意味を持つが，なかでも内生的効果は重要である．たとえば，環境質なども含めまったく同一の属性を有する住宅が2つあるとする．ただし一方は高級住宅地に立地し，他方は平均的な住

---

[1] 文脈効果（contextual effects）とも呼ばれる．

宅地に立地している．もし，前者の価格が後者のそれと比べて高く，その理由が近隣住宅の平均価格で説明されるならば，内生的効果が存在するといえる．これは以下の式において $\rho$ が有意に正であることを示している：

$$y_i = \rho \mid K(i) \mid^{-1} \sum_{j \in K(i)} y_j + x_i'\beta + \varepsilon_i \tag{6.1}$$

ただし $y_i$ は住宅 $i$ の価格，$K(i)$ は $i$ を除いた $i$ の近隣住宅の集合を表す関数，$\mid K(i) \mid$ は $K(i)$ に属する住宅の数，$x_i$ と $\varepsilon_i$ はそれぞれ説明変数のベクトルと誤差項を表している．式 (6.1) の特定化が正しいとき，住宅 $i$ の周辺において何らかの環境改善が実施されたとする．すると，キャピタリゼーション仮説成立のもとでは（第 4 章脚注 3）参照），環境改善がなかったときと比べ $y_i$ は高くなる．すべての $i, j$ に対し $j \in K(i)$ であれば $i \in K(j)$ と仮定し，また単純化のため環境改善の直接的影響は住宅 $j$ には及んでいないとする．$y_i$ が高くなるとき，ある住宅 $j \in K(i)$ における近隣住宅の平均価格 $\mid K(j) \mid^{-1} \sum_{\ell \in K(j)} y_\ell$ も同様に高くなるので，$\rho$ が正であれば，住宅 $j$ は"環境改善の直接的影響を受けていないにもかかわらず"，住宅 $j$ の価格 $y_j$ も結果的に高くなる（図 6.1 参照）．同様に，$y_j$ が高くなるので $j$ の近隣住宅 $\ell \in K(j)$ の価格 $y_\ell$ も高くなり，このプロセスは収束するまで延々と続く．式 (6.1) はその均衡状態を表し

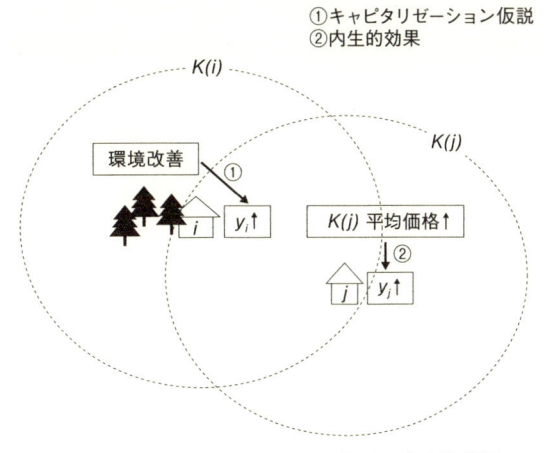

図 **6.1** キャピタリゼーション仮説と内生的効果

ていることに注意されたい。このような近隣地域への波及効果は文脈によって，地域効果（neighbourhood effects），空間的相互作用（spatial interaction），空間的乗数効果（spatial multiplier）などと呼ばれる。間接的な波及効果まで含めて環境改善による便益とみなすか否かについては議論の分かれるところである。しかしたとえ波及効果の有無に関心がない場合においても，それを考慮せずに環境評価を実施した場合，推定量の一致性や効率性といった望ましい統計的性質を得られず，誤った政策判断を導きかねない（後述）。したがって，より正確な環境評価を実施するためには，空間ヘドニック法を用いる必要がある。

## 6.2 空間ヘドニック法の詳細

空間データと時系列データは，基本的な分析方法の考え方のうえでは共通する部分が多々ある。しかしながら，空間データを単純に時系列データの二次元版と解釈することは早計である。両者の間には特に，(1) 事象の影響の方向性，(2) データ間の近接性，の2つの大きな違いがある。時系列データの場合，過去の事象は未来の事象に影響するが，逆は成り立たない。一方で，空間データの場合は，ある地点で起きた事象は360度すべての方向に影響する可能性があり，さらに空間的自己相関を通じて自身へのフィードバックが生じる。また，データ間の近接性に関しては，たとえば時系列の月次データの場合，データは必然的に1ヵ月ごとに区切られるが，空間データの場合は明確な区切りがない。したがって，式 (6.1) の $K(\cdot)$ に対応する，データ間の空間的近接性を定める指標が必要となる。

以上のような空間データの特性を表現する際に重要な役割を果たすのが「空間的重み行列（spatial weight matrix）」である。この空間的重み行列を用いることで，時系列分析で用いられるような自己回帰モデルを空間データ分析に拡張できる。被説明変数に空間的自己相関を考慮したモデルを「空間ラグモデル（spatial lag model）」と呼び，誤差項に空間的自己相関を考慮したモデルを「空間誤差モデル（spatial error model）」と呼ぶ。本節ではこの2つのモデルの推定方法を解説する。被説明変数と説明変数に空間的自己相関を考慮した

表 6.2　主に使用される空間的自己相関モデル

|  | 空間ラグモデル | 空間誤差モデル | 空間ダービンモデル |
|---|---|---|---|
| 内生的効果 | ○ |  | ○ |
| 外生的効果 |  |  | ○ |
| 相関効果 |  | ○ |  |

「空間ダービンモデル (spatial durbin model)」もしばしば用いられるが,紙幅の制約上その解説は省略する[2]。空間ラグモデルは上述の内生的効果を考慮したモデルであり,空間誤差モデルは相関効果を,さらに空間ダービンモデルは内生的効果と外生的効果を同時に考慮したモデルと解釈できる (表 6.2)。

内生的効果と相関効果に同時に対応するモデルも考えられるが,基本的には以下で解説する空間ラグモデルと空間誤差モデルを組み合わせることで実施可能である。

### 6.2.1　空間的重み行列

上述のとおり,空間データ分析において,データ間の空間的近接性の定式化はきわめて重要である。空間計量経済学において,近接性は空間的重み行列と呼ばれる行列を用いて表現される。代表的な空間的重み行列として,たとえば以下がある:

$$W_n = \begin{pmatrix} 0 & w_{12} & \ldots & w_{1n} \\ w_{21} & 0 & \ldots & w_{2n} \\ \vdots & & \ddots & \vdots \\ w_{n1} & \ldots & \ldots & 0 \end{pmatrix}, \quad w_{ij} = \frac{\omega_{ij}}{\sum_{j=1}^{n} \omega_{ij}}, \quad \omega_{ij} = 1/d_{ij}$$

ただし $d_{ij}$ は地点 $i,j$ 間の"何らかの"距離で,$n$ はサンプルサイズ (地点の数) である。空間的重み行列 $W_n$ の行和が 1 となるように基準化することで,

---

[2] 空間ダービンモデルの詳細については Mur and Angulo (2006) や,特にその環境評価への応用については Brasington and Hite (2005) を参照されたい。誤差項に自己回帰項を導入することは,いわゆる共通因子制約 (common factor restrictions) と呼ばれるパラメータ制約を課すことに等しいが (たとえば,Davidson and MacKinnon 2004 の 7.9 節参照),空間ダービンモデルは空間誤差モデルに関する共通因子制約を緩和したモデルとなっている。空間ダービンモデルは,ヘドニック価格関数の推定よりむしろ,空間的相互依存性を考慮した地域成長モデルに適したモデルとされている (LeSage and Fischer 2008)。

$W_n$ を空間的重み付き平均を返すオペレータとみなすことができる。距離として用いられる指標は地理的なユークリッド距離に限らない。地点間における社会・経済的な指標を用いた距離概念（socio-economic distance）を用いることでより現実に則した分析が可能となる場合もある（Conley and Topa 2002）。ほかにも，$i$ の地域が $j$ の地域に隣接するならば $\omega_{ij} = 1$，そうでないならば $\omega_{ij} = 0$ とする定式化も頻繁に使われる。この場合，たとえば分析対象となる地域が図 6.2 のように構成されているならば，空間的重み行列は

$$W_n = \begin{pmatrix} 0 & 1/2 & 1/2 & 0 & 0 \\ 1/3 & 0 & 1/3 & 1/3 & 0 \\ 1/4 & 1/4 & 0 & 1/4 & 1/4 \\ 0 & 1/3 & 1/3 & 0 & 1/3 \\ 0 & 0 & 1/2 & 1/2 & 0 \end{pmatrix}$$

と書けるだろう。また，$W_n$ を何らかのパラメータの関数とみなせば，空間的重み行列の構造自体を推定することも可能である。

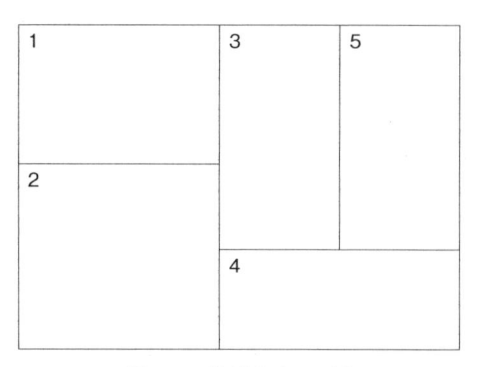

図 6.2 地域のイメージ

これまでの研究で，空間的重み行列の定式化の違いが推定結果に少なからぬ影響を与えることが知られている（たとえば，Bell and Bockstael 2000）。しかし，空間的重み行列の定式化に関して，理論上の制約はあるものの，最終的な選択に分析者の恣意性が働くことは否定できない。したがって分析の際には，さまざまな定式化を試みることで自己相関パラメータの推定値を比較・検証す

る必要がある．この問題に対して，明確な解決方法は現在まで提案されておらず，今後の研究が待たれるところである．

### 6.2.2 空間ラグモデル

空間的重み行列を使うことで，被説明変数に関する空間的自己相関を明示化したヘドニック価格関数を以下のように表すことができる：

$$y = \rho W_n y + X\beta + Z\gamma + \varepsilon \tag{6.2}$$

ここで，$y$ は価格の $n \times 1$ ベクトル，$X$ は住宅の環境質以外の属性の $n \times k$ 行列，$Z$ は環境質の $n \times l$ 行列，$\varepsilon$ は誤差の $n \times 1$ ベクトル，そして $\rho$，$\beta$ と $\gamma$ はそれぞれ推定すべき，スカラー，$k \times 1$ ベクトル，$l \times 1$ ベクトルである．式 (6.2) を，空間ラグモデルと呼ぶ．このモデルの意味することは，価格の高い（低い）住宅の集まる地域に立地する住宅の価格は高い（低い）傾向がある，という内生性である．この傾向の強さ，すなわち空間的自己相関の強さを表す指標が $\rho$ であり，$W_n y$ の項は，$W_n$ の行和が1ならば，近隣住宅の価格の空間的重み付き平均と解釈できる．式 (6.1) 同様，空間ラグモデルは均衡モデルである．このモデルが均衡解を持つための重要な条件として $\rho \in (-1, 1)$ がある[3]．$\rho \neq 0$ であるにもかかわらず，$W_n y$ を考慮せずに推定した場合，そのような推定量が一致性を持たないのは式より明らかである．また，$W_n y$ を考慮したとしても，通常の最小二乗法（OLS）では一致性を得られない点に注意が必要である．単純化のために，他の説明変数をすべて無視すると（すなわち，$y = \rho W_n y + \varepsilon$），OLS 推定量が一致推定量となるための直交条件は $\text{plim}\,[\varepsilon' W_n y / n] = 0$ である．しかし $y = (I_n - \rho W_n)^{-1}\varepsilon$ と書けることに注意すると，

$$\text{plim}\,[\varepsilon' W_n y / n] = \text{plim}\,[\varepsilon' W_n (I_n - \rho W_n)^{-1}\varepsilon / n] \neq 0$$

となることがわかる．ただし $(I_n - \rho W_n)$ は正則行列とする．よって，OLS 以外の推定方法を使用する必要があるが，ここではまず最尤法を用いた推定方法

---

[3] この条件は，一般的には，空間的重み行列の定式化に依存する．詳しくは，Lee (2004) や Kelejian and Prucha (2010) を参照されたい．

を考える。

$\{\varepsilon_i\}_{i=1}^n$ を i.i.d. で，平均ゼロ，分散 $\sigma^2$ の正規分布にしたがう確率変数列とする。このとき，式 (6.2) の対数尤度関数は

$$L_n(\rho, \beta, \gamma, \sigma^2) = -\frac{n}{2}\ln(2\pi) - \frac{n}{2}\ln\sigma^2 + \ln|I_n - \rho W_n| \\ -\frac{1}{2\sigma^2}V_n'(\rho, \beta, \gamma)V_n(\rho, \beta, \gamma) \qquad (6.3)$$

で与えられる。ただし $V_n(\rho, \beta, \gamma) = y - \rho W_n y - X\beta - Z\gamma$ とする。また，式 (6.3) を $\rho$ のみの関数として集約し，計算を高速化することが可能である。集約された対数尤度関数は

$$Q_n(\rho) = -\frac{n}{2}(\ln(2\pi) + 1) - \frac{n}{2}\ln\hat{\sigma}^2(\rho) + \ln|I_n - \rho W_n| \qquad (6.4)$$

で与えられる。ただし

$$\hat{\sigma}^2(\rho) = \frac{1}{n}V_n'(\rho, \hat{\beta}(\rho), \hat{\gamma}(\rho))V_n(\rho, \hat{\beta}(\rho), \hat{\gamma}(\rho))$$

$$(\hat{\beta}(\rho), \hat{\gamma}(\rho))' = (M'M)^{-1}M'(I_n - \rho W_n)y, \quad M = (X, Z)$$

とする。式 (6.3)，式 (6.4) を最大化することで得られる推定量の漸近的性質は Lee (2004) が詳しい。

環境評価の枠組みで，われわれがもっとも興味があるのは環境質の変化による限界効果である。通常のヘドニック法では，この限界効果は $\gamma$ に相当する。しかし，空間ラグモデルの場合は乗数効果の存在により，単純に $\gamma$ の値からは評価できない。式 (6.2) は以下のように書き換えることができる：

$$y = (I_n - \rho W_n)^{-1}X\beta + (I_n - \rho W_n)^{-1}Z\gamma + (I_n - \rho W_n)^{-1}\varepsilon \qquad (6.5)$$

すなわち，$Z$ の $l$ 番目の列ベクトル，$Z_l$ すべての地点でが 1 単位上昇すると，その限界効果は

$$\frac{\partial y}{\partial Z_l} = \frac{\partial}{\partial Z_l}\left[(I_n - \rho W_n)^{-1}Z\gamma\right] = \gamma_l(I_n - \rho W_n)^{-1}e_n$$

となる (Kim et al. 2003)。ただし $\gamma_l$ は $\gamma$ の $l$ 番目の値（スカラー）で $e_n$ はすべての要素を 1 とする $n \times 1$ ベクトルである。したがって，限界効果の値

は一般的に地点により異なる。また，$W_n$ が行で基準化されており，かつ $\rho \in (-1, 1)$ のとき，

$$\gamma_l(I_n - \rho W_n)^{-1} = \gamma_l I_n + \gamma_l \rho W_n + \gamma_l \rho^2 W_n^2 + \ldots \tag{6.6}$$

となる（Horn and Johnson 1985）[4]。式 (6.6) 右辺の第 1 項は自身への直接の効果であり，第 2 項は近隣地域からの効果を表し，第 3 項は近隣地域の近隣地域からの効果……，を表している。

### 6.2.3　空間誤差モデル

空間ラグモデルのほかに頻繁に用いられるモデルとして，誤差項に関する空間的自己相関を明示化した空間誤差モデルがある。このモデルは以下のように表すことができる：

$$y = X\beta + Z\gamma + \varepsilon, \quad \varepsilon = \lambda W_n \varepsilon + u \tag{6.7}$$

ここで，$\lambda$ は誤差項の空間的自己相関の強さを表す推定すべきスカラー，$u$ は空間的影響を取り除いた誤差の $n \times 1$ ベクトルである。このモデルは，省略された変数が空間的に相関していることを意味する。空間ラグモデルとは異なり，誤差項の空間的自己相関を考慮せずに推定する場合でも，$\beta$ や $\gamma$ の OLS 推定量の一致性および不偏性は保たれる。しかしながら，当然そのような推定方法は効率性の面で最適ではないため，分散や標準誤差に基づいた統計的検定を不正確にする。そこで，空間ラグモデル同様，最尤法を用いた推定方法を考える。

$\{u_i\}_{i=1}^n$ を i.i.d. で，平均ゼロ，分散 $\sigma^2$ の正規分布にしたがう確率変数列とする。このとき，式 (6.7) の対数尤度関数は

$$\begin{aligned}L_n(\lambda, \beta, \gamma, \sigma^2) = &-\frac{n}{2} \ln(2\pi) - \frac{n}{2} \ln \sigma^2 + \ln |I_n - \lambda W_n| \\ &- \frac{1}{2\sigma^2} U_n'(\lambda, \beta, \gamma) U_n(\lambda, \beta, \gamma)\end{aligned} \tag{6.8}$$

---

[4] 正確には，$\|\rho W_n\| < 1$ が満たされるとき式 (6.6) が成立する。ただし $\|\cdot\|$ は行列ノルムである。

で与えられる。ただし $U_n(\lambda, \beta, \gamma) = (I_n - \lambda W_n)(y - X\beta - Z\gamma)$ とする。空間ラグモデル同様，式 (6.8) を $\lambda$ のみの関数として集約することが可能である。集約された対数尤度関数は

$$Q_n(\lambda) = -\frac{n}{2}(\ln(2\pi) + 1) - \frac{n}{2}\ln \hat{\sigma}^2(\lambda) + \ln |I_n - \lambda W_n| \quad (6.9)$$

で与えられる。ただし

$$\hat{\sigma}^2(\lambda) = \frac{1}{n} U_n'(\lambda, \hat{\beta}(\lambda), \hat{\gamma}(\lambda)) U_n(\lambda, \hat{\beta}(\lambda), \hat{\gamma}(\lambda)),$$

$(\hat{\beta}(\lambda), \hat{\gamma}(\lambda))' = [M'(I_n - \lambda W_n')(I_n - \lambda W_n)M]^{-1} M'(I_n - \lambda W_n')(I_n - \lambda W_n)y$

とする。

空間誤差モデルでは，環境質の変化による限界効果は通常の線形回帰モデルと同様，地点にかかわらず $\gamma$ で評価される。

上述のとおり，空間誤差モデルは効率性の改善を目的として使用される。自己相関パラメータ $\lambda$ の大きさ自体に関心がないのであれば，空間的重み行列を使用せずに共分散行列を直接推定する方法がある。たとえば，空間統計学や地球統計学ではクリギング (kriging) と呼ばれる手法が用いられる[5]。クリギングは，空間的二次定常性の仮定のもと，空間的自己相関を考慮した共分散関数を推定する手法である。詳細については，Cressie (1993) や間瀬・武田 (2001) などを参照されたい。特にそのヘドニック価格関数推定への応用については Basu and Thibodeau (1998) が詳しい。国内の分析事例としては Tsutsumi and Seya (2008) が挙げられる。クリギングは共分散関数の推定に何らかの共分散構造を仮定するが，HAC (heteroskedasticity and autocorrelation consistent) 共分散行列推定を用いればそのような仮定は緩和される。空間版の HAC 共分散行列推定は Kelejian and Prucha (2007) によって提案されている。Anselin and Lozano-Gracia (2009) は空間ラグモデルに HAC 共分散行列推定を組み合わせたモデルが有効だと主張している。

---

[5] クリギングにはさまざまなタイプがあり，クリギングという名はそれらの総称である。ヘドニック価格関数推定の文脈では普遍クリギング (universal kriging) が用いられる。

### 6.2.4 最尤法以外の推定方法*

以上では空間ラグモデルと空間誤差モデルについて,最尤法を用いた推定方法を示したが,サンプルサイズの大きなデータを扱う場合,式 (6.3),式 (6.4),式 (6.8),式 (6.9) に含まれる $n \times n$ の行列式の計算で非常に多くの時間を費やし,またその計算精度も問題視されている (Kelejian and Prucha 1999)。そもそも正規性や均一分散の仮定を導入する必要があるため,最尤法による推定は制約的といえる。そこで,Kelejian and Prucha (1998; 1999; 2010) や Lee (2003) は二段階最小二乗 (2SLS) 推定や一般化モーメント (GM) 推定を用いた推定方法を提案した。彼らの推定方法は必要とする仮定の緩和と計算時間の大幅な短縮を可能にしている。以下では,Kelejian and Prucha (1998) による空間ラグモデルの 2SLS 推定量と Kelejian and Prucha (2010) による空間誤差モデルの GM 推定量を順に解説する。

**空間ラグモデルの二段階最小二乗推定**

空間ラグモデルとは以下のモデルであった:

$$y = \rho W_n y + X\beta + Z\gamma + \varepsilon$$

上式は $n$ 本の同時方程式からなっている。よって,通常の議論と同様に,内生変数に対して操作変数を見つけ,2SLS を実施することで同時方程式バイアスの問題を解決できる。そこで Kelejian and Prucha (1998) では $W_n y$ に対する操作変数として $L_n = (H_n, M)$ の使用を提案している。ただし $H_n$ は $(W_n M, W_n^2 M, W_n^3 M, \ldots)$ に含まれる列の組み合わせで,$L_n' L_n$ が正則行列となるように選ばれる。このとき,$\theta = (\rho, \beta, \gamma)'$ の 2SLS 推定量 $\hat{\theta}_{2SLS} = (\hat{\rho}_{2SLS}, \hat{\beta}_{2SLS}, \hat{\gamma}_{2SLS})'$ は以下で与えられる:

$$\hat{\theta}_{2SLS} = (\Gamma_n' \Gamma_n)^{-1} \Gamma_n' y \tag{6.10}$$

ただし $\Gamma_n = (L_n (L_n' L_n)^{-1} L_n' W_n y, M)$ である。このとき,適当な仮定のもとで以下が成立する:

$$n^{1/2}(\hat{\theta}_{2SLS} - \theta) \xrightarrow{d} \mathcal{N}\left[0, \sigma^2 \left(\operatorname{plim} n^{-1} \Gamma_n' \Gamma_n\right)^{-1}\right]$$

したがって, $\sigma^2$ の代わりに

$$\hat{\sigma}^2_{2SLS} = n^{-1} V_n'(\hat{\rho}_{2SLS}, \hat{\beta}_{2SLS}, \hat{\gamma}_{2SLS}) V_n(\hat{\rho}_{2SLS}, \hat{\beta}_{2SLS}, \hat{\gamma}_{2SLS})$$

を用いることで, $\hat{\sigma}^2_{2SLS}(\Gamma_n'\Gamma_n)^{-1}$ より 2SLS 推定量 $\hat{\theta}_{2SLS}$ の漸近分散を計算できる。

2SLS は非常に容易に実施できるものの, 効率性の面では最尤法に劣る。この問題を解決するため, Lee (2007) は一般化モーメント法 (GMM) による推定を提案している。また, Lin and Lee (2010) は Lee (2007) の GMM 推定量を不均一分散が存在する場合においても使用できるように改良している。

**空間誤差モデルの一般化モーメント推定**

空間誤差モデルとは以下のモデルであった:

$$y = X\beta + Z\gamma + \varepsilon, \quad \varepsilon = \lambda W_n \varepsilon + u$$

ここでは, 正規性だけでなく均一分散の仮定も同時に緩和した, Kelejian and Prucha (2010) の GM 推定量を解説する。以下では $\tilde{\varepsilon}$ を $\varepsilon$ の何らかの予測値とする (たとえば OLS 推定量より得られる残差)。さらに

$$\bar{\varepsilon} = W_n \varepsilon, \quad \bar{\bar{\varepsilon}} = W_n^2 \varepsilon, \quad \tilde{\bar{\varepsilon}} = W_n \tilde{\varepsilon}, \quad \tilde{\bar{\bar{\varepsilon}}} = W_n^2 \tilde{\varepsilon}, \quad \bar{u} = W_n u$$

と書くことにする。すると, モーメント条件

$$n^{-1} E[\bar{u}'\bar{u}] = n^{-1} \text{Tr}\left[W_n \left(\text{diag}_{i=1}^n E u_i^2\right) W_n'\right] \quad (6.11)$$

$$n^{-1} E[\bar{u}'u] = 0$$

を得る。ここで, Tr は行列のトレースを表し, $\text{diag}_{i=1}^n a_i$ は $a_1, \cdots, a_n$ を対角要素とする $n \times n$ の対角行列を表す。$u = \varepsilon - \lambda\bar{\varepsilon}$ と $\bar{u} = \bar{\varepsilon} - \lambda\bar{\bar{\varepsilon}}$ を式 (6.11) のモーメント条件に代入して整理すると, 以下の 2 本のモーメント方程式を得る:

$$g_n - G_n[\lambda, \lambda^2]' = 0 \quad (6.12)$$

ただし

$$g_n = \begin{bmatrix} n^{-1} E\left\{\bar{\varepsilon}'\bar{\varepsilon} - \text{Tr}\left[W_n \left(\text{diag}_{i=1}^n \varepsilon_i^2\right) W_n'\right]\right\} \\ n^{-1} E\left[\varepsilon'\bar{\varepsilon}\right] \end{bmatrix},$$

$$G_n = \begin{bmatrix} 2n^{-1} E\left\{\bar{\varepsilon}'\bar{\bar{\varepsilon}} - \text{Tr}\left[W_n \left(\text{diag}_{i=1}^n \bar{\varepsilon}_i \varepsilon_i\right) W_n'\right]\right\} & n^{-1} E\left[\varepsilon'\bar{\varepsilon} + \bar{\varepsilon}'\bar{\bar{\varepsilon}}\right] \\ -n^{-1} E\left\{\bar{\bar{\varepsilon}}'\bar{\bar{\varepsilon}} + \text{Tr}\left[W_n \left(\text{diag}_{i=1}^n \bar{\varepsilon}_i^2\right) W_n'\right]\right\} & -n^{-1} E\left[\bar{\varepsilon}'\bar{\bar{\varepsilon}}\right] \end{bmatrix}'$$

である。$g_n$ と $G_n$ における期待値オペレータを除き，$\varepsilon$, $\bar{\varepsilon}$, $\bar{\bar{\varepsilon}}$ を予測値 $\tilde{\varepsilon}$, $\tilde{\bar{\varepsilon}}$, $\tilde{\bar{\bar{\varepsilon}}}$ にそれぞれ置き換えたものを $\tilde{g}_n$ と $\tilde{G}_n$ とする。ある正定値の $2 \times 2$ 行列 $\Xi$ が与えられたとき，GM 推定量は

$$\hat{\lambda}_{GM} = \underset{\alpha \in \mathcal{A}}{\text{argmin}} \left\{\tilde{g}_n - \tilde{G}_n \begin{bmatrix} \alpha \\ \alpha^2 \end{bmatrix}\right\}' \Xi \left\{\tilde{g}_n - \tilde{G}_n \begin{bmatrix} \alpha \\ \alpha^2 \end{bmatrix}\right\} \tag{6.13}$$

で与えられる。$\mathcal{A}$ はあるコンパクトなパラメータ空間で，特に $W_n$ が行で基準化されているならば $\mathcal{A} \subset (-1, 1)$ となる。当然ながら $\Xi$ は単位行列であっても推定量の一致性は保たれる。適当な仮定のもとで GM 推定量は $\sqrt{n}$ 一致性と漸近正規性を有する。推定量の漸近分散の計算については煩雑であるため紙幅の制約上省略するが，興味のある読者は Kelejian and Prucha (2010) 3.3 節を参照されたい。$\beta$ や $\gamma$ については，$\hat{\lambda}_{GM}$ を所与として一般化最小二乗法 (GLS) を用いて

$$\left[M'(I_n - \hat{\lambda}_{GM} W_n')(I_n - \hat{\lambda}_{GM} W_n) M\right]^{-1} M'(I_n - \hat{\lambda}_{GM} W_n')(I_n - \hat{\lambda}_{GM} W_n) y$$

として推定すればよい。

### 6.2.5 空間的自己相関の検定

前項では被説明変数や誤差項に空間的自己相関が存在する前提で推定方法を解説したが，実際に空間ヘドニックモデルを推定する前に，データが空間的自己相関を有しているか否かを検定しておくことは有益である。ここでは，空間的自己相関を考慮しない場合の推定値のみで実施できるラグランジュ乗数 (LM) 検定を紹介する。

帰無仮説「被説明変数の空間的自己相関（空間ラグ）が存在しない」に関する LM 検定量は，Anselin and Rey (1991) にしたがって

$$LM_{Lag} = \left[\hat{\varepsilon}'W_n y/\hat{s}^2\right]^2 / J \qquad (6.14)$$

となる。ただし $J = (W_n \hat{y})'DW_n \hat{y}/\hat{s}^2 + T$, $T = \text{Tr}(W_n' W_n + W_n^2)$, $\hat{s}^2 = n^{-1}\hat{\varepsilon}'\hat{\varepsilon}$, $\hat{\varepsilon} = y - \hat{y}$, $\hat{y} = X\hat{\beta} + Z\hat{\gamma}$, $D = I_n - M(M'M)^{-1}M$, そして $(\hat{\beta}, \hat{\gamma})'$ は空間的自己相関を考慮しない場合の推定値（たとえば OLS 推定値，$(M'M)^{-1}M'y$）である。同様に，帰無仮説「誤差項の空間的自己相関（空間誤差）が存在しない」に関する LM 検定量は

$$LM_{Error} = \left[\hat{\varepsilon}'W_n \hat{\varepsilon}/\hat{s}^2\right]^2 / T \qquad (6.15)$$

で与えられる。

もし $LM_{Lag}$ と $LM_{Error}$ を計算した結果どちらの帰無仮説も棄却されない場合，通常の OLS による推定で充分である。空間ラグに関する帰無仮説が棄却され，空間誤差に関する帰無仮説が棄却されないならば，空間ラグモデルを採用すべきであり，その逆もまた同様である。空間ラグと空間誤差の両方の帰無仮説が棄却される場合は問題である。なぜなら，通常の LM 検定は，$\rho = 0$ が真であったとしても，誤差項に空間的自己相関が存在すると，空間ラグに関する帰無仮説を誤って棄却し，逆に $\lambda = 0$ が真のときに被説明変数に空間的自己相関が存在すると，空間誤差に関する帰無仮説を棄却してしまう，といった傾向があることが知られている（Anselin and Bera 1998）。そこで $\lambda \neq 0$（$\rho \neq 0$）のときに $\rho = 0$（$\lambda = 0$）を検定できる "ロバスト" な（第一種の過誤を生じにくい）検定量を用いる必要がある。

以上の目的から，Anselin et al. (1996) はロバストラグランジュ乗数（RLM）検定を考案した。$LM_{Lag}$ に対応する RLM 検定量は

$$RLM_{Lag} = \left[\hat{\varepsilon}'W_n y/\hat{s}^2 - \hat{\varepsilon}'W_n \hat{\varepsilon}/\hat{s}^2\right]^2 / (J - T) \qquad (6.16)$$

となる。同様に，$LM_{Error}$ に対応する RLM 検定量は

$$RLM_{Error} = \left[\hat{\varepsilon}'W_n \hat{\varepsilon}/\hat{s}^2 - T\hat{\varepsilon}'W_n y/(J\hat{s}^2)\right]^2 / \left[T/(1 - TJ)\right] \qquad (6.17)$$

で与えられる。Anselin and Bera (1998) が指摘するように，式 (6.16)，式 (6.17) の RLM 検定は第一種の過誤に関しては効果的な検定であるが，式

(6.14)，式 (6.15) の LM 検定と比べて検定力自体が弱い（LM 検定と比べて第二種の過誤を生じやすい）点に注意が必要である．

### 6.2.6 分析手順

本項では，以上で解説した分析手法を実際に用いるときの具体的手順を説明する．まず分析に必要なデータは以下のとおりである：

- 被説明変数：地価，住宅価格，賃料など
- 説明変数：土地や住宅の構造的属性や地理的属性，環境属性など
- 位置情報：土地や住宅の位置情報（緯度経度）

空間ヘドニック法では空間的重み行列を作成する必要があるため，通常のヘドニック分析と異なりデータの位置情報が必要となる．もしデータが点データでなく，自治体や町丁目単位であった場合，区域の重心点を代表点として用いる方法や，区域の境界どうしが接しているか否かで空間的重み行列を作る方法がある[6]．後者の空間的重み行列をコンピュータ上で作成する場合，通常シェープファイルと呼ばれる図形情報と位置情報を持った地図データファイルが必要となる．シェープファイルは日本国内のデータであれば，総務省統計局の「e-Stat[7]」から取得できる．重み行列の作成には，たとえば Anselin の開発した空間分析ソフト「GeoDa[8]」などが便利である．

具体的な分析の手順としては，Anselin (2005) がフローチャートを用いて明快に説明している（図 6.3）．分析の手順は，まず OLS モデルの推定を実施し，$LM_{Lag}$ と $LM_{Error}$ を計算する．このときどちらの帰無仮説も棄却されないならば，OLS モデルの結果を採用する．また，$LM_{Lag}$ が帰無仮説を棄却し，$LM_{Error}$ が帰無仮説を棄却しないのであれば空間ラグモデルを採用す

---

[6] ただしこの場合，複数のデータが同一の区域に含まれていると $I_n - \rho W_n$（$I - \lambda W_n$）が可逆ではなくなり推定不可能となるので注意が必要である．
[7] http://www.e-stat.go.jp/
[8] http://geodacenter.asu.edu/ からダウンロードできる．GeoDa では，空間的重み行列の作成だけでなく，空間ラグモデル，空間誤差モデルの推定や，ラグランジュ乗数検定など，本章で解説しているほとんどの手法が実施可能である．

```
            ┌─────────────────┐
            │   OLS を実行    │
            └────────┬────────┘
                     │
      ┌──────────────────────────────┐
      │ $LM_{Lag}$ と $LM_{Error}$ を計算 │
      └──────────────┬───────────────┘
                     │
            ＜有意性をチェック＞
```

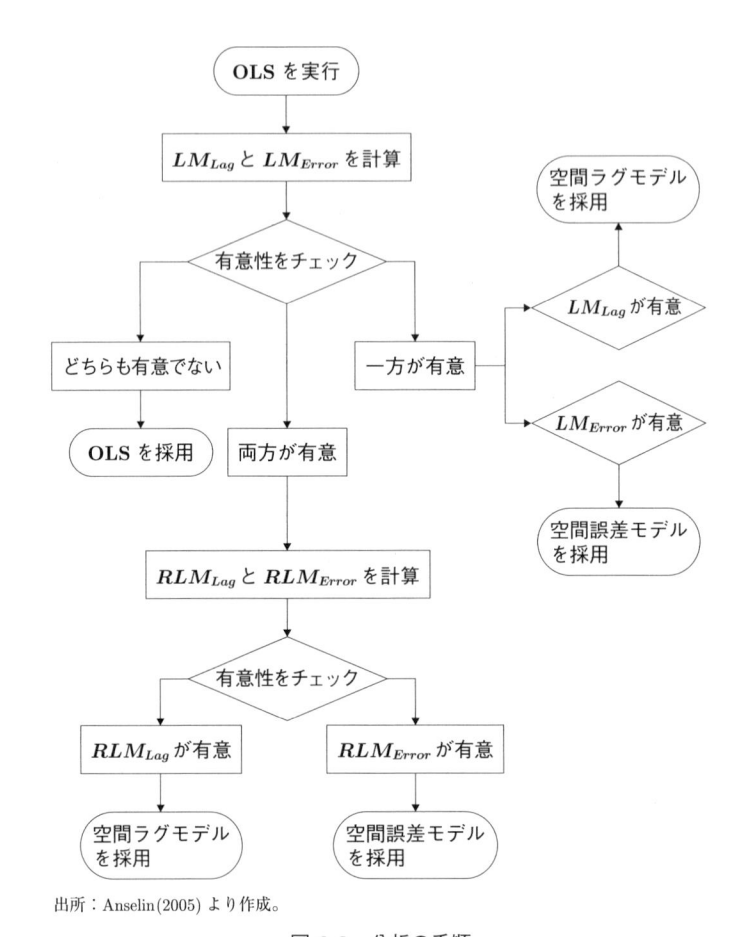

図 6.3　分析の手順（出所：Anselin(2005) より作成。）

る．逆も同様である．もしどちらの帰無仮説も棄却されるならば，ロバストなラグランジュ乗数統計量 $RLM_{Lag}$ と $RLM_{Error}$ を計算する．通常このとき，どちらか一方の統計量のみが有意となるか，一方の有意性が他方に比べて顕著に大きくなる．したがって有意性の高い方のモデルを採用すればよい．RLM検定の結果，依然として両方の統計量が高い数値を示すならば，両方のモデルを個別に採用する方法や，有意性の高い一方のモデルを採用する方法，空間ラグと空間誤差を両方同時に考慮したモデルを採用する方法などが考えられる．

またこの場合，空間的自己相関以外の要因でモデルの特定化の誤りが生じている可能性もあるので注意されたい。

## 6.3 空間ヘドニック法の実際：都市公園の経済評価事例

本節では，Hoshino and Kuriyama (2010) で実施された東京都世田谷区における都市公園の経済評価研究の一部を紹介する。都市公園は地域環境の良化や市民交流の促進などさまざまな機能を持っており，公園整備の重要性は政策従事者や研究者にとどまらず幅広く認識されている。ヘドニック法を用いて公園の経済価値を測定した研究は数多くあるが，空間ヘドニック法を用いることでより正確な経済評価が可能となる。

### 6.3.1 モデル

使用した空間的重み行列は以下の2つである：

$$\text{Simple} \qquad\qquad \text{Flexible}$$
$$\omega_{ij} = \begin{cases} 1/d_{ij}^2 & i \neq j \\ 0 & i = j \end{cases} \qquad \omega_{ij} = \begin{cases} 1 - (d_{ij}/h)^2 & d_{ij} < h, i \neq j \\ 0 & それ以外 \end{cases}$$

左側の行列は比較的シンプルな構造をしているが，右側の行列には $h$ という新たなパラメータが含まれている。これは2点間の距離が $h$ 以上であれば相互作用がゼロとなる境界の存在を意味している。$h$ は事前に定めておくこともできるが，恣意性を除くため $h$ も同時に最尤推定した。

### 6.3.2 データ

この研究では，世田谷区内のワンルーム住居の月額家賃を用いてヘドニック価格関数を推定する。ワンルーム住居に対象を限定した理由は以下の2つである：

1. 特定のタイプの住居に絞ることで，それぞれの住居の構造的な差異を最小にとどめ，多くの説明変数を使わずとも推定の精度を保つことができ

2. 一般的に，家族世帯や高所得者の方が公園整備に対して強い関心を持っていると考えられるが，単身世帯や低所得者が多く居住するワンルーム住居においても，公園の経済価値が検出できるのか明らかにする。

住居データは民間の住宅情報サイト「フォレント」を通じて 2007 年 5 月から 7 月にかけて世田谷区全域から 2,370 サンプル集められた[9]。地域の統計情報については 2006 年国勢調査を使用し，公園データについては世田谷区公園調書から引用した。その際，私有の公園，寺社，緑道や河川敷などは単純化のため除外した。

住居データに関して，空間的重み行列を作成するには正確な位置情報が必要である。しかしながら，すべての住居の番地まで含めた詳細な住所を入手することは容易でない。したがって，今回は住居データを町丁目単位で集計し平均した値を用いる。集計作業の結果，分析上のサンプルサイズは 244 となった。空間的重み行列についても，住居単位でなく 244 の町丁目に基づいて作成する。その際，距離 $d_{ij}$ はそれぞれの町丁目の重心点を基準に測定する。

よく知られているように，集計データを使用するとグループ内のデータ数によって不均一分散が生じるが，この問題については $\sqrt{n_i}$ で重みを付けた重み付き最小二乗法（WLS）を使用することで対処可能である。ここで $n_i$ はある町丁目 $i$ に属する住居データの数を表す。

使用する変数の定義とその基本統計量をそれぞれ表 6.3 と表 6.4 に示した。公園変数に用いられている境界距離（450 m, 1,000 m）は WLS モデルにおける当てはまりの良さを基準に設定されたものである。

---

[9] 第 4 章でも述べたとおり，理論上ヘドニック価格は供給者と需要者の取引による均衡価格である。したがって，公表されている家賃は厳密には成約価格と異なるため，より正確な分析のためには実際の成約価格を調べる必要があるだろう。

第6章 顕示選好法の最新テクニック2：空間ヘドニック法

表 6.3　使用する変数の定義

| 変数 | 定義 |
|---|---|
| $\sqrt{n_i}$ | ある町丁目 $i$ に属する住居データの数 |
| RENT | 月額家賃（100 円） |
| AGE | 築年数（年） |
| lnWALK | 最寄の鉄道駅までの徒歩時間（分）の自然対数 |
| AREA | 住居面積（m²） |
| DENENd | 最寄の鉄道駅が田園都市線駅であれば 1，それ以外ならば 0 |
| lnTAX | 町丁別特別区民税・都民税 1 人当たり平均調定額（円）の自然対数 |
| BUSPL | 町丁別オフィス数（個/ha） |
| DAYTIMEPOP | 町丁別昼夜間人口比率（％） |
| SHIBUYA | 町丁目の重心点から渋谷駅までの距離（km） |
| lnPARK450 | 町丁目の重心点から半径 450 m 以内に立地する公園の総面積（m²）の自然対数 |
| lnPARK1000 | 町丁目の重心点から半径 1,000 m 以内に立地する公園の総面積（m²）の自然対数 |
| LARGEPd | 町丁目の重心点から半径 450 m 以内に，10,000 m² 以上大きな公園が立地していれば 1，それ以外ならば 0 |

表 6.4　基本統計量

| 変数 | 平均 | 標準偏差 | 最小値 | 最大値 |
|---|---|---|---|---|
| $\sqrt{n_i}$ | 2.857 | 1.247 | 1 | 7.348 |
| RENT | 712.475 | 59.832 | 530 | 870 |
| AGE | 14.986 | 5.033 | 1.857 | 36.200 |
| lnWALK | 2.098 | 0.552 | 0.693 | 3.807 |
| AREA | 20.726 | 2.496 | 13.590 | 30.968 |
| DENENd | 0.274 | 0.426 | 0 | 1 |
| lnTAX | 12.391 | 0.432 | 11.513 | 14.618 |
| BUSPL | 5.097 | 5.246 | 0.386 | 56.270 |
| DAYTIMEPOP | 96.501 | 80.900 | 43.6 | 741.3 |
| SHIBUYA | 8.047 | 3.004 | 2.506 | 13.893 |
| lnPARK450 | 7.821 | 2.605 | 0 | 12.967 |
| lnPARK1000 | 10.643 | 1.159 | 6.608 | 13.340 |
| LARGEPd | 0.135 | 0.354 | 0 | 1 |

注：$n = 244$。

### 6.3.3 推定結果

まずLM検定を実施したところ，空間ラグモデル，空間誤差モデルともに高い有意性を示したため，続いてRLM検定を実施した．その結果，$RLM_{Lag}$ の値は6.637，$RLM_{Error}$ の値は20.282となり1%水準でともに有意であったが，特に空間誤差モデルが有効であることが期待される．分析には空間的自己相関を考慮しないWLSモデル，空間ラグモデル（Simple, Flexible），空間誤差モデル（Simple, Flexible）の合計5つのモデルを用いた．モデルの推定には，標本サイズも大きくないので最尤法を用いた．

推定結果を表6.5に示す．公園変数を除くすべての変数は統計的に有意にRENTに影響しており，またその符号も妥当な結果となった．公園変数についてはlnPARK450は正に有意であったが，lnPARK1000は負に有意となった．このような境界距離の違いによる符号の不一致はGeoghegan et al. (1997) でも観測されている．この結果は，広域においては公園ばかりでなく多様な土地利用を人々は好んでいると解釈できる．一方で，LARGEPdの効果は有意でなく，効果は負であった．ワンルーム住居に居住する人々は大規模公園を頻繁に直接的に利用せず，公園のもたらす良好な住環境から間接的に便益を受けていると想定される．また，大規模公園にはその多様な施設や用途から，遠方からも多くの人々が集まるため[10]，近隣住民にとっては混雑や騒音などの外部不経済となる可能性もあるだろう．このような正負の影響が混在しているために有意な結果が得られなかったと考えられる．

空間的自己相関パラメータについては，$\rho$, $\lambda$ ともに4つすべての空間ヘドニックモデルにおいて有意な結果となった．特に誤差項の空間的自己相関が強く検出されている．WLSモデルにおいても正規性を仮定し，モデル間の対数尤度を比較してみると，期待通り空間誤差モデルがもっとも適切なモデルであることがわかる．SimpleとFlexibleの2つの空間的重み行列を比較すると，後者の方がより高い尤度を示しているが，有意な差は観測できなかった．したがって，公園変数の係数値はモデル間で大きな差はなかったが，公園の経済評価の結果としては空間誤差モデルの推定値を採用するべきである．

---

[10] したがって，大規模公園の経済価値は地域の住宅に完全にキャピタライズされていないため，ヘドニック法ではなく，トラベルコスト法などを用いて評価すべきであろう．

第 6 章 顕示選好法の最新テクニック 2：空間ヘドニック法

表 6.5 推定結果

| 変数 | WLS 係数 | t値 | 空間ラグモデル Simple 係数 | t値 | 空間ラグモデル Flexible 係数 | t値 | 空間誤差モデル Simple 係数 | t値 | 空間誤差モデル Flexible 係数 | t値 |
|---|---|---|---|---|---|---|---|---|---|---|
| $\sqrt{n_i}$ | 403.033 | 6.212 | 403.085 | 6.451 | 403.569 | 6.468 | 474.550 | 7.153 | 483.868 | 7.180 |
| AGE | −5.010 | −11.877 | −4.731 | −11.215 | −4.727 | −11.327 | −4.949 | −12.077 | −5.123 | −12.458 |
| lnWALK | −17.588 | −3.916 | −15.284 | −3.454 | −15.637 | −3.588 | −20.641 | −4.452 | −21.424 | −4.544 |
| AREA | 11.235 | 12.073 | 11.181 | 12.469 | 11.153 | 12.472 | 11.476 | 13.358 | 11.343 | 13.116 |
| DENENd | 19.322 | 4.100 | 17.920 | 3.916 | 17.404 | 3.802 | 19.017 | 3.300 | 21.142 | 3.636 |
| lnTAX | 23.198 | 4.789 | 23.503 | 5.036 | 23.504 | 5.053 | 18.256 | 3.642 | 18.104 | 3.570 |
| BUSPL | 1.468 | 3.658 | 1.422 | 3.676 | 1.449 | 3.759 | 0.848 | 2.206 | 0.894 | 2.286 |
| DAYTIMEPOP | −0.070 | −2.706 | −0.063 | −2.525 | −0.063 | −2.540 | −0.062 | −2.592 | −0.063 | −2.619 |
| SHIBUYA | −9.136 | −14.300 | −9.361 | −15.044 | −9.427 | −15.140 | −9.392 | −8.730 | −9.124 | −10.539 |
| lnPARK450 | 1.495 | 1.962 | 1.493 | 2.034 | 1.560 | 2.132 | 1.451 | 1.914 | 1.357 | 1.780 |
| lnPARK1000 | −3.715 | −2.238 | −3.593 | −2.246 | −3.465 | −2.172 | −3.696 | −2.033 | −4.260 | −2.368 |
| LARGEPd | −3.135 | −0.522 | −2.921 | −0.504 | −3.590 | −0.622 | −3.351 | −0.561 | −2.802 | −0.468 |
| モデルパラメータ | | | | | | | | | | |
| $\rho$ | | | 0.017 | 2.455 | 0.018 | 2.781 | | | | |
| $\lambda$ | | | | | | | 0.744 | 5.564 | 0.415 | 4.126 |
| $h$ | | | | | 0.870 (km) | 22.938 | | | 0.929 (km) | 33.495 |
| 対数尤度 | −1404.253 | | −1401.151 | | −1400.297 | | −1396.099 | | −1395.939 | |

## 6.4 まとめと今後の課題

　本章では，空間ヘドニック法の基礎とそれを用いた環境評価について解説を行った。空間ラグモデルと空間誤差モデルといった基本的なモデルのみ解説を行ったが，近年はセミパラメトリック手法との融合など，より高度なモデルが研究されている。また，本章では紹介できなかったが，離散選択モデルなどの非線形モデルに空間的自己相関を導入する研究も行われている（たとえば，Fleming 2002; Hoshino 2010; LeSage 2000; McMillen 1992）。さらにトラベルコスト法の文脈では，Kuriyama et al. (2010) は第5章で解説した端点解モデルに空間的自己相関を導入した「空間クーンタッカーモデル (spatial Kuhn-Tucker model)」を提案している。このように現在，空間計量経済学の手法は単純なヘドニック価格曲線の推定に用いられるだけでなく，既存の分析手法と結び付きながら新たな知見をもたらしている。

　また，第4章で説明したとおり，ヘドニック価格曲線は消費者と生産者の取引による市場均衡として表せる。したがって，ヘドニック価格曲線の推定に空間的自己相関を考慮するということは，効用関数や生産関数についてもそれとの整合性が求められる。しかし，このようなミクロ経済学的基礎は未だ整備されておらず，今後の研究が待たれる。

# 第 III 部　実験経済学アプローチ

## 第7章　実験経済学アプローチの新展開

三谷羊平

## 7.1　実験アプローチとは何か

### 7.1.1　はじめに

　生物多様性といった市場で取引されない非市場財の経済的価値をどのように定義し，いかにして計測するのか。本書では，この環境の最適な管理に必要不可欠な環境の価値を評価するために，これまで環境経済学の分野で主に発展してきた手法とその近年の新展開を紹介してきた。第Ⅰ部では，財に対する価値を直接的に尋ねるアンケート調査のデータを用いた表明選好法の新展開を解説した。第Ⅱ部では，既存の市場行動データから財に対する価値を間接的に引き出す顕示選好法の新展開を解説した。顕示選好法は，実際の選択行動を用いて価値を推定する一方でその導出は間接的であり推論をともなう[1]。また，実在しない財や非利用価値を評価することはできない。表明選好法は，直接的であるうえ研究者が仮想的な評価シナリオを設定するため適用範囲が広く柔軟性が高い。一方で仮想的であるゆえ選択行動に予算制約などの経済的インセンティブがともなわず選択の信頼性が（ときには妥当性も）疑われる。また，その仮想性に起因してさまざまなバイアスが生じうることが指摘されてきた。このように顕示選好法には適用範囲の狭さと価値抽出が間接的な点，表明選好法

---

[1]　ここで間接的とは，補償余剰と等価余剰によって定義される支払意志額と受入補償額を直接的に計測しておらず，旅費や地価から環境の価値が推論できるという一連の仮定をもとに，知りたい貨幣価値（すなわち支払意志額）を間接的に推定しているという意味である。

には仮想性にともなう信頼性と妥当性の低さといったそれぞれ根本的な弱点があり，近年の精力的な研究進展もこれらの問題点の解決には至っていない。第III部で紹介する実験アプローチ[2]は，表明選好法のように直接的な評価ができるうえ顕示選好法のように実際の経済的インセンティブを課すことができる両手法の強みをあわせうる最新のアプローチである。

### 7.1.2 なぜ実験アプローチか

このように実験アプローチは，これまで伝統的な環境評価手法が抱えてきた弱点を克服しうる（表7.1）。経済的インセンティブを課すことができる点で表明選好法よりも優れている。また，評価対象が柔軟であり直接的な評価ができる点で顕示選好法よりも優れている。たとえば，食品リスクの評価などに広く応用されている実験オークションは，ラボ（実験室）環境において実際に貨幣と商品を交換することで通常の市場取引と同じように被験者に経済的インセンティブを課すことができる（Lusk and Shogren 2007）。さらに，セカンド・プライス（second price）オークションなど真の表明をする（嘘をつかない）ことが（弱）支配戦略になるようなオークションメカニズムを用いることで，市場で取引されていない財に対する各被験者の真の価値額（すなわち支払意志額）を直接観察することができる。このように，実験アプローチを用いることで，経済的インセンティブを課しつつ新製品や新しい政策オプションの価値評価が可能になる。

これまで環境評価手法は，主に費用便益分析に応用される環境財の価値の推定に焦点を当ててきた。しかし，実験アプローチは価値額を算出するという従来の枠を超えた研究領域を扱うことが可能である。第1に，実験アプローチ

表 7.1 実験アプローチのアドバンテージ

|  | 顕示選好法 | 表明選好法 | 実験アプローチ |
|---|---|---|---|
| 経済的インセンティブ（仮想性） | ○ | × | ○ |
| 非市場財評価（柔軟性） | × | ○ | ○ |

---

[2] 以下では「実験アプローチ」とは実験経済学を含む実験手法を用いたアプローチのことを指す。

は評価手法の妥当性や理論的仮説を検証する際に強力なツールとなる。たとえば，多くの実験研究が支払意志額と受入補償額の乖離を説明しようとする理論的仮説を検証している（Shogren et al. 1994）。第2に，実験をたたき台として用いることで，新たな制度やルールの効果を事前に検証することができる。たとえば，排出権取引市場のような新しい市場設計に関して，多くの実験研究がその効率性や異なる制度の効果を検証している（Cason and Plott 1996）。このように，実験アプローチは評価手法や理論およびメカニズムなどの検証に大変有効であり，評価手法や理論分析と補完的な性質を持つ。また，従来の経済モデルが仮定してきた合理性からの体系的逸脱を説明しようとする行動経済学などとの融和を通して，環境問題を取り巻く人々の選択行動をよりよく理解するのに貢献していくと期待される。

さらに実験アプローチは，科学分野において長く用いられている一般的な手法である。経済学への実験アプローチの導入は，経済学分野において大きな流れとなっている。実験アプローチを用いた論文の国際主要ジャーナルへの出版は，1960年代半ばまで一切見られなかった。しかしながら，Smith（1962）の市場取引への応用やBohm（1972）の需要表明分野への応用をはじめとし，2000年を目前として，その出版は1年当たり200本を超えるようになり，その増加にとどまる兆しは見えない（List 2009）。この実験経済学ブームは，環境経済学分野においても例外ではなく，アメリカでは近年になって，実験経済学や行動経済学の手法や知見をどのように環境資源経済学の分野に応用するか，あるいは，どのような貢献ができるのか，という問いに関して議論するワークショップが開催され成功を収めている（Brown and Hagen 2010; Messer and Murphy 2010）。ここで重要なのは，実験アプローチを用いた研究は分野の枠にとらわれず，環境評価研究や環境経済学研究を他の経済学分野とつなぐ役割を果たす点にある。実験経済学や行動経済学あるいはフィールド実験といった実験アプローチを用いた諸経済学分野の研究成果を応用するのみならず，環境問題に特有な研究課題を扱う環境評価研究が実験アプローチという強力で共通なツールを用いることで，他の経済学分野や実験アプローチそのものに貢献していくことが期待される。

### 7.1.3　第 III 部のねらいと構成

　第 III 部には 3 つの目的がある。第 1 に実験アプローチとは何かを概説することで，実験手法と環境経済学におけるその利用動向を紹介する。第 2 に環境経済学分野での応用を見据えその特徴を捉えつつ，方法論的なマニュアルとなるよう実験研究のテクニックについてわかりやすく解説する。第 3 に主な実験アプローチを整理することで，各実験の特性を解説し研究目的に適したアプローチを判断する手だてを示す。実験室にて学生を被験者として抽象的な意思決定を対象とする LAB 実験（laboratory experiments: ラボ実験）は，理論的仮説や手法の妥当性の検証に向いているアプローチであるのに対し，より現実の関心に近い被験者や意思決定環境を用いるフィールド実験（field experiments）は実験室で観察されることが実際の現場や政策に応用できるのかという外的妥当性を検討するのに適したアプローチといえる。研究者や政策立案者など読者の関心ごとはそれぞれと思われるが，各種アプローチの背後にあり実験研究の理解や遂行に必要な実験デザインと実施方法といったテクニックは共通である。

　本章の残りでは，共通のツールとなる実験手法の基礎を簡潔に解説したうえで，実験手法を用いた環境経済学研究の動向について紹介する。また，コントロールとコンテクストの観点から各種実験アプローチを分類することで見取図を示す。第 8 章では，実験研究の理解と計画に必要不可欠なテクニックとして，経済実験のデザインを詳しく解説する。第 9 章では，経済実験の実施に必要なテクニックとして経済実験の実施手順を詳しく解説したうえで，各種実験アプローチを用いた環境評価研究の具体例を紹介する。最後に，妥当性の観点から各種研究アプローチを整理し直し，研究目的に適したアプローチを示すと同時に今後の環境評価研究の方向性を示す。

## 7.2　実験アプローチの基本テクニック

### 7.2.1　実験手法と因果関係

　本節では，あらゆるタイプの実験研究を理解するうえで基礎となる実験手法について簡潔に解説する。実験手法とは，独立変数[3]（原因となりうる変数）の

みを実験操作によって変化させ，従属変数（結果）に与える効果を，他の条件（剰余変数[4]）を精密にコントロールしつつ検討する手法といえる。すなわち実験手法は，ある結果に対する原因を示す因果関係を見きわめるのに適したアプローチである。ゆえに実験手法を理解するには，まず因果関係とは何かを正しく理解する必要がある。

たとえば，ある国立公園への訪問回数とその訪問者の環境意識の高さに統計的に有意な相関が観察されたとしよう。環境意識が高いゆえに国立公園に訪問したと解釈できる一方で，国立公園への訪問を通して環境意識が高まったとも考えられる。このように訪問回数と環境意識の両変数がお互いの原因となり，原因と結果の解釈が容易でないことが多い。また，第3の変数（交絡変数：confounding variable）が両者に影響している場合もある。たとえば，環境意識と所得の相関は，教育経験によって説明されるかもしれない。つまり，教育経験と環境意識，教育経験と所得はそれぞれ因果関係にあるかもしれないが，環境意識と所得は見かけ上の相関にすぎないかもしれない。このように，統計的な相関は必ずしも2つの変数間の因果を含意しない点に注意が必要である。

## 原因

一般に，原因（cause）とは結果（effect）を引き起こす事象として定義され，原因は結果に対して時間的に先行する。相関関係や回帰分析といった統計的分析は，どの変数が先（原因）かを必ずしも検証しておらず因果を明らかにするのに適したアプローチとはいえない。また因果関係は一意でないことが多い点にも注意が必要である。例として，国立公園保全への寄付行為を考えてみよう。ある訪問者の公園保全への支払意志額がある一定額の寄付をするか否かの原因となるかを検討する。寄付をする原因として，支払意志額のほかに訪問経験，環境意識，所得，他人の寄付行為，利他的動機，時間的余裕，気分などが挙げられるが，支払意志額は公園保全に直接関係しているため必要な条件といえる一方で，金銭的余裕や時間的余裕がないと寄付できないため寄付をする原

---

[3] 焦点変数と呼ぶこともある。
[4] 干渉変数と呼ぶこともある。

因としては不十分である。また，仮に支払意志額が低くても所得や気分，利他的動機によっては十分に寄付をすることが考えられるため不必要な条件の一部であり，かつ所得や時間的余裕など他の条件とともに寄付をするのに十分な条件の一部である。このような原因はアイナス条件（inus condition）といわれ，多くの原因がこの条件を満たす[5]。このことはある結果の発生には多くの要因が関わっていて，それらの関係を完全に明らかにすることは容易でないことを示唆している。つまり，因果関係の多くは必ずしも決定的ではなく，ときに原因は結果が生じる尤度を高めると解釈することも必要となる。また原因が機能する環境を保証する他の条件を明らかにすることも重要となる。

## 結果

結果は，カウンターファクチャル（counterfactual：反事実）の概念を用いることで明確に定義される。実験では，実験トリートメントを受けた被験者に「生じたこと」が観察される。一方，もし同一の被験者が同時にトリートメントを受けなかったとしたときに「生じたであろうこと」を反事実という。このとき，トリートメントによって発生する結果は「生じたこと」と「生じたであろうこと」の差として定義される。われわれは反事実を観察することができないので，実験計画のゴールは，物理的に観察不可能な反事実（生じたであろうこと）の妥当で適切な近似を観察可能な形で設定する（create）こととなる。

国立公園保全へ一定金額を寄付するか否かを考えよう。経済学分野では，環境保全への寄付行為のような公共財の自発的供給問題において，他人が協力するならば自分も協力するといった条件付協力（conditional cooperation）行動が広く観察され注目を集めている（Fischbacher et al. 2001; Fehr and Fischbacher 2003）。そこで，ある個人の寄付の意思決定が他人の寄付行為の影響を受けるかを検討しよう。すなわち，他の皆が寄付をするならば自分もするが，他の皆が寄付をしないならば自分もしない，という仮説である。事前にどれだけの人が寄付をしたかわかる透明な寄付箱を2つ用意し，1つには事前に

---

[5] アイナス条件とは，ある結果の発生に不十分（insufficient）だが必要（nonredundant）な原因で，かつ，その発生に不必要だが十分な要因の集合の一部（a part of an unnecessary but sufficient condition）になっている原因を指す（Mackie 1974）。

100人分の寄付カードを入れ（トリートメント），もう1つは空（コントロール）にしておく。事前に複数人が寄付をしたことのわかる寄付箱（トリートメント）に直面した被験者の寄付決定が観察されたとき，その反事実は同一被験者が同時に空の寄付箱に直面したときの寄付決定になる。他人の寄付行為がある個人の寄付決定に与える影響，すなわち結果はこの2つの寄付行為の差として捉えることができる。

## 反事実

さて，この反事実は実際には観察不可能なため，その近似となるコントロールを見つけることが実験研究成功の鍵となる。たとえば，ある国立公園の登山口で入山時には空の寄付箱（コントロール），下山時には事前に複数人が寄付をしたことのわかる寄付箱（トリートメント）に直面するようにしよう。図7.1には横軸に入山時（空箱）と下山時（複数人の寄付がわかる箱）を，縦軸にそれぞれの寄付率を示した。入山時の寄付率を$P_{T0}$，下山時の寄付率を$P_{T1}$とする。このとき，$P_{T1} - P_{T0}$は他人の寄付の影響をうまく捉えているだろうか。言い換えると，$P_{T0}$は$P_{T1}$の反事実を適切に近似しているだろうか。容易に想像できるように，入山から下山の間に登山を通して得た経験など被験者のさまざまな属性が時間とともに変化していると想像できる。このように，トリートメントの前後の比較はトリートメントの影響を正しく捉えていないことが多い。たとえば，図7.1では$P_C$が適切な反事実かもしれず，その場合，$P_{T1} - P_{T0}$は真の効果$P_{T1} - P_C$を過大に評価していることになる。ここで適切な評価に必要な反事実（$P_C$）は，下山時に事前の寄付がわかる箱に直面した被験者が同時に空の寄付箱に直面したときに生じたであろう寄付率になる。

では，ある登山道Aには下山時に複数人の寄付がわかる箱（トリートメント）を，別の登山道Bには下山時に空の寄付箱（コントロール）を設置したとしよう。両登山道とも入山時には空の寄付箱に直面するようにしておく。図7.2には，トリートメントグループ（登山道A）の入山時の寄付率を$P_{T0}$，下山時の寄付率を$P_{T1}$，コントロールグループ（登山道B）の入山時の寄付率を$P_{C0}$，下山時の寄付率を$P_{C1}$とする。このとき，グループ間の比較，つまり$P_{T1} - P_{C1}$は他人の寄付の影響を適切に捉えているだろうか。言い換えると，

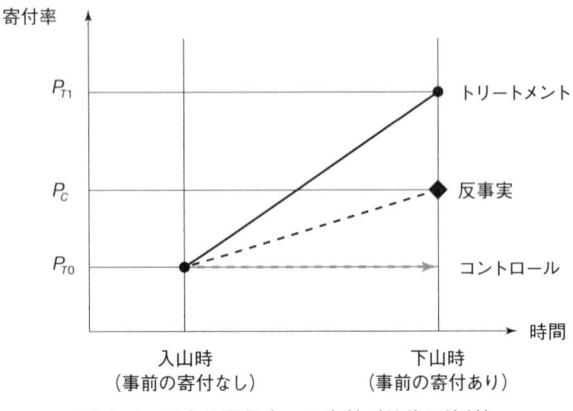

```
               寄付率 ▲
                    │
                P_T1 ┤─────────────────● トリートメント
                    │              ╱
                    │           ╱
                 P_C ┤        ╱────────◆ 反事実
                    │     ╱  ╌╌╌
                    │  ╱╌╌╌
                P_T0 ┤●╌╌╌╌╌╌╌╌╌╌╌╌╌╌╌╌ コントロール
                    │                              時間
                    └─────────────────────────────▶
                   入山時              下山時
                 (事前の寄付なし)     (事前の寄付あり)
```

図 **7.1** 国立公園保全への寄付(前後の比較)

$P_{C1}$ は $P_{T1}$ の反事実を適切に近似しているだろうか。ここでは,登山道 A と登山道 B の違いに注意する必要がある。たとえば,登山道 B には国立公園を高く評価している訪問者が多いかもしれない。あるいは,登山道 A には近隣の住民が毎週のように訪れているかもしれない。このようなグループ間のそもそもの違いが,図 7.2 の $P_{T0}$ と $P_{C0}$ のようにトリートメントの有無にかかわらず寄付率に違いをもたらすかもしれない。以上の点と時間の経過を考慮すると $P_{T1}$ の適切な反事実は $P_C$ によって捉えられるかもしれない。この例では,グループ間の単純な比較 $P_{T1} - P_{C1}$ は,真の効果 $P_{T1} - P_C$ を過小に評価していることになる。これらの例が示すとおり,トリートメント前後の比較や異なるグループ間の比較は実験手法の鍵となる反事実を創るうえで必ずしも適しておらず,その利用には注意が必要である。

このように実験計画成功の鍵は,質の高い反事実を設定すること,そしてその反事実がコントロールの条件とどのように異なっているかを正しく理解することといえる。しかし,国立公園保全への寄付の例が示すとおり,環境経済学を含む社会科学分野のフィールドでは質の高い反事実を創ることが容易でないことが多い点にも注意が必要である。

**因果関係**

さて,これまで原因と結果のそれぞれについて理解を深めてきたが,ここで

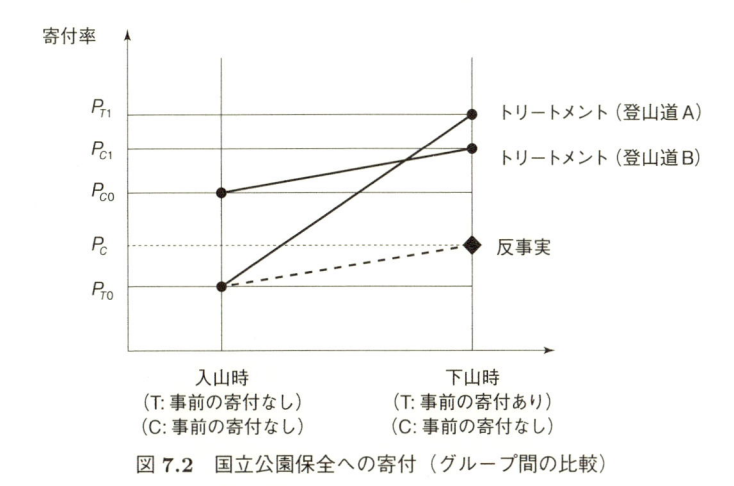

第 7 章　実験経済学アプローチの新展開　　　159

図 7.2　国立公園保全への寄付（グループ間の比較）

は実験が因果関係にどのようにアプローチするのか説明する。実験研究は，原因と結果に因果関係があるか否かを以下の手順で検証する。第 1 に，仮説である原因を実験操作し，その後で結果を観察する。第 2 に，原因の変動が結果の変動と関係しているかを確認する。第 3 に，実験において結果に影響をもたらすその他の要因をあらゆる方法を用いて排除する。このように因果関係の存在を確認するには，原因が結果に対して時間的に先行すること，および影響をもたらすその他の説明要因が存在しないことを精密に確認することが重要である。

**実験手法と実験操作**

　このように実験手法は仮説である原因（独立変数）を実験操作し，他の要因（剰余変数）をコントロールすることで因果関係を分析する。ここで，実験操作（manipulation）とは原因となる独立変数の操作可能な離散的な水準を設定することである。他人の寄付行為という仮説は抽象的であり水準を離散的に操作することが困難である。そこで，透明な寄付箱を用意し，他の人々が寄付をしている水準として事前に 100 人分の寄付がわかる寄付箱（トリートメント）と他の人々は一切寄付をしていない水準として空の寄付箱（コントロール）を用意することで原因を操作可能にしている。このように，実験手法はあくまで

も操作可能な事象の効果を探る手法であり，操作不可能な事象は実験で検証する原因として適していない。次にコントロール（control）とは，結果に影響を与えうる他の要因（剰余変数）を独立変数の水準変化に対して一定に保つことである。寄付の例では，他の人々が寄付をしている水準（トリートメント）と他の人々が一切寄付をしていない水準（コントロール）とで，好みや経験といった被験者の特性と寄付箱の形状，天候や時間的余裕といった作業環境の特性とを一定に保つ必要がある。寄付の例が示唆するとおり，人々の意思決定を分析する経済学分野では，しばしば被験者の選好が剰余変数となりうる。さらには被験者の利得関数そのものを原因として実験操作したい場合が多々ある。経済学分野では長らくこの選好や効用は操作不可能なものとして扱われてきたが，2002年にノーベル経済学賞を受賞したVernon Smithが提案した価値誘発理論（induced value theory）は，実験報酬を用いることで被験者の価値や選好を誘導できることを示した[6]。現在では，被験者の選好をコントロールあるいは実験操作した実験経済学的手法が広く用いられている。

　ランダム化（randomization）は，独立変数を操作し剰余変数をコントロールする強力な手法として広く用いられている。すなわち，被験者をランダムにコントロールとトリートメントの2つの条件に割り当てることで，各被験者は50％の確率でいずれかの条件に割り当てられる。すなわち被験者がトリートメントを受けるか否かという独立変数を操作している。また，ランダムに割り当てられるので剰余変数となりうる被験者の特性をコントロールしている。国立公園保全への寄付の例では，どのように独立変数（直面する寄付箱の種類）を操作しどのように剰余変数（被験者の特性）をコントロールすることができるだろうか。実施可能性には課題が残るが，下山時に被験者をランダムに100人分の寄付がわかる箱（トリートメント）か空の箱（コントロール）に割り当てることで，実験操作と被験者の特性をコントロールすることが可能になるだろう。さらには，寄付箱の中身がランダムかつ瞬時に変化するようなマジックボックスが設置できれば理想的である。

　国立公園保全への寄付の例からもわかるとおり，実験研究では仮説となる原

---

[6] 価値誘発理論の詳細は第8章で説明する。

因を操作可能にする作業が必要である。この作業はしばしば実験結果を解釈する際，その一般化を難しくする。すなわち，空の寄付箱に直面するか否かという操作可能な原因は，必ずしも他人の寄付行為というもともとの仮説を捉えているとは限らず結果の一般化には注意が必要である。また，ここでは100人分の寄付か一切の寄付なしかを比較したが，どの程度の人数の事前の寄付が結果に影響を与えるのかを知るには今回の実験では不十分である。さらに，実験研究は操作可能な原因がなぜどのような理由で結果に影響を与えたのかを明らかにしない。つまり，実験研究は結果を操作可能な独立変数の変化に結びつける因果の特定化に適している一方で，その因果のメカニズムを明らかにするには必ずしも適した手法とはいえない点に注意が必要である。

### 7.2.2 各種実験

ここでは，表7.2に整理されているランダム化（randomized）実験，クエサイ（quasi）実験[7]，ナチュラル（natural）実験[8]の各種実験を簡潔に紹介する。なお，本書第III部では基本的にランダム化実験のみを扱う。クエサイ実験に関してはShadish et al.（2002）などを，ナチュラル実験に関してはAngrist and Pischke（2009）などを参照されたい。

**ランダム化実験**

ランダム化実験では，比較されるトリートメントかコントロールかといった条件が確率的に実験ユニットに割り当てられる。ここで，実験ユニットとは被験者やある集団や組織，あるいは動植物などを指す。ランダム割り当ては，平均値において確率的にそれぞれが同様なグループを創る。つまり，実験が実施される前の時点でトリートメントとコントロールに割り当てられる各グループには差がない。よって，そのグループ間に生じた実験結果の差は，グループ間にもともとあった差ではなく，実験操作によるトリートメントとコントロールの処置の差に起因すると解釈できる。このようにランダム化実験は，結果の変動に影響を与えうる外生的要因をコントロールすることが可能なため理想的な

---

[7] 疑似実験や準実験と訳されることが多い。
[8] 自然実験と訳されることが多い。

表 7.2　各種実験

| ランダム化実験 randomized experiment | ランダム化実験では，被験者はトリートメントかコントロールかの条件にランダムプロセスを用いて，ランダムに割り当てられる。 |
|---|---|
| クエサイ実験 quasi experiment | クエサイ実験では，トリートメントとコントロールという条件の実験操作はなされるが，被験者が各条件に割り当てられるプロセスはランダムになされない。 |
| ナチュラル実験 natural experiment | ナチュラル実験では，自然に生じた事象と比較グループとを対比させる。原因の実験操作が不可能なため厳密には実験といえない。 |

出所：Shadish et al.（2002）Table 1.1 を参考に筆者作成。

手法として広く用いられている。また，一定の条件下では，真の効果が一定の信頼区間に入る確率を推定できる。

**クエサイ実験**

　クエサイ実験は，基本的にランダム化実験に準じており，多くの特徴を共有している。クエサイ実験においても操作可能な原因が結果に先行する。しかしクエサイ実験では，トリートメントかコントロールかの各条件への被験者（実験ユニット）の割り当てがランダムになされず，自己選択や行政など何らかの管理者によって割り当てがなされる。このため，ランダム化実験のように割り当てによるコントロールがなされず，トリートメントグループとコントロールグループとでは割り当てに起因する体系的な差があるかもしれない。そこで，クエサイ実験を用いた研究では，トリートメントグループと比較するコントロールグループの選定に最大の注意が払われる。また，仮説である因果関係以外のもっともらしい原因を丁寧に検証する必要がある。このもっともらしい範囲を狭くすると検証する事項を減らすことができる一方で，潜在的な原因を見逃してしまう可能性が高くなる。

　クエサイ実験ではランダム割り当てがなされないため通常，トリートメントグループの実験トリートメント前後の差をコントロールグループの前後の差と比較する。このとき，寄付の例で図 7.2 の記号を用いるとトリートメント効果（$D$）を以下のように定義することができる。

第7章　実験経済学アプローチの新展開　　　　　　　　163

$$D = (P_{T1} - P_{T0}) - (P_{C1} - P_{C0}) \tag{7.1}$$

このようにトリートメント効果は2つの差の差によって定義されるため，その推定はディファレンス・イン・ディファレンス（difference in difference）推定やダブルディファレンス推定と呼ばれる。詳しくは Angrist and Pischke (2009) などを参照されたい。

**ナチュラル実験**

　ナチュラル実験は，トリートメントグループと比較グループとの間に自然に生じた対比を用いる。原因の実験操作は潜在的にすら不可能なことが多い。例として，地震の発生が不動産価値に与える影響などが挙げられる。地震は自然現象として発生する事象であり，一般に操作可能とは考えにくい。この例において，反事実は地震が発生しなかったときの不動産価値となるが，同じ地域の地震発生前や類似しているが地震が起きなかった地域などがナチュラル実験における比較グループの候補となる。なお，ナチュラル実験では，自然に発生した事象と結果に影響を与えうる他の要因群とが独立であると仮定している。たとえば，ある地域では地震の発生が事前に予測されており，その予測が不動産価値に影響を与えている場合，この独立性の仮定は満たされない。このように自然現象を用いてなされる間接的な操作は，直接的な操作と比較して，妥当な実験結果を得るうえで限定的である点に注意が必要である。

　経済学分野では長らくデータの不備を計量経済モデルによって調整してきたが，1980年後半に計量経済モデルの推定結果とランダム化実験の結果が大きく異なりうることおよび計量モデルの結果が頑健でないことが示され（Fraker and Maynard 1987），近年では労働経済学や環境経済学をはじめとする応用分野でナチュラル実験データやクエサイ実験データが広く用いられるようになっている（Durlauf and Blume 2010）。なお，経済学分野では，偶然厳密なランダム化がなされたケースや偶然ランダムに個人がトリートメントグループに参加したケースなどもナチュラル実験として分類されることが多い。前者の例としては，アメリカにおいて1970年初頭にくじによってランダムに男性が徴兵されたことを利用する研究が有名である。また，後者はリグレッション・ディ

スコンティニュイティ・デザイン (regression discontinuity design) と呼ばれる。詳しくは Angrist and Pischke (2009) などを参照されたい。

## 7.3 環境経済学における実験アプローチの研究動向

環境経済学における分析の一手法として，実験アプローチの有用性は広く認知されつつある。環境経済学の中でもとりわけ非市場財を分析の対象とする環境評価分野では，実験手法が比較的早い時期から頻繁に用いられてきた (Bohm 1972; Knetsch and Sinden 1984)。近年では環境経済学の全領域において実験アプローチは一般的な分析手法の1つとなっており，実験室で行われる実験を中心にさまざまなタイプの実験研究が広くなされている。包括的なサーベイ論文としては Sturm and Weimann (2006) や Shogren (2005) がある。また，論文集としては Cherry et al. (2008) や List (2006a) が出版されている。環境経済学に関連する実験研究は，社会的ジレンマ，環境政策，環境評価の大きく3つに分けることができる。本節では，それぞれの概要と研究動向を簡潔に紹介する。

### 7.3.1 社会的ジレンマ

環境問題の多くは以下の2つのタイプの社会的ジレンマとして定式化できる。公共財 (public goods) はフリーアクセスかつ消費が競合しないケースで大気などが例として挙げられる。このような公共財の自発的供給は合理的個人のフリーライドを誘発するため効率的な供給は達成されない。共有資源 (common pool resources: CPR) は，フリーアクセスかつ消費が競合するケースで漁獲資源などが例として挙げられる。自発的管理下において個々人の利得最大化行動は共有資源の過剰利用をもたらす。実験アプローチは，さまざまなタイプの理論的予測の検証や社会的ジレンマ環境における人々の行動をより深く理解するのに有用である。

**公共財実験**

公共財ゲームをベースにした公共財実験は基準化が早くから進んでおり，こ

れまでに多数の実験研究が学術誌に出版されている．フリーライドとなる完全な非協力でもなく，パレート最適となる完全な協力でもなく，その中間という，理論的予測に反する実験結果が一般に観察されている（Ledyard 1995）．ベースとなる公共財ゲームの被験者 $n$ の利得関数（$\pi_n$）は以下のように定式化される．

$$\pi_n = y_n - c_n + \frac{\alpha}{N}\sum_{j=1}^{N} c_j \qquad (7.2)$$

ここで，$y_n$ は被験者 $n$ の初期保有（endowment），$c_n$ は公共財への支払（contribution），$N$ はグループサイズ（被験者数），$\alpha/N$ は 1 人当たり限界収益（marginal per capita return: MPCR）である．パラメータが $\alpha > 1 > (\alpha/N)$ のときジレンマ状況となる．このゲームは自発的支払メカニズム（voluntary contribution mechanism: VCM）と呼ばれる．1 回限り（one shot）のゲームでは，まったく貢献（投資）しないことが支配戦略となる．繰り返しゲームにおいても，繰り返し回数が共有知識（common knowledge）の場合，すべての回ですべての被験者がまったく貢献しないことがユニークな部分ゲーム完全均衡となる．このように個人の利得を最大化する合理的個人は公共財供給にまったく貢献しない（フリーライダー仮説）というのが理論的な予測となる．

しかしながら，この利己的で合理的な個人を想定する理論的予測に反する結果が多くの実験研究において広く観察されている．これまでの実験研究によって積み重ねられてきた頑健な結果は以下のとおりである．

1. フリーライダー仮説は棄却：たとえば 1 回目の意思決定において初期保有額の約 40～60％ の平均支払額が観察されている．最後の回や 1 回限りの意思決定においても支配戦略が多くの被験者に選択されることはない．また，繰り返し実験においては，徐々に平均支払額が減少すること，および最後の回の平均支払額は最低額になることなどが広く観察されている（Ledyard 1995）．
2. 多くの被験者は条件付協力者（conditional cooperator）：ここで条件付協力者とは，他の被験者が協力するのであれば自分も協力するが，他の被

験者が協力しないのであれば自分もしないという被験者のタイプを指す。公共財実験では，条件付協力者と合理的な利己主義者の2つの被験者タイプが広く観察されている（Ostrom 2010）。Fischbacher et al.（2001）は1回限りの標準的な公共財ゲームをベースに被験者タイプを特定できる実験をチューリッヒ大学の学生を対象に実施した。その結果，被験者の約50％は条件付協力者で残りの約30％はフリーライダーであった。

このように被験者のタイプとその被験者間の相互作用によって公共財実験における協力レベルが有意に異なることが知られている。また，公共財実験において被験者の協力レベルを規定する要因として，多くの実験研究が1人当たり限界収益（MPCR）とグループサイズの影響を利得関数のパラメータとして操作することで分析している（Issac et al. 1994）。このほか，標準的なデザインを少し拡張することで，サンクション（sanction：制裁），コミュニケーション，供給メカニズムといった影響が主に分析されている。

Fehr and Gachter（2000）は，フリーライダーに制裁（punishment, sanction）を与えられる機会の導入が10回の繰り返しゲームにおける平均出資額を有意に上昇させることを示した。この制裁の効果は，同じ被験者と繰り返しゲームを行う場合（パートナー）とそうでない場合（ストレンジャー）や制裁にともなう費用などに依存することが知られている[9]。後者は，制裁制度導入の評価をする際には，制裁にともなう費用を差し引いた純効果を見極める必要があることを示唆している。気候変動問題などの地球環境政策では，有効な制裁機関を持つ国際環境協定（International Environmental Agreements）を考えることが重要であり，環境経済学分野における実験研究の貢献が期待されている（Barrett 2003; Kroll et al. 2007）。

公共財実験の標準デザインは，完全な匿名性（anonymity）と被験者間でのあらゆるコミュニケーションの禁止（no communication）を課している。理論的には，ユニークなナッシュ均衡が存在する場合，コミュニケーション（発話）は均衡を変化させないことが知られておりチープトーク（cheap talk）と

---

[9] パートナーやストレンジャーといった被験者の組み合わせ（マッチングプロトコル）に関しては第8章の説明を参照されたい。

いわれる。しかしながら，被験者間のコミュニケーションを導入した多くの実験研究が，コミュニケーションは協力レベルを有意に高めることを示している (Issac and Walker 1988; Chan et al. 1999)。15名を超えるような大規模グループにおけるコミュニケーションの効果やなぜコミュニケーションが協力レベルを高めるのかに関しては依然として重要な研究課題の1つといえる。

協力レベルを高めるメカニズムや真の需要を表明すること (truth revelation) が（弱）支配戦略となるメカニズムに関しては，理論研究と実験研究がともに進んでいる。実際の政策などフィールドでの適用を考慮した際，これらのメカニズムはシンプルかつ簡潔でそのメカニズムの運用にかかる費用が十分に低いなど，実際に実施可能である必要がある。この意味においてVCMは大変優れており生態系サービスへの支払 (payment for ecosystem services: PES) などでも実際に用いられている (Engel et al. 2008)。VCMのように比較的実施が容易でありかつより高い協力レベルが期待できるメカニズムとして閾値付公共財ゲーム (provision point mechanism: PPM) がある。このPPMでは，グループの総支出額が目標となる供給コストに達した場合のみ公共財が供給され，達しなかった場合は供給されない。このゲームには全員非協力の均衡に加え複数の効率的なナッシュ均衡が存在するため，理論的にもVCMよりも高い協力レベルが予測される。実際，総支出額が閾値に達しなかった際には被験者の支払額は全額返却されるというゲームを用いた多くの実験研究が，PPMはVCMと比較し有意に協力レベルを高めることを示している (Cadsby and Maynes 1999)。

なお，標準デザインでは通常，公共財の価値がすべての被験者で同質 (homogenous) と設定される。しかしながら，現実には公共財の価値は個人によって異なり，多様 (heterogeneous) である。公共財の価値を多様にしたPPMを用いた複数の実験研究が，公共財への支払額と公共財の価値との関係を分析し，両者に正の相関があることを示している (Rondeau et al. 2005; Mitani and Flores 2009)。公共財の最適な供給という観点から，このようにメカニズムと需要表明 (demand revelation) パフォーマンスの関係を検討することは重要であり，今後はPESを含むフィールドでの応用と検証が課題となるだろう。

経済学における実験研究は理論の検証のみならず人々の実際の行動原理の解明を目指している。公共財ゲームのみならず他のタイプのゲームを用いた実験研究においても，合理的で利己的な行動からの乖離が頻繁に観察されている。これらの研究の多くは，実際に観察される行動原理や協力レベルを高める原理などをよりよく理解するため心理学の知見を用いて人々の経済行動をモデル化し実験手法などを用いて分析する行動経済学（behavioral economics）として認知されている。これまで紹介した以外にも公共財実験における協力レベルを高める動機として，利他的行動（Becker 1976），温情効果（warm glow; Andreoni 1990），名声（prestige; Hollander 1990），社会的認可（social approval; Rege and Telle 2004），公正と互恵性（Fehr and Gachter 2000）などの研究が進んでいる。これらの動機は被験者の効用に影響を与えることで，利己的な標準モデルからの乖離を説明する。

公共財実験に多くの紙面を割いたが，これは環境評価研究の自然な延長として，PES，カーボンオフセット，WWF（World Wildlife Fund）などへの寄付といった自発的協力を分析する必要性が高まっており，公共財実験分野で得られた知見を環境評価研究に取り込むと同時に，さまざまな環境問題への適用を通して，環境評価研究が行動経済学的な研究に貢献することが期待されるためである。環境評価研究は，協力レベルや支払レベルのみならず，真の価値との関係に着目する点で，従来の公共財実験研究よりもアドバンテージがあるといえよう。なお，環境評価研究に動機付けられた実験研究で広く経済学に貢献している研究として Rondeau et al.（2005）が挙げられる。

## 共有資源実験

共有資源（CPR）とは，水，魚，森林，牧草地のように個人やグループが共同で利用管理する資源でコモンズ（commons）と呼ばれることもある。世界各地では共有資源を巡る対立や乱獲による共有資源の枯渇などが大きな環境問題となっており，共有資源の適切な保全管理は現実社会においてとても重要な課題である。インディアナ大学の Elinor Ostrom はこの共有資源のガバナンスに関する一連の実証，実験，および理論研究が評価され 2009 年にノーベル経済学賞を受賞した。個人やグループによる利己的な行動は共有資源の過剰利

用という非効率な帰結をもたらす。この解決策として Elinor Ostrom は，市場や国家による解決ではなく自発的協力による組織や管理の可能性を追求した (Ostrom 2010)。この Elinor Ostrom と共同研究者らをはじめに，実験室のみならずフィールドを含めた多くの実験研究が存在する。

共有資源ゲームのシンプルな利得関数は以下のとおり (Ostrom 2010)。

$$\pi_n = w(e_n - x_n) + \frac{x_n}{\sum_{j=1}^{N} x_j} F\left(\sum_{j=1}^{N} x_j\right), \text{ for } \sum_{j=1}^{N} x_j > 0 \qquad (7.3)$$

ここで，$w$ は私的財からの固定的な限界収益，$e_n$ は初期保有，$x_n$ は個人 $n$ の投資，$F(\cdot)$ は $F(0) = 0, F'(0) > w, F'(Ne_n) < 0$ を満たす原点に対して凹な共有資源生産関数。$F(\cdot)$ には，たとえば $a \sum_{j=1}^{N} x_j - b \left(\sum_{j=1}^{N} x_j\right)^2$ などの2次関数が使われる（ただし，$a > 0, b > 0$）。このとき，パレート効率的な利用のもとでは生産関数の傾きが私的財からの限界収益と等しくなる。一方，すべての個人が同じ戦略（投資額）をとる対称ナッシュ均衡のもとでは生産関数の傾きは私的財からの限界収益よりも小さくなる。生産関数の性質（凹関数）より，対称ナッシュ均衡での利用はパレート効率的な利用よりも大きくなる。このように各個人の利己的な利得最大化は共有資源の過剰利用を引き起こすというのが理論的な予測になる。

各実験結果を評価する際には，パレート効率的な資源利用と実験で観察された資源利用を比較した効率性指標が用いられる。ナッシュ均衡下での指標と比較することでナッシュ均衡の検証にも用いられる。標準的デザインのもとでは，ナッシュ均衡の下よりもさらに低い効率性が広く観察されている (Ostrom et al. 1994)。また，共有資源からの平均的な収益が私的財からの限界収益より高いとき被験者はより多く投資する傾向がある。さらに，低い初期保有において比較的高い効率性が観察されるなど，効率性は初期保有の影響を受ける傾向がある。

自主的な共有資源管理が成功する鍵として Elinor Ostrom たちはコミュニケーションと制裁制度の重要性を示してきた。公共財実験と同様に共有資源実

験においても，コミュニケーションが効率性を大きく高めるという結果が広く観察されている（Ostrom and Walker 1991; Hackett et al. 1994）。当事者による被験者のモニタリングと利己的な被験者に対する制裁の有効性も広く観察されている。たとえば，Ostrom et al.（1992）はコミュニケーションと制裁の機会を組み合わせた。被験者はコミュニケーションができない場合でも制裁手段を利用し，結果として制裁費用を含めた効率性は大きく低下した。しかし，コミュニケーションと制裁手段の両方が可能なデザインでは，効率性を劇的に高めることができた。Ostmann（1998）は，理論的に高い効率性の予測される第3者機関による制裁手段を実験にて検証した結果，低い効率性を観察した。

共有資源の多くは過剰利用にともない枯渇することがある。Walker and Gardner（1992）は，この枯渇可能性を共有資源実験に取り込んだ。枯渇する確率がゼロになる安全な利用上限を示したデザインで高い効率性を観察した。近年では，実際のフィールドでの共有資源実験も行われている。Velez et al.（2009）はコロンビアの教育水準や性構成が異なる3つの地域で伝統漁業を営む漁師を被験者とした実験を行い共有資源利用の動機を調べ，利己的動機と同調（conformity）的動機の組み合わせがもっとも実験結果をよく説明することを示した。

### 7.3.2 環境政策

効率的な資源配分を妨げる外部不経済を内部化する経済的手段の検討は環境経済学の伝統的かつ主要な分野である。この経済的手段を環境政策として実際に適用する前に，その政策や制度のパフォーマンスを実験室における被験者実験により検証することができる。すなわち，現実的な環境をシミュレートした実験室でどの制度がよく働くかを効率性などの尺度で評価する。このような実験をたたき台（testbedding）実験といい，排出権や水利権の許可証取引（tradable permits）市場や非点源汚染への環境税など新しい制度の分析などに利用されている。市場の失敗を解消する理論的なメカニズムを検証することが多く，伝統的な実験経済学と同様な実験デザインが用いられる。これらの実験では，売却価格や生産費用などを被験者に割り当てることで便益と利益を誘発する。

## 排出権取引実験

　環境政策のたたき台実験としてもっとも活発に研究が行われているのは，排出権取引 (tradable emissions permits) 実験であろう。1980 年代から取引方法の効率性を評価するため実験手法が用いられてきた。実験は排出権や国家といったコンテクストは一切特定せず，抽象的な文脈で行われる。許可証への選好は，社会的ジレンマ実験と同様に実験者が利得関数を与えることでコントロールする。買い手は，売り手から許可証を購入し取引終了後に換金する。売り手は，実験者から許可証を購入し売り手に売却する。買い手 $m$ と売り手 $n$ はそれぞれの以下の効用関数を最大化するように取引量 $q$ を決める。

$$売り手：\max_q u_m[\pi_m] = u_m\left[\sum_k (b_{mk} - p_{mk})q_{mk}\right]$$

$$買い手：\max_q u_n[\pi_n] = u_n\left[\sum_l (p_{nl} - c_{nl})q_{nl}\right]$$

ここで，$b_{mk}$ は許可証 $k$ から得られる便益（実験者から受け取る額），$p_{mk}$ は許可証 $k$ の取引価格，$c_{nl}$ は許可証 $l$ の費用（実験者に支払う額）である。売り手にとっての許可証の価値 $b_{mk}$ と買い手にとっての許可証の費用 $c_{nl}$ を操作することで許可証の需要と供給をコントロールすることができる。各実験結果の評価には，競争均衡下での取引からの純利益と実験での取引からの純利益を比較した効率性指標が用いられる。また，取引価格の安定性も頻繁に分析の対象になる。

　排出権取引実験は，外部性の内部化手段として直接規制 (policy standard)，ピグー税 (tax policy)，許可証取引 (license policy) の効率性を実験により比較検討した Plott (1983) に始まる。買い手と売り手が財を取引する市場をデザインし被験者実験を行うことで経済的手段のパフォーマンスを検証した。許可証取引とピグー税のトリートメントでは数回の取引後すぐに競争均衡配分に収束することを示した。

　カリフォルニア工科大学の Charles Plott による実験研究は理論の検証であったが，初期の重要な実験研究として米国環境保護庁 (EPA) が二酸化硫黄の排出権取引市場で用いたオークション方法のパフォーマンスを検討した実験

がある（Cason 1995; Cason and Plott 1996）。EPA は排出権が高値で取引されることを狙い high-bid-to-low-offer ルールを策定した。もっとも高い付け値（bid）をした買い手ともっとも低いオファーをした売り手がマッチされ，次に2番目に高い付け値をした買い手と2番目に低いオファーを出した売り手がマッチされる。買い手は各自が提示した付け値額を払う。この EPA の取引制度のもとでは，合理的な売り手は各自の限界削減費用（marginal abatement cost）より低い額のオファーを出すインセンティブがあるため，排出権の価格が大幅に低くなる。Cason and Plott（1996）はこの取引方法の欠陥を実験にて確認し，ユニフォーム・プライス（uniform price）オークションの方が EPA の方法よりも高い効率性を保証することを示した[10]。このように実験室の結果は，オークションの効率性を高めるために EPA ができることを示した。このような実験研究は新たな政策を導入する際に有用である。

　排出権取引実験は，許可証の取引に用いられるオークションのデザインや市場支配力（market power）を持つプレイヤーの影響などの分析にも利用されている。排出権取引実験では，売り手と買い手の双方が価格を提示するダブルオークション（double auction）がもっとも頻繁に用いられている。Godby et al.（1997）は余った排出権の来期への持ち越しを認めるバンキング（banking）が，不確実性下で効率性と価格安定性に与える影響をダブルオークション実験で分析し，排出権取引にてバンキングを導入すると時間を通じての取引価格のばらつき（volatility）が小さくなることを確認した。また，国際排出権取引市場では，アメリカのような影響力を持つ国が存在するため，市場支配力の分析が重要になる。実験による市場支配力を持つプレイヤーがいるときの理論的仮説の検証が行われており，排出権市場以外で市場支配力を持つプレイヤーが排出権取引に影響を与え効率性が大きく損なわれることなどが示されている（Brown-Kruse et al. 1995）。

　ここでは主に大気汚染ガスや温室効果ガスを前提とした排出権取引実験を紹介してきたが，この許可証取引制度は水利権や水産資源といった資源管理問題

---

[10] ユニフォーム・プライスオークションでは売り手および買い手が取引価格と取引量を（1回限り）入札し，それに基づき需要曲線と供給曲線を書き，その交点で決まる価格で取引をする。つまり，競争均衡価格に近い価格で取引が行われるため EPA の方法よりも効率性が高くなる。全員が同じ価格を用いるので，ユニフォーム・プライスと呼ばれる。

にも応用されている。たとえば，過剰漁業 (overfishing) 問題に関して実験による譲渡可能個別割り当て (individual transferable quota: ITQ) などの検証が行われている (Anderson and Sutinen 2005)。今後はより広い分野での応用が進むと同時に，各市場に個別の問題も分析の対象になると考えられる。

**土地の保全メカニズム**

　生物多様性保全などを目的とした土地や森林の保全では，生息域が分断されないように保全地域を設定することが重要となる。しかし，多くの土地や森林が私有地である場合，所有者個々人の自発的協力に頼ることとなる。この場合，保全に協力する所有者が散らばることが予測される。そこで，保全地区に面した土地や森林の保全に協力した場合，補助金を与えるというメカニズム (agglomeration-bonus) を考える。Parkhurst et al. (2002) と Parkhurst and Shogren (2007) は実験室における実験を用いてこれらのメカニズムの性能を検討している。

**規制とコンプライアンス**

　環境経済学では環境規制といった環境政策の理論分析や実証分析が広く行われてきた。近年，この環境政策の規制とコンプライアンス (compliance) に関しても理論研究と実証研究の橋渡しとして実験アプローチが用いられるようになってきた。環境汚染に関する経済的手法の理論は，非点源汚染者の汚染量を最適な水準に導くことができると示すが，近年の実験研究はこれらの経済的手段の性能に疑問を投げかける結果を示している (Poe et al. 2004; Cochard et al. 2005)。環境情報開示プログラムの効率性はプログラムのデザイン，企業の特性，罰則政策などに依存すると考えられているが，自発的な開示と強制的な開示の比較などは重要な研究課題である。企業の大きさといった特性と企業のコンプライアンスに関係があるとプログラムの策定に有用であるが，排出権取引を用いたいくつかの実験がコンプライアンスと企業の特性は無関係であることを示している (Murphy and Stranlund 2006; 2007; Stranlund and Dhanda 1999)。汚染の自己申告プログラムは違反の申告を促すか否か，伝統的な直接規制と比較して自発的プログラムの性能はどうかといった検証も実験にて行わ

れている（Murphy and Stranlund 2008）。さらには，規制者による制度やインセンティブに関する情報提供は，コンプライアンスに影響を与えないという結果も報告されている（George et al. 2008）。

### 7.3.3 環境評価

　表明選好法はアンケート調査の手法を用いて市場では取引されていない財やサービスに対する人々の選好を分析する。回答者の選好を引出す設問では，価格と環境の質をランダムに割り当てるなど実験的な手法が用いられることが多い。また，環境評価手法自体の検証にも，実験手法が多く用いられる。経済学における主な実験研究との相違は，（現実世界に存在しうる）実際の財に対する人々の価値額を明らかにすることを最終的な目的としている点である。環境評価分野では実験的手法を用いて異なる需要表明メカニズムの影響や質問のフレーミングの影響などを明らかにしてきた。価値抽出（value elicitation）手法に関する一連の研究は，環境経済学に対する実験経済学の貢献の中でももっとも独自な貢献といえる。また，最大の相違点でありかつしばしば表明選好研究[11]が実験経済学を含む標準的な経済学研究から区別される点として，アンケート調査の評価シナリオにおける回答者の意思決定が仮想的であり，経済的インセンティブがともなわない点である。環境評価の実験研究としては，仮想バイアス，支払意志額（WTP）と受入補償額（WTA）の乖離，実験オークションがある。

**仮想バイアス**

　表明選好法における回答者の選択行動はその帰結（consequence）がともなわないという意味で仮想的であることが多い。たとえば，ある国立公園のある区域において野生動物による事故を防ぐために一定期間野生動物を監視し訪問客に適切な指示を出すレンジャーを10名動員する管理対策を考えよう。アンケートを用いて，訪問客に一定の費用のもと翌年から管理対策を導入するのに賛成か否かという仮想的な住民投票を行うとする。このとき，実際に費用が徴

---

[11]　第 III 部では表明選好法研究と表明選好研究を明確に区別している。ここで表明選好研究は，いわゆる環境評価手法の分析にとらわれず，広く一般に表明選好の経済分析を指す。

収され管理対策が実施されるか否かという帰結が，回答者による多数決で実際に決まるかどうかということが問題になる。もし，アンケートへの回答が実際の帰結に「まったくもって」影響を与えないということであれば，その回答という意思決定は完全に仮想的（purely hypothetical）ということになる。

表明選好法の妥当性を担保するには，仮想的な選択と実際の支払をともなう選択の関係を明らかにする必要がある。この仮想的な支払額（hypothetical payment：仮想支払）と実際の支払額（actual payment：実際支払）の乖離は仮想バイアス（hypothetical bias）といわれ，表明選好法の妥当性を検討する際にもっとも重大な問題として論争が続いている（Loomis 2011）。これまでに多くの実験研究が，仮想性を実験トリートメントとし，経済的インセンティブがあるもとでの実際支払と経済的インセンティブがないもとでの仮想支払を比較することでこの問題を検証してきた。Murphy et al.（2005）は学術誌に出版された 28 の研究事例から得た 83 のデータセットを用いてメタ分析を行い仮想バイアスの大きさを規定する要因を調べた。仮想支払は実際支払に比べて平均値は 2.6 倍，中央値は 1.35 倍であった。自由回答（open end）形式に比べ二肢選択（dichotomous choice）方式など選択に基づいた（choice based）メカニズムの方が比較的小さい乖離に，私的財と比較して公共財の方が比較的大きい乖離になることを統計的に示した。

このメタ分析が示すように仮想支払は実際支払を過大推定しているということが一般的に認知されてきた。しかし，近年の実験経済学アプローチを用いた実験室での研究は，支払の仮想性と供給の仮想性および真の価値を厳密にコントロールしたうえで仮想支払と実際支払を比較し，仮想バイアスが存在しないという統計的結果を示している（Taylor et al. 2001; Vossler and McKee 2006; Mitani and Flores 2009）。Carson and Groves（2007）は住民投票における被験者の選択行動に基づきその帰結が実現するか実現しないかという状況を考え，帰結が実現する確率が正である限り被験者のインセンティブ構造に変わりはないことを理論的に示した。Carson et al.（2004）はこの理論的仮説を実験にて確認し，帰結が実現する確率が 20% 以上のとき被験者の選択行動に統計的有意差がないことを示した。この帰結性（consequentiality）が仮想バイアスの問題を解決しうるという実験結果はこれまでのこところ頑健であり1つの

パラダイムとなりつつある（Vossler and Evans 2009; Mitani and Flores 2010a; Poe and Vossler 2010)。

　これまで事前および事後の仮想バイアスの補正に関する研究が盛んになされてきたが，そのバイアスが発生する要因の解明はこれまで重要な課題として残されている。Mitani and Flores（2010b）は閾値付公共財ゲームに支払の不確実性と供給の不確実性を導入することで，この仮想バイアスが生じうるメカニズムを体系的に明らかにした。さらに実験手法を用いてその理論的予測の信頼性を確認し，支払の確率と供給の確率の相対的な比率の変動が，これまで観察されてきた仮想バイアスの現象をきわめてよく説明しうることを示した。今後は，これらの理論および実験研究で得られた知見の検証を進めると同時に，これらをいかに調査票の設計に生かしていくかが課題といえよう。

**WTPとWTAの乖離**

　経済学では合理的な個人を想定して分析を行うことが多いが，環境評価分野では実験手法やアンケート調査の手法を用いて被験者や回答者の観察される選択行動が合理性の仮定を満たすか否かを検証してきた（Shogren 2005）。この文脈において頻繁に観察されてきたのが，WTPとWTAの乖離である。理論的には，所得効果が十分に小さく代替財が十分に多く存在するとき，その財を手に入れる際のWTPとその同じ財を手放す際のWTAは等しくなるはずである。しかし，多数の実験研究がWTAの方がWTPより大きくなることを示している。

　Hanemann（1991）はWTPとWTAの乖離の大きさは所得弾力性と代替弾力性の比に依存することを理論的に示した。つまり，所得弾力性が十分に小さいとき，密接な代替財（close substitutes）が存在する場合はWTPとWTAは等しくなるが，密接な代替財が存在しない場合はその乖離は非常に大きくなりうることを示唆している。これは代替財が存在しないような環境財において，WTPとWTAの乖離が大きくなるということを説明しうる。Shogren et al.（1994）は実験を用いてこのHanemann（1991）の理論的仮説を検証した。代替財が存在するチョコレートバーを用いたトリートメントではWTPとWTAが等しくなること，代替財が存在しないと考えられる病原菌付きの

サンドウィッチを用いたトリートメントでは安全なサンドウィッチから病原菌付きのサンドウィッチに交換するWTAが病原菌付きから安全なものへ交換するWTPを遥かに大きくなることを示した[12]。

WTPとWTAの乖離の有力な原因として考えられているものに賦与（endowment：エンドウメント）効果[13]がある。人々は損失（loss）を獲得（gain）よりも高く評価するというある種の損失回避（loss aversion）の傾向を持つという仮説に基づく。この非対称は，Kahneman and Tversky（1979）のプロスペクト理論（prospect theory）の本質であり，WTPとWTAの乖離の説明にも用いられてきた（Knetsch and Sinden 1984; Knetsch 1989）。Kahneman et al.（1990）は簡単な実験を用いて賦与効果を調べた。売り手には換金できる価格（reservation price）を買い手には価値（WTP）をそれぞれ与えた標準的な実験デザインで取引回数を調べた結果，理論的に予測される取引回数と同じ取引が観察され，乖離は観察されなかった。続いて，大学のロゴ入りのマグカップとボールペンを用いた取引実験では，売り手は買い手より有意に高い評価額を示した。取引回数も理論的な期待値より少ない回数が観察され，売り手がWTAを高く見積もっていることが示された。なお，この結果はマグカップとボールペンの市場価格が知らされても，価値の抽出方法として真の表明をすることが弱支配戦略となるBDM（Becker-Degroot-Marschak）メカニズムを用いても変わらなかった。

賦与効果と代替弾力性に関して，Kahneman et al.（1990）は代替が容易な財の場合，賦与効果が弱くなると指摘している。Horowitz and McConnell（2002）はメタ分析を行い非市場財のWTPとWTAの乖離（WTA／WTP）は平均で10.4倍，市場財の乖離は2.9倍であることを示し，賦与効果と代替可能性に関するKahneman et al.（1990）の指摘を支持している。なお，代替が容易な市場財の乖離2.9倍はHanemann（1991）の理論的仮説から有意に大きく外れる。

第3の説明として，被験者の市場経験（market experience）がある。Coursey

---

[12] ここでは，被験者自身の健康を代替財が存在しない財として考えている。なお取引の後，被験者はそのサンドウィッチを食べなくてはならなかった。
[13] 贈与効果，保有効果，授かり効果などと訳されることがある。

et al. (1987) は実験での取引が十分に繰り返されるとき，賦与効果は消えうると指摘した。これは，市場での経験はこれまで観察されてきたさまざまなアノマリー（anomaly）を取り除くという List (2003) の主張と一致する。しかし，Kahneman et al. (1990) は賦与効果は安定的であり被験者の経験に依存しないことを示している。また，Horowitz and McConnell (2002) は，賦与効果は繰り返し学習によって弱まることはあっても，取り除かれることはないと結論している。Plott and Zeiler (2005) はこれまで観察されてきたさまざまな結果は被験者の誤認（misconceptions）に関する不完全な定義や不完全なコントロールによると主張し，被験者の誤認を被験者の匿名性，価値抽出メカニズム，そのメカニズムに関する練習の3点から再度定義しなおしたうえでその影響を調査した。このよく検討され修正された手順を用いた実験で WTP と WTA とが等しくなることを観察した。WTP と WTA の乖離に関してはこれからも論争が続くとみられるが，この Plott and Zeiler (2005) の研究は実験結果が本質的なものなのかあるいは実験の手順によるものなのかという妥当性の検証の重要性を示している。

### 実験オークション

　実験オークション（experimental auction）は主に実際の私的財に対する被験者の価値を測る際に用いられ，これまでに非常に多くの研究成果が出版されている（Lusk and Shogren 2007）。実験室において実際に貨幣と商品を交換することで通常の市場取引と同じように被験者に経済的インセンティブを課したうえで，実際の財に対する被験者の価値を引き出す。オークションメカニズムとしては，真の表明をすることが弱支配戦略となるセカンド・プライス（second price）オークションなどがよく用いられる。通常のオークションと比較し，実験室においてさまざまなコントロール環境下でオークションが行われるなど，オークションメカニズムや情報提供などの効果自体を研究の対象とすることが多い。また，市場で取引されていない新製品などが取引の対象となることも多い。これまでに謝金支払のタイミングや市場の均衡価格のアナウンスなどの影響が分析されてきた。なお，実験オークションでは，コンテクスト（context）の具体性とコントロール（control）の強さのバランスが求めら

れる。

## 7.4 実験室からフィールドへ

　実験経済学の分野では，実験手法として伝統的に選好を完全に統制する実験室実験が用いられてきた。一方，心理学をベースに発展してきた行動経済学は，コンテクスト依存や社会選好（social preference）といった限定合理的なフレーミングの存在を明らかにしてきた。また，環境評価研究のゴールは現実に存在する環境財に対する選好を抽出することである。選好を統制する実験室実験が，現実の環境問題解決に役立つのか，実際の政策に使えるのか，といったその外的妥当性（external validity）を問われるのは当然である。そこで，近年は現実的な要素を実験手法に取り込むフィールド実験が環境経済学に限らず広く経済学分野で注目を集めている。フィールド実験は，実験の意思決定環境や被験者の種類を少しずつ関心のある実際の環境に近づけることで，現実的な要素を実験手法に徐々に取り込み，外的妥当性を高めようとするアプローチといえる。

　表7.3には，各種フィールド実験が，(1) 被験者の種類，(2) ゲームなどの意思決定環境のコンテクストの種類，(3) 被験者が実験に参加していることを認知しているかどうかという3点から整理されている。これらすべてのフィールド実験は，表7.2の定義ではランダム化実験に分類される。以下に各種フィールド実験の簡潔な定義を示す。

- LAB（laboratory experiment：ラボ実験）は伝統的な実験室における実験で，学生からなる被験者プールと抽象的なフレームを用いる。また，コントロールのためさまざまな制約を課す。
- AFE（artefactual field experiment：人工的フィールド実験）は基本的にはLABに準ずるが，被験者プールは実験での意思決定に何らかの関係をもつ母集団から構成される。
- FFE（framed field experiment：フレームド・フィールド実験）はAFEと多くの特徴を共有するが，取り扱う財，意思決定の内容，あるいは情報集

合のいずれかが実際の環境のコンテクストから重要な要素を組み込む。
- NFE（natural field experiment：ナチュラル・フィールド実験）はFFEと多くの特徴を共有しているが，被験者は実験に参加していること自体を認知しておらず，通常の市場やフィールドでの意思決定と同じように，その意思決定環境は自然なものである。なお，NFEはランダム化実験に分類される。

このように経済学では，LABからNFEまでがランダム化実験に含まれる。これらの各種フィールド実験間では内的妥当性と外的妥当性のトレードオフが存在する。なお，妥当性とフィールド実験に関しては第9章にて詳しく紹介する。

表 7.3 各種フィールド実験

| 名称 | LAB | AFE | FFE | NFE |
| --- | --- | --- | --- | --- |
| 被験者 | 学生など | 関係者 | 当事者 | 当事者 |
| コンテクスト | 抽象 | 抽象 | 関連 | 実際 |
| 実験参加 | 認知 | 認知 | 認知 | 不認知 |

出所：Harrison and List（2004）を参考に筆者作成。

顕示選好法が用いる市場データは，基本的にはナチュラル実験が用いるような自然に発生しているデータである。しかし，実験操作や被験者の割り当てなどが一切なされていないため，表7.2のいずれのタイプの実験にも属さず非実験データとなる。また，伝統的な表明選好法が用いる表明データは，経済的インセンティブを制御していないため，このいずれにも当てはまらない点に注意が必要である。信頼性の高い実験データを生み出す（特に経済学分野における）実験デザインとその実施方法をよく理解し，いかに環境評価研究に取り込むことができるかが今後の課題となってくるだろう。

## 7.5 まとめ

実験手法は因果関係を見極めるのに適したアプローチである。本章では，あらゆるタイプの実験研究を理解および評価するうえで重要となる実験手法の

基礎的概念を一歩踏み込んで紹介した。優れた実験研究はきわめてシンプルな仮説を検証している。欲張らずシンプルな仮説を立てようという主張である。この仮説の単純化は，独立変数の操作，そして剰余変数のコントロールとならんで実験研究の成功の重要な要素といえる。経済学者は，1つの実験に複数の独立変数を取り込むなど，実験のデザインを経済的に行おうとする傾向があるが，この基本を忘れないようにしたい。

また，環境経済学分野でこれまでに得られてきた実験研究の知見をレビューした。本章で紹介した実験研究のほとんどが実験室で学生を被験者としたLABである。環境経済学分野における実験研究は，理論や手法的な課題への貢献と平行して，実際の政策で使えるのかといった外的妥当性が今後より要求されるだろう。しかし，現実的な要素を実験に取り込むと実験研究自体の内的妥当性を損なうことになる。内的妥当性と外的妥当性のトレードオフという実験研究の限界を理解することもまた重要と思われる。

第8章ではすべてのタイプのフィールド実験研究に共通する経済実験のデザインを詳しく解説する。第9章では経済実験の実施手順を詳しく解説する。また，各種フィールド実験の具体例を紹介する。最後に，内的妥当性と外的妥当性のトレードオフを整理しなおし環境評価研究における今後の研究アプローチの展望を示す。

# 第8章 実験アプローチの最新テクニック1：経済実験デザイン

三谷羊平

## 8.1 はじめに

　本章では経済学および環境経済学におけるあらゆるタイプの経済実験に共通する実験手法のテクニックを詳しく解説する。本章で紹介する内容は実験研究を実際に実施する前に考慮すべき必須事項であるとともに，他の実験研究を正しく理解するうえでも必要となる事項である。

　環境評価，特に表明選好の分野では，比較的早い時期から実験的手法が応用されてきた。仮想評価法（contingent valuation method: CVM）における二肢選択の付け値（bid）デザインは，付け値をランダムに割り当てることで費用（付け値）の変動が賛成か反対かという選択に与える影響を特定可能にしている。選択型実験（choice experiments）のプロファイルデザインは直交計画（orthogonal design）など実験手法を用いている。しかしながら，経済学分野においてこれらの表明選好研究は実験研究としては扱われず，アンケート調査（survey）研究として扱われてきた。この点を理解するには，実験経済学と環境評価の相違を含めた実験手法の理解が重要である。実験経済学では，経済的インセンティブを用いることで被験者の効用や利得をコントロールし，検証したい独立変数が被験者の経済的行動に与える影響を特定可能にしている。人々の経済的選択行動を分析対象とする以上，経済的インセンティブのコントロールはきわめて重要である。本章では，自然科学分野とも共通する一般的な実験手法を紹介したうえで，経済実験特有の手法を詳しく説明する。本章は環境評

価に関する実験研究を計画し実施するうえで必要不可欠となる方法論的なマニュアルを提供する。

## 8.2 経済実験デザインの詳細

本節ではまず多くの実験研究に共通するデザイン項目を説明する。具体的には、実験デザインと被験者デザインを取り扱う。実験デザインは検証したい効果を正しくかつ効率的に計測することを目的としている。被験者デザインはどのように被験者を選定しどのように実験グループに割り振るかについて示唆を与える。続いて、実験経済学および環境経済学に特有なデザイン項目を紹介する。具体的には、インセンティブを取り扱う。インセンティブはどのように人々の行動基準をコントロールするかの方法論を提供する。最後に、実験研究を評価する際の指標となる妥当性と信頼性について簡潔に説明する。

### 8.2.1 実験デザイン

実験デザインは、研究の目的を明確に定義することから始まる。何を明らかにしたいのか。検証可能な仮説は何か。結果の適用範囲はどこか。このような問いに答えることが重要な第一歩となる。たとえば、学生を被験者に用いることの妥当性や被験者数の適切なサイズは、実験の目的に応じて変わる。実験デザインは、計測したい効果が他の効果と混合せずに、計測したい効果そのものを計測可能にすることおよび、推定される効果の標準誤差を最小にすることを主な目的としている。すなわち、経済実験が市場データよりも優れるのは、さまざまなコントロールを通して関心のある変数（独立変数）の影響を独立して取り出せる点にある。さまざまな変数が被験者の意思決定（従属変数）に影響するため、独立変数の効果を適切に特定するには、注意深い実験デザインが要求される。基本的には各変数をある一定の水準で固定することでコントロールする。あるいは、変数の水準をシステマティックに変化させることで、その変数の影響を検討する。

## 独立ランダムグループ

　もっとも基本的なデザインは、被験者をランダムに各実験グループに割り当てる。国立公園管理への寄付を例に考えよう。ここでは公園管理の具体的な内容を説明する情報（独立変数）が寄付額（従属変数）に与える影響に関心がある。情報トリートメントして、基本的情報のみを与える情報低（コントロール）と国立公園の管理内容に関する追加的な情報を与える情報高（トリートメント）の2水準を考える。この例では、被験者をランダムにコントロールグループかトリートメントグループかに割り当てる。ここで、トリートメントとなる情報量以外はグループ間ですべて同じように扱う。同じ場所で同じ曜日の同じ時間帯に同じ実験者によって実施されるべきである。このランダム化（randomization）は実験結果とコンファウンド（confound）[1]しうる被験者の属性変数をコントロールする傾向がある。被験者属性の影響の除去を保証することはできないが、少なくともシステマティックな影響は取り除くことができる。たとえば、被験者のランダム割り当てを用いることで、関心の高い被験者が情報高トリートメントに集中するといった状況を取り除くことができる。

　このランダム化によって達成される実験デザインとしての望ましさは、より大きいサンプルサイズ（sample size：サンプル数）とより同質的なサンプル（homogeneous sample）によって高まる。これは外れ値となる極端な個人（outlier）は同質的なグループの方が少なくなり、大きい被験者数の方が極端な個人の影響が小さくなるためである。この「より多くのサンプル数かつより同質的なサンプル」はランダム化による実験デザインの質を高めるうえで、実験デザインの論理のみならず統計的な観点からもきわめて重要である。ところで、現実には人々はきわめて多様であることを認知している環境経済学者としては、同質的なサンプルの利用は実験結果の一般性を限定するため望ましさの直感に反するかもしれない。しかしながら、ここで優れた研究の戦略は実験の効果が十分に発揮される可能性を高めることであり、まず同質的なサンプルに焦点をあて、その後に異なる母集団による反復実験を行うことで結果の一般性を検証することが望ましいといえる。

---

[1]　交絡や混合と訳されることがある。

第 8 章　実験アプローチの最新テクニック 1：経済実験デザイン　　185

### マッチングとブロック

　性別や年齢などある個人属性が同じか近い 2 人の被験者をペアとし，そのうちの 1 人をコントロールグループに，もう一方をトリートメントグループにランダムに割り当てる方法をマッチング（matching）という[2]。たとえば，男性のペアと女性のペアをそれぞれ作りコントロールかトリートメントかのグループにランダムに割り当てると，少なくともこの性別という属性に関しては，2 つのグループ間で等しくなることが保証され，2 つのグループ間の結果の差（つまり寄付額）に与える原因から性別を取り除くことができる。

　年齢や知能（あるテストのスコアなど）といった連続的な被験者属性ではペアを作ることが困難である。そこで，ある属性変数をいくつかのブロックに分けて各ブロック内ではその変数は同一水準であると仮定し，各ブロックごとにランダムにコントロールかトリートメントに割り当てる方法をブロック（block）という。このブロックデザインでは，ブロック化した変数による結果（従属変数）の差異を評価することができる。また，その影響は実験トリートメント（独立変数）から分離されている。

### 完全実施要因デザイン

　経済学者はしばしば複数の独立変数を 1 つの実験研究に取り込む。変数と水準のすべての組み合わせを実施するデザインを完全実施要因（full factorial）デザインという。国立公園管理への寄付の例を再び考えよう。ここでは情報量の高低に加えて，寄付者の氏名を公園内に掲示するか否か（寄付者名公表）を検討しよう。つまり 2 水準の独立変数が 2 つとなる。ここで完全実施要因デザインは表 8.1 に示したとおり，すべての 4 つの組み合わせを実施する。完全実施要因デザインの利点は，各変数の独立した効果および，変数間の交互作用（interaction effects）をそれぞれ特定化できることにある。たとえば，表 8.1 における $A_1B_1$ と $A_2B_2$ の 2 つのトリートメントのみを実施したとしよう。このデザインでは寄付額の変化が情報量の効果なのか，寄付者名公表の効

---

[2]　2 つの実験グループ（2 水準の独立変数が 1 つ）の被験者間デザインでマッチングを用いることをマッチドペア（matched pair）という。被験者間デザインに関しては次項で説明する。なお実験経済学では，マッチングを少し異なるコンテクストで用いることが多い。実験経済学におけるマッチング（プロトコル）に関しては，本節の後半にて解説する。

表 8.1　4つの実験トリートメント

| 寄付者名公表（変数 B） | 情報量（変数 A） | |
|---|---|---|
| | 高（水準 1） | 低（水準 2） |
| 提示（水準 1） | $A_1B_1$ | $A_2B_1$ |
| 提示なし（水準 2） | $A_1B_2$ | $A_2B_2$ |

果なのか特定できない。つまり情報量と寄付者名公表の2つの変数が交絡（コンファウンド）しており，各変数の効果を区別できない。なお，交互作用とはある変数の効果が他の変数の異なる水準のもとでどの程度異なるかの尺度を指す。つまり，寄付者提示（$B_1$）のもとで情報量が寄付額に与える影響と，寄付者非提示（$B_2$）のもとでの情報量が寄付額に与える影響とのそれぞれを個別に特定できること意味している。また，変数が3つ以上ある場合でも2次の交互作用，3次の交互作用，と2次以上の高次の交互作用も特定できる。このように完全実施要因デザインは各要因の独立した効果と要因間の交互作用をそれぞれ特定できるきわめて優れた特性を持ったデザインといえる。

　しかしながら現実的な制約もある。完全実施要因デザインでは，変数と水準が増えるにしたがいきわめて多くの組み合わせを実施する必要がある。たとえば，2水準の変数が3つで8通り，3水準の変数が5つで243通りとなる。このため，実験実施の予算制約のもとでは実施が難しくなることもある。

**主効果デザイン**

　すべての組み合わせが多く，完全実施要因デザインの実施が困難な際，完全実施要因デザインの一部だけを実施するデザインを一部実施要因（fractional factorial）デザインという。これらのデザインでは高次の交互作用に仮定をおいており，すべての交互作用まで特定化することはできない。一部実施要因デザインの中でもっともよく知られているのが，主効果（main effects only）デザインであろう。主効果デザインは交互作用（交差効果）がないことを仮定することで実施するトリートメント数を大幅に減らしつつ，すべての変数の主効果を個別に特定することを可能とする。国立公園管理への寄付の例を再び考える。第3の独立変数として1口の寄付額（変数 C）を検討しよう。これまでは1円単位での寄付を可能としてきたが，ここでは1口500円（1口寄付額

表 8.2　2 × 2 × 2 デザインと主効果デザイン

| トリートメント | \multicolumn{7}{c}{変数} |
| --- | --- | --- | --- | --- | --- | --- | --- |
| | $A$ | $B$ | $C$ | $A \times B$ | $A \times C$ | $B \times C$ | $A \times B \times C$ |
| 完全実施要因デザイン | | | | | | | |
| T1 | + | + | + | + | + | + | + |
| T2 | + | + | − | + | − | − | − |
| T3 | + | − | + | − | + | − | − |
| T4 | + | − | − | − | − | + | + |
| T5 | − | + | + | − | − | + | − |
| T6 | − | + | − | − | + | − | + |
| T7 | − | − | + | + | − | − | + |
| T8 | − | − | − | + | + | + | − |
| 主効果デザイン | | | | | | | |
| T1 | + | + | + | + | + | + | + |
| T4 | + | − | − | − | − | + | + |
| T6 | − | + | − | − | + | − | + |
| T7 | − | − | + | + | − | − | + |

低，水準 1）と 1 口 1,000 円（1 口寄付額高，水準 2）の 2 水準を考える。いま 2 水準の変数が 3 つあり，すべての組み合わせを考える完全実施要因デザインでは $2 \times 2 \times 2 = 8$ つのトリートメントを実施する必要がある。表 8.2 には水準 1 を +，水準 2 を − として T1 から T8 まですべての組み合わせがトリートメントとしてリストアップされている。主効果デザインでは，主効果と交互作用が等しい[3]という仮定をおくことで必要なトリートメント数を 4 つまで減らすことができる。表 8.2 の主効果デザインのトリートメントをみると主効果が交互作用とそれぞれ等しくなっていることが確認できる（$A = B \times C$，$B = A \times C$，$C = A \times B$）。また 3 次の交互作用（$A \times B \times C$）は常に + になっている。つまり主効果デザインでは，この交互作用に関する仮定のもと独立変数の主効果（線形効果）を個別に特定できる。言い換えると，交互作用がゼロでないと独立変数の効果（主効果）をバイアスなしに推定できない。

では，数ある一部実施要因デザインにおいて交差項をゼロと仮定する主効果デザインは優れているのか。実験デザインの目的は，変数間の交絡（コンファ

---

[3] これを主効果は交互作用とエイリアス（alias）しているという。

ウンド）を除き変数の効果を特定可能にすることと，効率性を高めることにあった。前者に関してはすでに議論したので，ここでは後者の効率性がデザインの質を判断する基準となる。独立変数の線形効果（つまり主効果）を推定するOLS（ordinary least square）では推定値の効率性（推定値の分散）は従属変数の分散と情報行列の逆行列の積できまる。この情報行列（つまり $X'X$）はデザインポイントの座標のみに依存するので，この情報行列の逆行列の対角要素を最小化すれば，従属変数の分散が未知であっても推定値の分散を相対的に最小化することができる。すなわち実験デザインの第2の目的はこの情報行列の対角要素の最大化と言い換えることができる。このような情報行列は，デザインが直交（orthogonal）かつバランス（balanced）のときに得られる。

　直交とは変数がお互いに相関していないことを指す。表8.2の主効果デザインの4つのトリートメントで，変数 $A$ と変数 $B$ のみに注目するとすべての4通りの組み合わせが確認できる。つまり変数 $A$ と $B$ は相関していない。同様に，変数 $A$ と $C$ および変数 $B$ と $C$ もそれぞれ相関していないことがわかる。このように主効果デザインは2つの独立変数の組み合わせをすべて網羅しており，2つの変数間に相関がない直交計画である。次に，バランスとは1つの変数の水準がすべて同じ回数存在し対比の性質が保たれることを指す。再び表8.2を見ると，変数の水準1（＋）はそれぞれ2回，水準2（－）はそれぞれ2回と，3つの変数とも各水準2回ずつ出現していることがわかる。したがって，主効果デザインはバランスデザインになっている。このように，主効果デザインは，他の一部実施要因デザインと比較して，変数間の相関ゼロかつ情報行列の逆行列の対角要素が比較的小さいという優れた性質を持っている。なお，主効果デザインを用いた実際の実験デザインは直交配列を用いるかあるいはソフトウェアを用いることが多い。Louviere et al.（2000）は直交表を紹介している。また統計ソフトウェア SAS には主効果デザインを行うパッケージ（proc factex）がある。

　しばしば研究の関心にともなって変数や水準を追加してしまうが，第7章で解説した実験アプローチの基本であるシンプルな仮説をたてることは実験研究成功の鍵である。なお，トップジャーナルに掲載されている優れた実験経済学研究の多くはシンプルかつ重要な仮説を検証している。このため，焦点を当

てる変数と水準を少なくすることでもっとも強力な完全実施要因デザインを採用することが可能となっている。

### 8.2.2 被験者デザイン

前項では独立変数とその水準をもとに，各変数の効果を個別に特定できかつ効率的な実験トリートメントグループ（変数と水準の組み合わせ）を作成する方法を紹介した。経済実験デザインの次のステップは，被験者をどのように集めどのように各グループに配置するかである。完全実施要因デザインや主効果デザインは独立変数の適切なコントロールを達成するが，実験デザインでは他の潜在的な外生変数（交絡変数）もコントロールする必要がある。曜日や時間，実験室環境や実験者は，各トリートメントグループ間で一定に保つことでコントロールされる。しかし，所得などのいくつかの個人属性は一定に保つのが難しいことがある。

**被験者間デザイン**

各被験者をランダムにある1つのトリートメントグループに割り振る方法を被験者間（between-subject）デザインという。被験者間デザインでは，異なる被験者が異なるトリートメントグループに参加し，各個人は1つのトリートメントのみを受け取る。提供する情報量が国立公園管理への寄付額に与える影響の例では，各被験者はランダムに情報高トリートメント（$A_1$）か情報低トリートメント（$A_2$）の一方に割り振られ，各被験者は1回の寄付決定を行うことになる。ランダム化と実験デザインが適切に組み合わされたデザインといえ，自然科学を含む広範囲で適用されている。各被験者は1つのトリートメントのみに参加するので順序による影響を完全に排除することができる点が利点といえる。ランダムに被験者を割り振ることで被験者の個人属性のコントロールが期待されるが，特に各グループの被験者数が少ないときなど，個人属性がトリートメントと交絡（コンファウンド）する可能性を完全には排除できない。

## 被験者内デザイン

コントロールの難しい個人属性が結果と交絡（コンファウンド）することが予測されるときに用いられる方法として被験者内（within-subject）デザインがある。被験者内デザインでは，同一の被験者が複数の異なるトリートメントに参加する。寄付の例では，各被験者が情報高トリートメントと情報低トリートメントの2つの寄付決定を行うことになる。同一の被験者グループが各実験トリートメントに参加するので，交絡しうる個人属性を完全にコントロールしていることになる。トリートメント間で結果に差がないということが帰無仮説のとき，被験者間デザインと比較して統計的により強い結果が得られる。欠点としては，学習や疲労による影響がトリートメントの順序と強く相関する可能性がある。

## 順序効果

このように学習や疲労などによって，あるトリートメントの結果が次回以降のトリートメントの結果に影響を与える可能性がある。これを順序効果（order effects, carrying-over effects）という。経済実験では不慣れな意思決定に対する学習効果がトリートメントの順序と強く相関する可能性がある。また，環境評価やオークションを用いた実験では前回の価値表明が次回の価値表明に影響を与える可能性がある。国立公園管理の例でも1回目の寄付決定が2回目の寄付決定に影響を与えるかもしれない。このような順序効果をさける方法としては，被験者をランダムに2つに分け，半数の被験者にはトリートメント $A_1$ の後にトリートメント $A_2$ を，残りの被験者はトリートメント $A_2$ の後にトリートメント $A_1$ を与えるという方法（相殺デザイン：counter-balancing design）が一般的である。つまり順序をランダム化することで相殺するというアイディアである。さらに一方に順序 $A_1 A_2 A_1$ デザイン，もう一方に順序 $A_2 A_1 A_2$ デザインとすることで学習や疲労による順序効果を検討できる。これは ABA デザインといわれることが多い。また回帰分析を行う際に，順序ダミーを入れて事後的に順序効果を検定（およびコントロール）するといった試みがよくなされる。加えて $A_1 A_2$ デザインでの差と $A_2 A_1$ デザインでの差とを統計的に検定することができる。

オークションや環境評価では，学習や疲労のみならず需要の減少（demand reduction）が生じうる（Corrigan and Rousu 2006）。これは，予算の減少や落札による満足などさまざまな要因が考えられるが順序のランダム化ではコントロールが難しい。このようなケースでは，すべてのトリートメントでの意思決定終了後にランダムに1つのトリートメントだけを選び，その選択されたトリートメントの結果のみを用いるという方法がよく用いられる（Laury 2006）。いずれにせよ，1被験者が複数回の意思決定を行う場合，各トリートメント間でどの情報を持ち越せ（carry over），どの情報を持ち越せないようになっているか注意深く検討する必要がある。また，持ち越せるようデザインすべきか否かは検証したい仮説や背後に想定する理論モデルなどに依存する。前回の他の被験者の寄付総額が次回の被験者の寄付額に与える影響に注目しているのならば，各回の寄付結果を共有知識にすべきである。前回の寄付総額の影響は除去し，各回の独立変数の水準変化に注目しているのならば，各回で結果は一切提示せずに，最後にランダムに選ばれた回の結果だけを示すべきである。

**サンプル数**

被験者間デザインか被験者内デザインかという被験者デザインの選択に関連して，各実験グループ（セル）に割り振るサンプル数（sample size）を決める必要がある。この適切な被験者サイズの決定は研究の目的に依存する。環境経済学分野では研究のタイプを大きく2つに分けることができるだろう。第1はある母集団から個人をランダムサンプリングして母集団の統計を推定することを目的とする研究である。この場合，サンプリングエラー（sampling error）の最小化がサンプル数決定の目的となる。伝統的な環境評価はこのタイプの研究が多い。詳しい説明はChamp et al.（2003）などを参照されたい。第2は2つのトリートメントグループ間での平均値の差の検定を目的とする研究である。この場合，検定力（test power）の最大化がサンプル数決定の目的となる。経済実験を用いた研究はこのタイプが多い。

ここでは同一サイズの独立した2つのサンプルの平均値比較を考えよう。例として，情報量高のトリートメント $A_1$ と情報量低のトリートメント $A_2$ からなる被験者間デザインを用いて公園管理に関する情報が寄付額の平均値に与

える影響を検討する。帰無仮説は情報の影響なしとなる。トリートメント $A_1$ の平均値を $M_{A1}$，トリートメント $A_2$ の平均値を $M_{A2}$ とすると $H_0 : M_{A1} = M_{A2}$ となる。このときサンプル数の決定は，重要と考える平均値の最小差 ($D$)，2つのサンプルをプールした際の寄付額の標準偏差の期待値 ($SD$)，有意水準（帰無仮説が真のときに棄却する確率，$\alpha$），検定力（誤った帰無仮説を正しく棄却できる確率，$\beta$）の4つの要因に依存する。重要と考える平均値の最小差は個々の実験の目的によるだろう。たとえば追加的情報にかかる費用が1人当たり400円だとすると，平均値で500円の差は費用便益の観点から重要と考えることができる（$D = 500$）。標準偏差の期待値は寄付可能額（従属変数）の範囲にも依存するだろう。たとえば，0円から1,000円の範囲で寄付をお願いしたとすると標準偏差の期待値は500円程度になるだろうし，上限を設けない場合は1,000円程度になるかもしれない（$SD = 500, 1000$）。有意水準が0.05のとき，z統計量は1.96となる（$z_{0.05} = 1.96$）。検定力が0.8のとき，標準正規分布の80パーセンタイルは0.84，0.9だと1.28となる（$z_{0.8} = 0.84$, $z_{0.9} = 1.28$）。母集団が十分に大きいとき，各トリートメントに必要な最小サンプル数（$N$）は以下のようになる。

$$N = \frac{2(z_\alpha + z_\beta)^2 SD^2}{D^2} \tag{8.1}$$

標準誤差が500円で検定力が0.8のとき $N = 16$ となり，検定力が0.9のとき $N = 21$ となる。つまり，それぞれ合計32，42のサンプル数が最低限必要ということになる。一方，標準誤差が1,000円のときはそれぞれ合計126（各トリートメント63），168（各トリートメント84）のサンプル数が最低限必要ということになる。このように実験に必要となる最低限のサンプル数は，有意と考える水準や意思決定のドメイン（定義域）[4]に大きく依存する。なお，標準偏差の期待値は被験者の同質性にも依存しており，被験者の多様性が高まるほどより多くのサンプル数が必要になることを示唆している。サンプリングやサンプル数に関するより詳細は List et al.（2010）などを参照されたい。

---

[4] ここでドメインとは，寄付をするか否か，いくら寄付をするか，あるいは0円から1000円の範囲でいくら寄付をするか，といった意思決定の枠組みやその範囲を指す。

## 被験者の選択

続いて，被験者としてリクルートの対象とする母集団を決める必要がある。環境評価では主に一般市民が用いられてきた一方で，実験経済学では主に学生が被験者として用いられてきた。学生を被験者として用いることの妥当性は研究の特徴や目的に依存する。たとえば理論の検証が目的の場合，理論は一般的でありすべてのタイプの人々にあてはまるはずであり，当然学生も含まれる。もし，学生を用いた実験で理論仮説が棄却されるようならば一般的でないことになる。つまり，目的が理論の検証や一般的な仮説の検証であるならば学生を被験者として用いることは妥当である。また，同質的なサンプルほど検定が強力になることを思い出すと，むしろ学生サンプルの方が被験者として望ましい。実験デザインの項でも述べたが実験研究のスタンスとしては，まず同質的なサンプルに焦点をあて強力な結果を得たうえで，その後に異なる母集団による反復実験を行うことで結果の一般性を検証することが望ましい。

一方，研究の目的が環境評価のように一般市民を母集団としたときの情報提供が価値表明に与える影響だとすると学生サンプルでは不十分ということになる。国立公園管理への寄付の例では，寄付者名公表が寄付額に与える影響は社会的認可（social approval）という一般的な仮説（Rege and Telle 2004）を検証しており，学生サンプルで検証することに意義がある。当然，学生サンプルでその効果が確認された後に，実際の訪問者や一般市民など他の母集団を対象としてその一般性を検証することには意味がある。一方，情報量を高めたときに訪問者の寄付額が実際にどの程度増えるのかに関心がある場合は，学生を対象とした実験では不十分かもしれない。情報が寄付額に与える影響の検証という意味では価値があるが，どの程度増えるのかという寄付額の絶対値に関しては関心のある母集団から被験者をサンプリングする必要があるだろう。

また，近年では学生サンプルを用いた実験結果の外的妥当性を検討する研究として，実験において操作する変数そのものが被験者タイプとなることもある。たとえば，Masclet et al. (2009) は，リスクに対する選好が雇用者と自営業者で異なるかを検討している。Velez et al. (2009) は，教育水準や性構成が異なる伝統漁業を営む3つの地域で共有資源ゲームにおける意思決定の差異を検討している。なお，社会的ジレンマゲームなどにおいて経済学を専攻す

る学生は他の学生と比較して非協力的であるとの報告もなされている（Frank et al. 1996）。学生を用いた実験では，専攻によってブロック化し学生の専攻とトリートメントが交絡（コンファウンド）しないようにデザインしたうえで，統計分析に専攻のダミー変数を入れることでその影響を確認することが理想的である。

### 8.2.3　インセンティブ

これまで経済実験に限らず医学系分野や心理学分野などにも共通する一般的なデザイン項目を取り扱ってきた。本項では，実験経済学の核心ともいえる経済的インセンティブを用いて被験者の選好をコントロールする手法について解説する。人々の経済的意思決定は個々人の選好に大きく依存する。経済理論はこの選好に一連の仮定をおくことで意思決定を分析する。しかし，数理モデルというフレームを取り払い一旦現実の人々の意思決定に目を移すと，人々の選好は観察不可能でありコントロールすることは大変困難をともなうことに気づく。このため経済学分野では長らくこの選好や効用は操作不可能なものとして扱われてきた。しかし，2002 年にノーベル経済学賞を受賞した Vernon Smith が提案した価値誘発理論（induced value theory）は，経済実験における意思決定に応じた利得に比例した金銭報酬を被験者に実際に支払うことで，被験者の価値や選好をコントロールできることを示した。この被験者の選好をコントロールする手法の開発が実験経済学研究発展のブレイクスルーとなり，現在では被験者の選好をコントロールあるいは実験操作した実験経済学的手法が広く用いられている。

**価値誘発理論**

価値誘発理論は，実験報酬を適切に用いることで被験者の効用や選好をコントロールする方法を提供する。選択変数を $x$，その選択のもとでの実験報酬を $R(x)$，選好を $U(m, z)$ とする。なお $m$ は報酬を含む所得，$z$ は金銭以外のすべての動機とする。Smith (1976; 1982) は，次の 3 つの条件（十分条件）が満たされるとき，被験者の選好を誘発することができることを示した。

1. 非飽和性（nonsatiation）：被験者は少ない報酬よりもより多くの報酬を望まなければならない。また，ある報酬で飽き足りるようではいけない。これは，すべての $(m,z)$ の組み合わせに対して $\partial U(m,z)/\partial m > 0$ と表すことができる。通常，実験報酬として実際のお金を用いることで達成される。
2. 感応性（saliency）：報酬は被験者の意思決定に依存していなければならない。また被験者はその意思決定と報酬額に関するルール（つまり，利得関数 $R(x)$）を完全に理解していなければならない。たとえば，実験における意思決定とは無関係に固定報酬を支払うことは，この条件を満たさない。この点は，粗品や参加費を支払う調査研究と実験経済学研究の決定的な違いである。選択型実験（choice experiments）を含む多くの環境評価研究が実験デザインを用いているが被験者の意思決定をコントロールできていない調査研究として位置付けられるのは，意思決定の報酬が感応的でないためである。コントロールされた経済実験では，感応的な実験報酬を支払わなくてはならない。
3. 優越性（dominance）：被験者の意思決定は報酬以外の要因に左右されてはいけない。つまり，報酬以外の要因は無視できる必要がある。報酬以外のすべての要因（$z$）は観察が不可能かもしれずこの条件の実現は多くの場合で容易ではない。可能な限り他の要因を一定に保ち，被験者を誘因付けるのに十分な額の感応的な報酬を支払う必要がある。また，被験者が他の被験者との相対的な位置付けの中で行動する可能性がある。たとえば，被験者は他の被験者よりも稼いでいるかどうかを気にするかもしれない。被験者には自身の利得に関する情報のみを知らせ，他の被験者の利得に関する情報を知りえず，かつ予測できないようにすべきである。特に被験者ごとに利得などの情報が異なる場合はその取り扱いに最大限の注意を払う必要がある。Smith（1982）はこれをプライバシー（privacy）とし 4 つ目の条件として挙げている。

上記の 3 つの条件が満たされるとき，実験者は被験者の利得関数をコントロールできることになる。いま実験にて被験者に誘発したい利得関数を

$R(x_1, x_2)$ としよう。実験報酬（$\Delta m$）は選択変数 $(x_1, x_2)$ に対応して $\Delta m = R(x_1, x_2)$ とする。このとき，誘発された選好は $V(x_1, x_2) = U(m_0 + R(x_1, x_2), z_0 + \Delta z)$ となる。ここで $(m_0, z_0)$ は被験者の実験開始前の観察不可能な所得とその他の要素である。また，$\Delta z$ は実験を通して被験者の選好に影響する非金銭的な要因である。ここで，誘発しようとしている利得関数（$R$）と実験を通して実際に誘発される効用関数（$V$）の限界代替率が一致することを示す。

$$\frac{\frac{\partial V}{\partial x_1}}{\frac{\partial V}{\partial x_2}} = \frac{\frac{\partial U}{\partial m}\frac{\partial R}{\partial x_1} + \frac{\partial U}{\partial z}\Delta z x_1}{\frac{\partial U}{\partial m}\frac{\partial R}{\partial x_2} + \frac{\partial U}{\partial z}\Delta z x_2} = \frac{\frac{\partial U}{\partial m}\frac{\partial R}{\partial x_1}}{\frac{\partial U}{\partial m}\frac{\partial R}{\partial x_2}} = \frac{\frac{\partial R}{\partial x_1}}{\frac{\partial R}{\partial x_2}} \qquad (8.2)$$

ここで1つ目の等式は感応性より，2つ目は完全な優越性より，3つ目は非飽和性よりそれぞれ導かれる。このように，3つの十分条件が満たされているとき，2つの関数が同一の選好を表していることになる。この価値誘発理論は，被験者が実験における選択行動と実験報酬の関係を理解し（感応性），被験者がその実験報酬によって動機付けられ（非飽和性），他の要因による影響が無視できる（優越性）とき，被験者の選好や効用を誘発できることを示唆している。価値誘発理論のより詳細は Smith (1982) を参照されたい。

　この価値誘発理論に基づいた感応的な実験報酬は実際に実験での被験者行動に影響を与えるのか。これまでこの経済的インセンティブの有無が被験者の意思決定に与える効果を検証した研究が数多く報告されており，実質的に実験結果を変えるときと，必ずしも変えないときがあることが報告されている。なお比較的新しいレビュー論文では，金銭的インセンティブはしばしば被験者行動の分散を減らすが，多くの場合平均的なパフォーマンスには影響しないと結論している（Smith and Walker 1993; Camerer and Hogarth 1999）。しかしながら，論理的な説明なしに多くの場合で同じ結果が得られたからといって，経済的インセンティブのコントロールをしなくても妥当であるということにはならない。経済実験はアンケート調査とは異なる。経済実験において経済的な選択行動を関心とする以上，経済的に影響のない仮想的な行動を観察対象とすることは理解が得難いのである。実験報酬を用いて経済的インセンティブをコント

ロールするという実験経済学の手法はその開発からそれほど年月が経っておらず比較的新しい方法論である。その手法としての妥当性や信頼性を検証する研究は今後より一層の発展が望まれる。

**誘発価値**

経済実験においては，私的財の取引や公共財の供給がなされる。また，オークションや他のタイプのメカニズムを用いて，私的財や公共財に対する価値表明を扱うこともある。ここで，実験報酬と感応した利得関数を用いて実験者によって誘発された価値を誘発価値（induced-value：インデュースド価値）という。実験経済学では，主にこの誘発価値が用いられる。誘発価値を用いることで，被験者の背後にある選好をコントロールし，また観察可能変数として分析に加えることが可能となる。これはさまざまな仮説を検証する際にきわめて優れた性質になりうる。

国立公園の例で，寄付者名公表や一口寄付額の増加が寄付額に与える影響を考えよう。国立公園管理から個人が得られる実際の価値は観察できない。よって，背後にある価値をトリートメント間で完全にコントロールすることは難しく次善の手段としてランダム割り当てや被験者内デザインが用いられることになる。しかしこのような実験デザイン手法を用いても，背後にある価値額がトリートメント効果に与える交互作用を調べる手だてはない。このようなケースにおいて，誘発価値の利用は背後にある価値のコントロールを可能にし，価値額に変動を持たせ（つまり価値額を独立変数の１つに加え）ランダムに割り当てることで，価値額が寄付額に与える線形効果とともに，他の独立変数との交互作用を特定することが可能になる。

実験経済学の文脈では通常，同質的な誘発価値が用いられることが多い。研究の目的がメカニズムや行動的仮説の検証の場合，同質的な設定の方が実験デザインの観点から望ましい。一方で，公共財への支払額と公共財の価値との関係など，財の価値が意思決定に与える影響が問題となる場合もある。このようなケースでは，多様な誘発価値が用いられる（Rondeau, et al. 2005; Mitani and Flores 2009）。環境評価研究は協力レベルや支払レベルのみならず，真の価値との関係に着目する点で特徴的といえる。今後は環境評価研究に動機付け

られた実験研究で広く経済学に貢献していくことが期待される。

　国立公園の例に話を戻す。実験研究としては，研究の初期ステップとして一般的な公共財供給への寄付行動に焦点を絞り寄付者名公表と背後の価値額の効果をそれぞれ特定しておいたうえで，次のステップとして国立公園管理を対象とした実験を行うという戦略が望ましい。このように寄付者名公表の効果は一般的な研究目的といえ，誘発価値の利用が実験結果の内的妥当性を高める。一方，情報量の効果が研究目的の場合は，情報は国立公園管理というコンテクストに大きく依存するため，誘発価値の利用にあたっては外的妥当性が問われるだろう。

**自己内在価値**

　現実に存在する財に対して被験者自身が持つ価値を自己内在価値（homegrown-value：ホームグロウン価値）という。自己内在価値は実験者によって誘発される誘発価値（induced-value）と対比して，被験者自身が実験に持ち込む価値と定義される（Smith 1976; Cummings et al. 1995）。環境評価研究がこれまで評価しようとしてきた価値はこの自己内在価値になる。自己内在価値を用いることで，より現実的で研究関心の対象を財とすることができる。国立公園管理に関する特定の情報が人々の寄付額へ与える影響に関心がある場合，自己内在価値を用いる必要があるだろう。ただし，自己内在価値（つまり実在する財）の実験での利用は，被験者の選好（価値）を観察できずコントロールも難しいため注意が必要である。ランダム化や被験者内デザインの注意深い利用がより重要になるだろう。また，誘発価値を用いた実験に比べより大きいサンプル数が必要になる。

　自己内在価値を用いた実験をコントロールされた経済実験とするためには，以下の点に注意が必要である。まず，財に対する支払と財の供給を確実に操作することが重要である。たとえば，被験者は実験にて選択した商品を実際に手に入れることができなくてはならない。また，実験中に手渡されるのか，実験後すぐに手渡されるのかなど，供給の時期についても明確な説明が求められる。つまり，前提とする理論モデルや実験デザインによってコントロールされていない不確実性があってはならない。第2に，実験で取引する財が，理論

モデルで想定する性質を確かに有しているか確認する必要がある。たとえば，実際の国立公園管理といった公共財的性質を持つ財を実験室で取り扱うことは容易ではない。供給が確実になされ，被験者はその帰結を確実に知り得る必要がある。また，実験における意思決定の外部で供給が行われてはいけない。これを外部の市場（outside market）の排除という（Carson and Groves 2007）。たとえば，被験者の過半数多数決である特定の国立公園管理がなされるという実験をする際に，その特定の管理が実験の意思決定以外のルートで供給されてはいけない。被験者に限らず，誰もがその公園管理へ寄付をすることが可能で，実際の管理はすべての寄付額に応じて決まる場合は，この条件を満たしていないことになる。

公共財的性質を持った財を経済実験に取り込む試みは，その財の選択に工夫が見られる。たとえば，経済学におけるフィールド実験の第1人者であるシカゴ大学の John List は，実験室にて公的に供給される私的財（publicly provided private goods）を用いることで公共財的性質を持った自己内在価値をコントロール可能にした。Landry and List（2007）はプロスポーツ記念品の愛好者を被験者として，アメリカンフットボール（NFL）の歴史的試合の入場券[5]をある一定の費用で被験者全員に供給することへの住民投票を行った。過半数の賛成ですべての被験者が一定の費用を支払すべての被験者が記念的入場券を1枚ずつ受け取る。記念的入場券そのものは私的財であるが，このようなプロセスを通して非競合性および非排除性の性質を持たせることができる。すべての被験者にとって記念的入場券の自己内在価値は非負であると考えられる。また，その特定の記念品は実在する数がきわめて限られておりその実験以外で手に入れることはきわめて難しい。

### 8.2.4　その他の重要項目
**匿名性**

実験室における被験者の匿名性（anonymity）の確保はきわめて重要である。被験者はしばしば実験における自身の行動が実験者（experimenter）や他

---

[5]　1997年10月12日にNFLのバリー・サンダース（Barry Sanders）がラッシングヤード歴代2位となるラッシャーを決めた試合の入場券。

の被験者に特定されているか否かに敏感である。また，経済実験において取引やゲームを行う相手の被験者に関する情報に関してもしばしば敏感に反応する。経済理論は匿名性を前提としている。また，実験において匿名性を失うことはさまざまなチャンネルを通して被験者の行動に影響を与えうるため，コントロールできない要因が増えることになる。実際，公共財ゲームや独裁者ゲームにおいて匿名性が失われると実験結果が大きく異なることが報告されている (Rege and Telle 2004; Charness and Gneezy 2008)。

　経済実験専用に設計された実験室では被験者ごとに仕切り (privacy shield) に囲まれた個別ブースが通常用意されている (図8.1)。この仕切りにより被験者の私的な情報や意思決定が実験者や他の被験者に一切見えないよう工夫されている。また被験者を実験室に誘導する時点から，被験者間で性別や様相といった個人の特徴が特定できないように配慮されることもある。標準的な経済実験では，匿名性は以下の手順で確保される。まず被験者の管理には個人情報を特定できないID番号を用いる。仕切りのある個別ブースの利用は匿名性の確保にきわめて重要である。また，実験に参加しているすべての被験者で取引やゲームをするのではなく，複数のグループをランダムに形成することで被験者は誰と同じグループで実験に参加しているのか特定できなくなる。たとえば20名の被験者が同時に実験に参加している際，5名からなるグループをラン

**図8.1　経済実験室の例（早稲田大学政治経済実験室）**
（早稲田大学・竹内あい氏撮影）

ダムに4つ作ることで匿名性を高めることが期待できる。

**ブラインド（マスキング）**

実験者が実験で期待している行動を被験者に伝えてしまう可能性や，被験者が実験の意図を推測しそれに沿うように行動してしまう可能性がある。実験者は実験の意図や各被験者がどのトリートメントグループに参加しているかを知っているが，被験者自身は知らない状態で行われる実験をシングル・ブラインド（single blind, single masking）実験という。実験者と被験者の両者が知らない状態で行われる実験をダブル・ブラインド（double blind, double masking）実験という。実験研究としてシングル・ブラインドは最低限の要請といえる。実験者の影響を完全に取り除くには，ダブル・ブラインド実験の採用がより望ましいが，医学分野とは異なり経済実験でのダブル・ブラインドの実現は容易でないことが多い[6]。

**リスク態度**

リスクに対する個人の態度は多様であると考えられる。オークションメカニズムなど経済理論の帰結が，この個人のリスク選好（risk preference）に依存することがある。実験にて検証しようとしている理論的モデルが個人のリスク選好に依存する場合は，実験における被験者のリスク態度に注意する必要がある。たとえば，リスク中立的な個人に成立する理論的予測を実験で検証する場合，被験者がリスク愛好的あるいは回避的であるがゆえに予測が棄却されたのか，あるいはリスク中立的であるにもかかわらず棄却されたのかを特定できるようにデザインする必要がある。このように実験にて被験者に不確実性のある選択を行わせる際は，被験者のリスク選好そのものを誘発するか，独立な別の手順を用いて被験者個人のリスク選好を計測するかの方法が主にとられる。

実験経済学では利得とくじを組み合せることで被験者のリスク態度を誘発する手法が頻繁に用いられてきたが，そのパフォーマンスは理論的根拠に反す

---

[6] 医学分野の実験では，実験者に配布するピルの中身を知らせないことでダブル・ブラインドが達成されるが，経済実験で実験内容を口頭で説明する以上，実験者はそれを知りえてしまう。実験経済学でのダブル・ブラインド実験の実施には Hoffman et al. (1994) などの手順を参照されたい。

ることが多く疑問視されている (Camerer 2003)。川越 (2007) は Berg et al. (1986) による手法などを簡潔に解説しているので参照されたい。一方，研究の主目的となる経済実験の前か後に独立した手順を用いて被験者個人のリスク態度を計測するアプローチでは，比較的簡単なくじの選択を複数回被験者に行わせる。被験者個人の相対的リスク回避度 (constant relative risk aversion: CRRA) を計測することができる Holt and Laury (2002) によって提案された手順が近年多くの研究で用いられている。

**マッチングプロトコル**

　複数回の取引やゲームを実施する場合，被験者の行動が変化する可能性がある。それは単純に経験や慣れに起因するか，あるいは他の被験者との相互作用に起因する。たとえば，公共財実験ではゲームを 10 回から 25 回ほど繰り返すことが多い。特に同じ被験者と繰り返しゲームを行う場合は，被験者の公共財への投資額は評判 (reputation) 形成などゲームの履歴 (history effects) や他の被験者の投資額 (conditional cooperation) に依存することが知られている (Keser and van Winden 2000)。

　このように同じゲームを繰り返し行う際，被験者のマッチング方法などによりある程度履歴効果や条件付協力といった相互作用をコントロールすることができる。毎回，同一の被験者がグループとなる組み合わせをパートナーマッチング (partner matching protocol) という。パートナーマッチングで毎回のゲーム直後に結果を知らせた場合，履歴効果や被験者間の相互作用が観察されやすい。一方，毎回ランダムに異なる被験者がグループとなる組み合わせをストレンジャーマッチング (stranger matching protocol) という。ストレンジャーマッチングですべてのゲームが終わるまで各回の結果を知らせない場合，特定の被験者間での相互作用などは現れにくく 1 回限りのゲームに近い環境になる。なお近年では 1 回限りの意思決定を近似するため，すべての意思決定が終了した後にランダムに 1 つの意思決定だけを選び，その選択された回の結果のみが知らされるという方法がよく用いられる (Laury 2006)。この方法はストレンジャーマッチングと組み合わせて用いられる。実験の目的をもとに何をコントロールしどの効果を許容するのかをよく検討しマッチング方法を

決める必要がある。

**実験報酬**

　被験者が実験への参加を通して獲得する報酬は，参加自体に対して支払われる固定額の参加報酬（show-up fee）と実験での獲得利得に感応して支払われる実験報酬からなる。参加報酬は被験者を拘束することへの最低限の支払と捉えることができるが，実験報酬に対して支払が事前に約束される参加報酬の割合が高くなればなるほど感応性が低くなる。また支払をともなうオークションや寄付をお願いする実験では，初期保有（endowment）が結果に影響を与えることがある。Corrigan and Rousu（2006）は実験オークションにて，第1財を初期保有として与えたうえで第2財への付け値を行った場合（endowment）と初期保有なしで2つの財に付け値を行った場合（full-bidding）とを比較し結果が大きく異なることを示している。しかし，参加報酬を少なくしかつ初期保有なしでオークションや寄付の実験を行うと取引される財を受け取ったり寄付が実際になされたりするものの，実験参加を通しての金銭的な受取額がマイナスになってしまう可能性がある。そこで参加報酬や初期保有を無条件に支払う代わりに，アンケートやクイズなどに回答あるいは本実験に影響を与えないくじの選択や簡単なゲームなどに参加してもらい，そのタスクに対して報酬を支払うというやり方が用いられることがある。この場合，初期保有を被験者自身が労働を投入して稼いだものと捉えるため感応性が高くなることが期待できる。

**インストラクション**

　実験を準備する過程において，被験者に実験を説明するインストラクション（instructions）の用意はきわめて重要である。実験者が読み上げる（および被験者に配布する）実験説明のスクリプト（instructional script）の準備は，細かい点まで明確に記述していく必要があるため，実験デザインから具体的な実験実施に進む重要なステップとなる。また，実験説明のスクリプトは複数の実験者が実験を担当する際や実験の正確な反復（replications）に必要不可欠である。さらに近年では学術誌に論文を投稿する際に実験のインストラクションの提出を求められることが多い。

**デセプション**

　社会心理学分野では社会的ジレンマなど経済実験にきわめて近い実験が行われているが，最大限の違いはデセプション（deception）を許容するか否かである。社会心理学実験ではコントロールを高めるためにデセプション（被験者に偽った情報を意図的に与えること）を頻繁に用いるが，実験経済学ではデセプションを用いることは許されない。これは，一度デセプションを経験した被験者が他の実験でも偽った情報を受けているのではないかと疑う可能性があるためである。また，このようなデセプションに関する情報が学生などの被験者の候補者たちで共有されて知れわたってしまう可能性も高い。Jamison et al. (2008) はデセプション経験が経済実験の結果に有意な差を与えることを示し，被験者パネル[7]の管理に注意を促している。一方，われわれ経済学者はデセプションを用いないで十分なコントロールを得るために，デザイン上さまざまな制約や（短期的な）高費用を受け入れる必要がある。

## 8.3　妥当性と信頼性

　表明選好法の調査デザインと同様，経済実験デザインにおいて妥当性（validity）と信頼性（reliability）の確認は欠かせない。妥当性と信頼性は実験研究の質を判断する基準を与える。実験をデザインする段階において常に気をつけておくべきである。経済実験では，理論で想定している変数を実際に測定することはそれほど容易ではない。常に，理論で想定している変数が正確に測定している変数に変換されているかを確認することが重要である。

　妥当性とは測定したい対象が本当に測定できているかの程度を示す。信頼性とは測定したい対象が正確に測定できているかの程度を示す。たとえば，ダーツで10本の矢を投げたとしよう。妥当性は矢が的をえているかどうか，信頼性は10本の矢が大きく散らばっていないかをそれぞれ確認する。すべての矢が的の中心部に小さく集まっているとき，妥当性と信頼性の両方が高いといえる。的の中心は大きく外れているが10本の矢がある1点に集中している場合

---

[7]　被験者パネルとは被験者の候補者となりうる人を指す。

は，妥当性は低いが信頼性は高いといえる。信頼性がいくら高くとも的を外れていればまったくもって意味がない。10本の矢が的の中心に関係なく大きく散らばっているとき，妥当性も信頼性も低いといえる。1本が的の中心をえていたとしてもそれは偶然かもしれず意味がある結果とはいい難い。

### 8.3.1 妥当性

経済実験において測定しているものが本当に測定したい対象であるかどうかという妥当性は，実験実施後はもちろんのこと実験デザインの過程においても慎重に検討する必要がある。実験自体の妥当性として内的妥当性（internal validity）と外的妥当性（external validity）がある。

**内的妥当性**

内的妥当性は実験の操作やコントロールが正確になされているかに関する妥当性である。国立公園の例で，管理に関する情報量（独立変数）が低（水準1）から高（水準2）に変化したとき，被験者の寄付額（従属変数）が増加したとしよう。寄付額の増加分は情報量の変化とそれ以外の要因によって説明されるだろう。このとき，情報量の変化によって説明される割合が高いほど内的妥当性が高いと判断される。つまり，8.2節で説明したテクニックは，この内的妥当性を高めることを目的としている。

**外的妥当性**

外的妥当性は実験で得られた結果がどれだけ一般化できるかに関する妥当性である。母集団からのランダムサンプルによる代表性の高い被験者サンプルを用いた実験は一般に高い外的妥当性を持つ。一方，代表性の低い被験者サンプルを用いた実験の外的妥当性は低い。母集団がある国立公園の訪問者の場合，学生を用いた実験の外的妥当性は低く，その訪問者を用いた実験の外的妥当性は高くなる。一方，理論的仮説の検証などでは，学生を用いた実験でも十分に高い外的妥当性を持ちうる。また代表性の高い多様な被験者を用いるほど，検定力を保つためにより多くのサンプル数が必要となることを念頭に置く必要がある。8.2節でも述べたがこの一般性の問題は研究の目的に大きく依存する。

実験経済学者と比較して，現実の政策的課題に直面している環境経済学者はより結果の一般化に高い関心があると考えられる。しかしながら，実験にさまざまな現実的な要素を取り込もうとすると当然実験の操作やコントロールが難しくなる。このように外的妥当性は内的妥当性とトレードオフになることがしばしばある。本章では一貫して，まずシンプルな仮説と同質的なサンプルに焦点をあて内的妥当性の高い結果を得たうえで，その後により母集団を反映したサンプルを用いて反復実験を行うことで結果の外的妥当性を検証すべきであるというスタンスをとってきた（Shadish et al. 2002）。この点は次章にて再び議論したい。

### コンストラクト妥当性

　実験自体の妥当性のほかにも測定したい変数についての妥当性もある。たとえば，CVM研究でも多く議論されてきたコンストラクト（construct）妥当性は，測定する変数が理論的に予測されるように他の要因となる変数と関係しているかを示す。たとえば，誘発価値（公共財への価値）が高いほど公共財への支払額が高くなると理論的に予測されるとしよう。このとき，コントロールされた誘発価値（独立変数）と観察された被験者の支払額（従属変数）の関係を確認することでコンストラクト妥当性を検証することができる。

### 天井効果とフロア効果

　測定したい変数をデザインする際に気をつけておくべきこととして，天井効果（ceiling effect）とフロア効果（floor effect）がある。測定した変数の分布が大きく最大値（最小値）に偏ってしまい独立変数の効果が検出できないことを天井（フロア）効果という。国立公園の例で，情報量の変化が1口100円の寄付をするかしないかに影響するか検討するとしよう。もしほぼすべての被験者が寄付したとすると情報量の効果は統計的に検出できない。一方，一口5,000円とした際に，ほぼすべての被験者が寄付をしないとするとこの場合もまた情報量の効果は検出できない。このような場合，単純に2つのトリートメントの寄付率を比較すると情報量の効果がないという誤った結論に行き着いてしまう。つまり，独立変数の効果を検出できるのに十分な変動を従属変数が有する

ようにデザインをする必要がある。

### 8.3.2　信頼性

　経済実験では，測定すべき対象を正確に測定している程度を示す信頼性は反復実験によって確認される。実験結果の信頼性が高い場合，その実験を繰り返し行っても同じ結果が得られるはずである。ある実験結果が理論と整合的であったとしても，追試によって再現できないような実験は信頼性が低く意味がない。実験において操作やコントロールがなされない要因が増えるほど，実験結果の再現性は下がるだろう。つまり，注意深い実験デザインは信頼性を高めるうえでも重要である。また実験デザインや手順，およびインストラクションを整備し，他の研究者が実験を再現し信頼性を確認できるようにすることが大切である。

## 8.4　まとめ

　妥当性と信頼性が高い意味のある結果を得るには，注意深い実験デザインが重要である。本章では，経済実験を理解および実施するうえで必要となる実験手法のテクニックを詳しく解説した。適切な実験デザインの多くは研究の目的に依存する。実験の目的を明確にすることが実験研究の第1歩といえる。実験手法は因果関係を見極める手法である。内的妥当性を最大化するシンプルな実験デザインを用いることで一定条件下での確実な結果を得ることができる。人々の経済的選択行動を分析対象とする以上，経済的インセンティブのコントロールは最重要となる。また，被験者のリスク態度や他の被験者との相互作用などにも最大限の注意を払う必要がある。本章で紹介した実験経済学のテクニックを用いることで，これらの事項に適切に対応できるだろう。次章では，実験実施の手順を紹介したうえで，フィールド実験アプローチを概観することで結果の一般化（つまり外的妥当性）と望ましい研究プロジェクトのあり方について議論する。

# 第9章 実験アプローチの最新テクニック2：実験実施とフィールド実験

三谷羊平・栗山浩一・庄子康

## 9.1 はじめに

　環境経済学分野では，国立公園への入場料導入が人々の訪問行動へ与える影響やある製品のリスクに関する追加情報の提供が消費者の購買行動へ与える影響といった制度や政策などの効果を評価することに関心がある。また，理論的に予測されるこれらの効果の検証，つまり理論的仮説の検証にも関心がある。第III部で紹介している実験アプローチは，この政策や制度が経済行動に与える因果関係を正確に特定するのに最大限の効力を発揮する。第7章では実験手法がいかにして因果関係を特定可能にするかの基礎概念を説明した。第8章では検証したい制度や政策（独立変数）の変化が被験者の経済的行動（従属変数）に与える効果を正しく計測することを目的とした経済実験デザインについて詳しく説明した。

　因果関係の特定を目的とした研究では，その第1ステップとしてシンプルな仮説と同質的なサンプルに焦点を当てた内的妥当性の高い実験を行うことが重要である。すなわち，いくら現実に近いコンテクストで現実の母集団を代表するサンプルを用いて実験研究を行ったとしても，関心のある政策や制度の効果を正しく捉えていなければ妥当性のきわめて低い意味のない結果になってしまう。内的妥当性の高い実験結果を得るには，第8章で説明した適切な経済実験のデザインとあわせて，適切な実験の遂行がきわめて重要になる。完璧な実験デザインを用いても，実験実施に不備があると妥当性や信頼性が大きく低

下する。特に，経済実験では被験者は他の被験者とともに社会的な意思決定を行うため，さまざまな細かい要素が被験者の行動に影響を与えかねない。本章では，経済実験の実施に必要なテクニックとして経済実験の実施手順を詳しく解説する。

政策研究を多く扱う環境経済学分野では，内的妥当性を高めるためにいろいろと制約を受けた実験環境で得られた結果が，より現実に近い環境においても成立するのかという外的妥当性の考慮がとりわけ重要になる。すなわち，実験アプローチは実際のところ使えるのかという問いである。本章では，この外的妥当性の問題も検討する。より母集団を反映したサンプルを用いたフィールド実験，より現実に近いコンテクストを取り込んだフィールド実験，これらを実験室実験の反復実験として行うことで内的妥当性の高い実験で得られた結果の外的妥当性を検討するというアプローチである。

本章ではまず実験室での経済実験の手順を整理する。また，経済実験専用のソフトウェアの使用方法を詳しく説明する。続いて，各種フィールド実験の具体例を紹介する。最後に，ナチュラル実験や実証研究を含む各アプローチの利点と欠点を研究の妥当性の観点から整理し直し，今後の研究の方向性を示す。

## 9.2 経済実験の実施手順

経済実験研究は通常，「実験デザイン」，「実験実施」，「データ分析」という3つのステップからなる。ステップ1の実験デザインでは，重要な問題は何かを明確化し，関連する理論や定型化された事実（stylized facts）を検討し検証可能な仮説（testable hypothesis）を定める。そして，仮説を検証するうえで決定的な区別を行える実験をデザインする。ステップ3のデータ分析では，実験で得られたデータに適切な統計分析を応用することで仮説の検証を行う。本節では，ステップ2の実験実施についてその手順を紹介する。

**被験者パネルの作成**

実験トリートメント数や被験者デザインの決定といった一連の実験デザインを行った後，すぐにでも始めるべきは被験者の募集である。対象となる母集団

からサンプリングできるように募集をかける。なお募集の際に，謝礼が変動する可能性があることを明記しておいた方がよいだろう。実験セッションごとの被験者リスト作成し，当日の欠席や遅刻がないようリマインダーを送り参加の意思を再度確認することが望ましい。なお，経済実験の多くは特定の人数が集まらないと実験を実施できない。1人でも遅刻者や欠席者が出るとそのセッション全体が実施不可能になってしまう。このような事態を避けるため，予備要員として1割ほど余分に募集をかけることがある。人数がオーバーし参加できない被験者には事情を説明し謝罪したうえで，別途用意しておくアンケートなどに回答してもらい固定報酬を支払うことで対応する。

## 専用ソフトウェアの利用

多くの経済実験は，専用ソフトウェアなどを用いるためコンピュータが備わった実験室にて実施される。匿名性の確保のためには被験者ごとに仕切り (privacy shield) に囲まれた個別ブースが必要となる[1]。意思決定が1回限り (one shot) のゲームやくじの選択のような個人の意思決定などは記録用紙 (decision sheet) とペンを用いて実験を実施することが可能である。しかし，実験経済学専用ソフトウェアには以下の利点がある。

- 実験進行のコントロール[2]が容易
- 共有知識と個人情報といった情報伝達のコントロールが容易
- ランダム変数の利用が容易
- マッチングプロトコル[3]の利用が容易
- 集計や計算および結果提示の高速化
- 用紙の配布と回収にともなうコントロール低下の回避
- データの自動入力
- 高い再現性

---

[1] 典型的な経済実験専用に設計された実験室の例として第8章の図8.1を参照されたい。
[2] コントロールについては7章「7.2.1 実験手法と因果関係」を参照されたい。
[3] マッチングプロトコルについては第8章 p.202 を参照されたい。

このような理由から実験経済学専用ソフトウェアを用いた経済実験の実施が好まれる。

プログラムの必要がほとんどない経済実験ソフトウェアとしては，バージニア大学の Charles Holt によって開発提供されている Vecon Lab[4] がよく用いられている。Vecon Lab はウェブベースのソフトウェアでオークションや公共財ゲームなど数多くの標準的な実験が実装されており容易に実施できる。また，実験パラメータの変更なども容易である。NSF のプロジェクト（National Science Digital Laboratory Initiative の一部）としてアリゾナ大学とジョージア州立大学で開発利用されてきたソフトウェアをもとに構築された EconPort[5] もプログラムの必要がない経済実験ソフトウェアの1つである。Vecon Lab と同様にさまざまな標準的な実験を容易に実施することが可能であり実験結果の表示機能も優れている。プログラムの必要がある経済実験ソフトウェアには，チューリッヒ大学の Urs Fischbacher によって開発提供されている z-Tree[6] がある（Fischbacher 2007）。z-Tree は，柔軟性がきわめて高く経済実験の実施にもっとも頻繁に用いられているソフトウェアといえる。次節にて z-Tree の使い方を詳しく解説する。

## 実施直前の準備

被験者の集合時間30分前には実験の最終準備を整える必要がある。経済実験ソフトウェアの動作確認，セッションにて実行するプログラムの確認，セッションにて利用するインストラクションの確認をする。続いて，各個人ブースに実験参加の同意書，メモ用紙やペンなど，被験者が席に着いた時点で必要なものを用意しておく。また，被験者リストの再確認も重要である。かなり早い時間に集合場所に現れる被験者もいるので，どこでどのように待機してもらうかなどの確認を事前に行う必要がある。また被験者の管理と誘導に最低1人

---

[4] Vecon Lab の詳細については Vecon Lab のウェブサイト（http://veconlab.econ.virginia.edu/admin.php）を参照されたい。

[5] EconPort の詳細については EconPort のウェブサイト（http://www.econport.org/econport/request?page=web_home）を参照されたい。

[6] z-Tree の詳細については z-Tree のウェブサイト（http://www.iew.uzh.ch/ztree/index.php）を参照されたい。

の専用スタッフを用意し，被験者が到着したときに誰であるかを確認し被験者リストに登録する。遅刻や欠席が見込まれる被験者がいる場合は，携帯電話に連絡を入れ確認する。

**経済実験の実施**

　経済実験は通常，実験の説明，意思決定の練習，意思決定の実施，フォローアップのアンケート，謝金支払という手順で実施される。実験の説明には，スライドと配布資料によるインストラクションが用いられる。実験者による説明には，実験デザインの段階で用意されたスクリプトを用いる。また個人情報（private information）や実験の意図などが明らかになることのないよう，被験者からの質問の受付と回答には十分に注意する。また，個別の質問への回答を通して被験者間やセッション間で提供する情報の内容や量が変化することのないように準備する必要がある。

　価値誘発理論に基づき経済的インセンティブをコントロールするにあたって，すべての被験者が利得関数，つまり実験における選択行動と実験報酬の関係を正しく理解している必要がある。実験結果が被験者の誤解や不理解と交絡（コンファウンド）しないよう意思決定の練習や利得関数の理解の確認などはきわめて重要な手順といえる（Plott and Zeilar 2005）。

　意思決定の実施後には，フォローアップのアンケートを行う。ここでは実験結果の分析に用いる個人属性のほか，意思決定の動機など分析をサポートする情報を尋ねる。被験者がこのアンケートに回答している間に，結果を集計し実験報酬の準備を行う。各被験者の実験報酬の計算と封筒につめる作業には一定の時間がかかる。手際よくできるように事前に準備する必要がある。実験報酬は個人情報なので，他の被験者にはわからないように配布する必要がある。実験報酬の支払と領収書の記入は1名ずつ別室で行うこともある。実験報酬を手渡すのと引き換えに領収書の記入をお願いする。必要な小銭の枚数の管理など現金の管理には手間がかかることが多いため，謝金担当の専用のスタッフを用意するとよい。

## 9.3 経済実験ソフトウェア z-Tree の使い方

経済学全般で実験アプローチに関心が高まっているが，環境経済学の分野でも排出権取引や環境財の価値評価など経済実験を用いた研究が注目を集めている。シンプルな経済実験は紙と鉛筆でも実施可能だが，多くの場合は被験者間で複雑な相互作用が必要なことからコンピュータを用いて実験を行う必要がある。z-Tree[7]は，世界的に実験経済学で用いられている経済実験用ソフトウェアである。本節では，z-Tree の使い方を紹介し，経済実験を実施するための手順について解説する。

z-Tree はチューリヒ大学で開発された経済実験用プログラムである。経済実験を実施することを目的に設計されていることから，公共財実験やオークション実験などさまざまな経済実験を簡単なプログラムを行うだけで実施できる。また無料で使用できることから，実験経済学の分野では世界的に用いられているソフトウェアである。

z-Tree は，実験者が操作する「z-Tree」本体と，被験者が操作する「z-Leaf」の 2 種類のプログラムによって構成されている（図 9.1）。z-Tree では，複数のコンピュータがネットワークを経由して接続され，排出権の売買など被験者の行動を記録し，被験者にその結果を伝えることで被験者間の相互作用を把握することが可能となっている。ネットワークを利用するが，ネットワークに関する高度な知識は不要である。各コンピュータが有線または無線 LAN によって接続されており，各コンピュータから共有ファイルにアクセスできる状態にあれば，直ちに実験の実施が可能である。たとえば，本格的なコンピュータ教室がなくても，ノートパソコン数台と無線 LAN アクセスポイントが 1 つあれば，z-Tree による実験が可能である。

---

[7] 本書執筆時点での最新バージョンは 3.3.11 である。本節ではバージョン 3.3.11 を用いて説明しているが，3.2 などの古いバージョンでも使い方はほとんど同じである。z-Tree の詳細については z-Tree のウェブサイト（http://www.iew.uzh.ch/ztree/index.php）を参照されたい。ここには日本語版マニュアルも掲載されている。

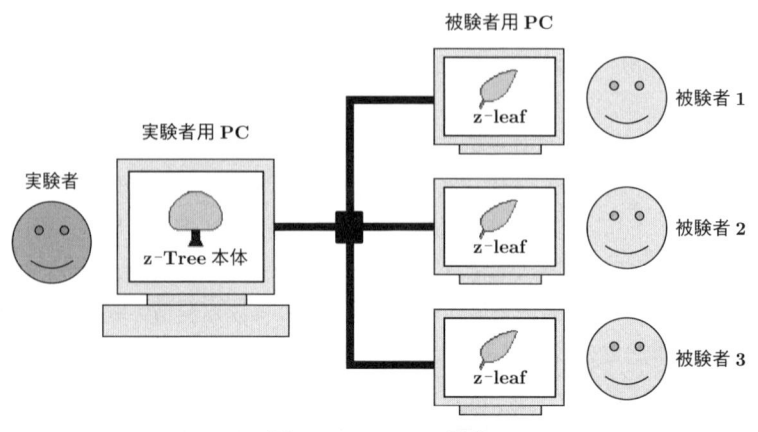

図 9.1　z-Tree の構成

### 9.3.1　経済実験の画面サンプル（公共財実験の場合）

ここでは，z-Tree を用いた経済実験の一例として公共財実験の画面サンプルについて解説しよう。公共財実験では，各被験者が資金を提供し，その合計額により公共財が生産される[8]。公共財が生産されると，その便益が各被験者に配分される。全員が協力して資金を提供すれば，配分額も多くなる。しかし，自分だけ資金を提供せずにフリーライドすることも可能である。このような状況において，被験者がどれだけ自分の資金を提供するのかを経済実験によって観測するのが公共財実験といえる。

以下のような公共財実験を考えよう。被験者 4 人で 1 つのグループを作成する。各被験者は初期保有として 20 ポイントが与えられる。各被験者は 0 から 20 ポイントの範囲で投資ポイントを決める。4 人の投資ポイントを集計し，公共財への投資が行われる。集計された投資ポイントを 1.6 倍したものを各被験者で等分したものが各被験者の便益として返される。数式で表現すると以下のとおりとなる。

$$\pi_n = 20 - c_n + \frac{(c_1 + c_2 + c_3 + c_4) \times 1.6}{4} \tag{9.1}$$

---

[8]　公共財実験の詳細は第 7 章を参照されたい。

ただし，$\pi_n$ は被験者 $n$ の獲得ポイント，$c_n$ は被験者 $n$ の投資ポイントである。

たとえば，全員が 20 ポイントを提供すると，集計ポイントは $20 \times 4 = 80$ ポイントであり，これを 1.6 倍した 128 ポイントを 4 人で等分した 32 ポイントが獲得ポイントとなる。つまり 20 ポイントの投資で 32 ポイントが得られるので，12 ポイントの利益が発生する。

次に 1 人だけがまったく投資を行わず，残りの 3 人が 20 ポイントを提供した場合を考えよう。このとき，集計ポイントは $0 + 20 \times 3 = 60$ ポイントである。これを 1.6 倍した 96 ポイントを 4 人で等分した 24 ポイントが便益として返される。20 ポイントを提供した 3 人は 24 ポイントを獲得するが，ポイントを提供しなかった 1 人は初期保有 20 ポイントを手元に残していたので，獲得ポイントは $20 + 24 = 44$ ポイントとなる。つまり他の人が投資を行って，自分だけ投資を行わないとフリーライドが可能となる。

このような公共財実験を z-Tree で実施する場合を見てみよう。まず，最初に実験者 PC で z-Tree を起動すると，図 9.2 のような z-Tree の画面が表示される。ここで経済実験に関する設定を行う。設定方法の詳細は後述する。実験

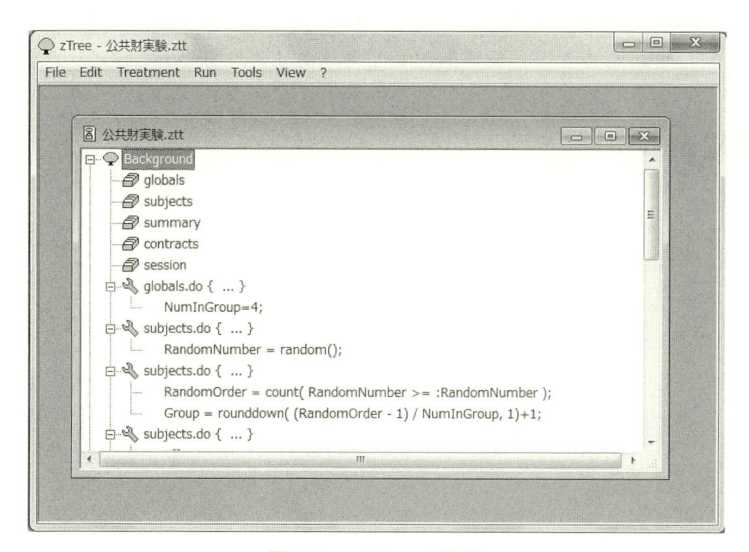

図 9.2　z-Tree の画面

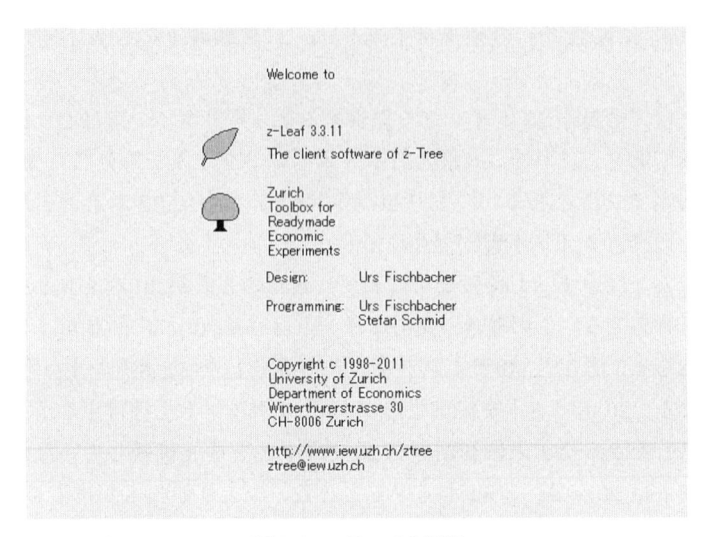

図 9.3　z-Leaf の画面

　者 PC で z-Tree を起動した後，被験者 PC で z-Leaf を起動すると，図 9.3 の画面が表示される。z-Leaf は通常は図のように画面全体に表示される。
　これで実験開始の準備は完了である。この状態にしてから，被験者に PC の前に着席してもらう。公共財実験はグループで実施する実験なので，全被験者が着席してから実験を開始する。たとえば，5人で1つのグループを作って実験する場合は，少なくとも5人が着席する必要がある。また z-Tree は複数のグループで同時に実験を行うことができる。たとえば，10人の被験者を集めて5人ずつの2グループでそれぞれ実験を行うことも可能である。各被験者のグループへの割り当ては自動的にランダムに割り当てることができる。
　実験開始は z-Tree の「Run」→「Start Treatment」または F5 キーで行う。実験を開始すると被験者のグループへの割り当てが行われ，各被験者の PC に公共財実験の画面が表示される（図 9.4）。被験者には各自の初期保有（20 ポイント）が表示され，この初期保有の中から各被験者は自分の投資ポイントを決めて入力する。投資ポイントで入力できる値は0から20ポイントの数値に制限することができる。
　実験者 PC から各被験者の状況を把握することができる。実験者 PC の z-

第 9 章　実験アプローチの最新テクニック 2：実験実施とフィールド実験　　　217

図 9.4　公共財実験の入力画面

Tree の「Run」→「Clients' table」で各被験者の状況を示す被験者テーブルが表示される（図 9.5）。ここでは 4 人の被験者に対して z1 から z4 の名前がつけられている。被験者の状態は「state」に示されている。「- Contribution Entry -」は投資ポイントの入力が完了したことを意味し，「** Contribution Entry **」は完了していないことを意味している。これにより，入力を完了した被験者と完了していない被験者を識別できる。

被験者の入力が完了すると，各グループ内の被験者の投資ポイントが集計され，各被験者の獲得ポイントが表示される（図 9.6）。この被験者は初期保有 20 ポイントのうちまったく投資をしなかったが，残りの 3 人が 20 ポイントすべて投資したおかげで，44 ポイントを獲得している。各被験者の入力した数値や画面に表示された内容は，実験者 PC に Excel ファイルとして記録される。各被験者の獲得ポイントが表示されて，全被験者が「OK」をクリックすると，実験は終了である。

ここでは 1 回だけ投資を行う 1 回限り（one shot）のゲームを例に説明したが，公共財実験ではこのような投資を何回も繰り返すことが多い。また各被験者のグループへの割り当てを毎回行って異なるメンバーと実験を繰り返すなど

図 9.5　被験者テーブル

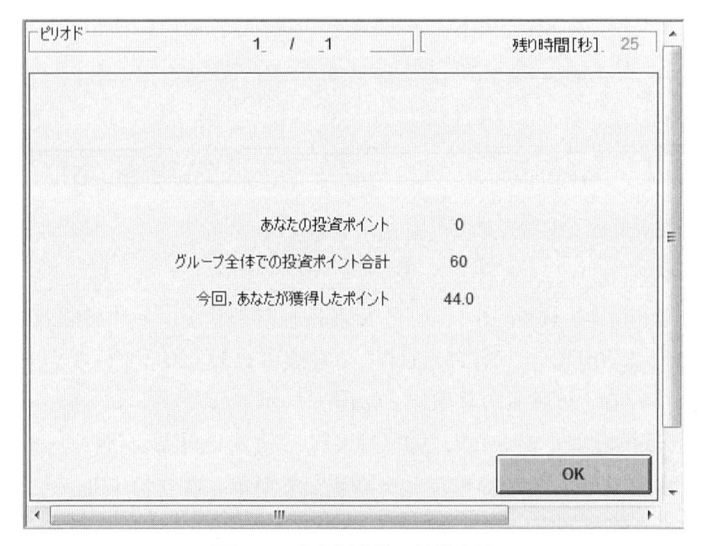

図 9.6　公共財実験の結果表示

複雑な設定が必要となるため，紙と鉛筆では作業が繁雑となってしまいミスが発生する危険性が生じるが，z-Tree を用いれば非常に短時間に効率的かつ正確に実験を行うことが可能となる。

### 9.3.2　z-Tree のプログラミング

このような公共財実験をコンピュータで行う場合，通常であればネットワークやプログラミングに関する相当高度な知識が要求されるが，z-Tree を用いれば簡単なプログラミングだけで実験を実施することが可能である。

図 9.7 と図 9.8 は，前述の公共財実験のプログラムを示したものである[9]。

第 9 章　実験アプローチの最新テクニック 2：実験実施とフィールド実験　　219

```
Background
    globals
    subjects
    summary
    contracts
    session
    globals.do { ... }
        NumInGroup=4;
    subjects.do { ... }
        RandomNumber = random();
    subjects.do { ... }
        RandomOrder = count( RandomNumber >= :RandomNumber );
        Group = rounddown( (RandomOrder - 1) / NumInGroup, 1)+1;
    subjects.do { ... }
        EfficiencyFactor = 1.6;
        Endowment = 20;
    Active screen
        Header
    Waitingscreen
        Text
            しばらくお待ちください。
```

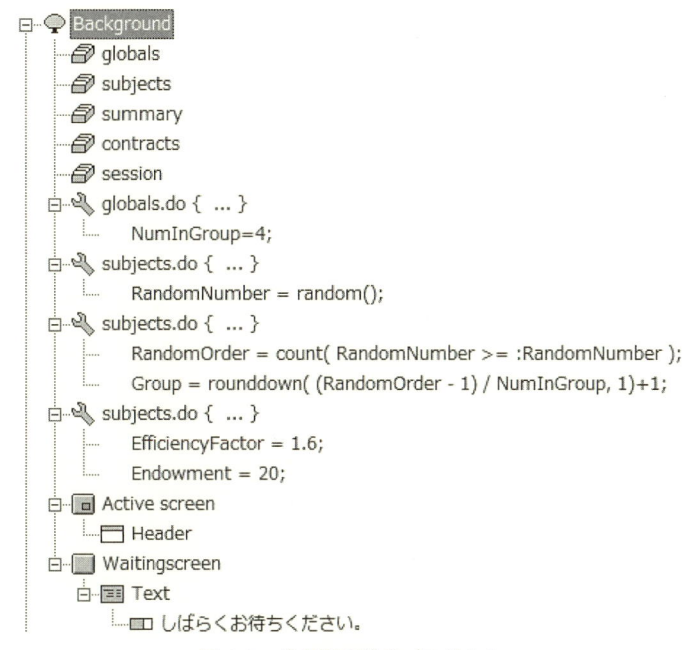

図 9.7　公共財実験のプログラム

　公共財実験のプログラムは，(1) 初期設定，(2) 被験者のグループへの割り当て，(3) 投資ポイントの入力，(4) 獲得ポイントの表示，という 4 つの部分から構成されている。

　第 1 の初期設定では，被験者数やセッション数などの設定を行う。ステージツリー「Background」アイコンをダブルクリックすると初期設定のダイアログが表示される。「Number of subjects」は被験者数，「Number of group」はグループ数，「# practice periods」は練習ピリオド数，「# paying periods」は本番ピリオド数である。ここでは 4 人のグループを 1 つだけ設置し，練習は行わずに 1 回だけの公共財実験を実施する場合の設定を示している。

　第 2 のグループ割り当てについては，上記の Background の設定により自動的に割り当てを行うこともできるが，ときどきグループ割り当てに失敗する

---

[9)]　このプログラムは z-Tree のウェブサイトで公開されているサンプルプログラムをもとに修正したものである。

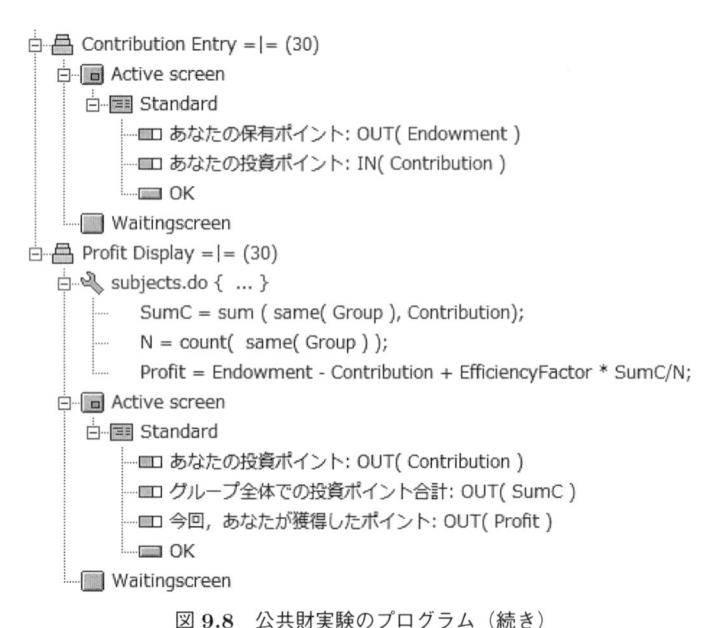

```
└─🖨 Contribution Entry =|= (30)
   └─🔲 Active screen
      └─📋 Standard
         ├─🔘 あなたの保有ポイント: OUT( Endowment )
         ├─🔘 あなたの投資ポイント: IN( Contribution )
         └─🔘 OK
   └─🔲 Waitingscreen
└─🖨 Profit Display =|= (30)
   └─🔧 subjects.do { ... }
      ├─ SumC = sum ( same( Group ), Contribution);
      ├─ N = count( same( Group ) );
      └─ Profit = Endowment - Contribution + EfficiencyFactor * SumC/N;
   └─🔲 Active screen
      └─📋 Standard
         ├─🔘 あなたの投資ポイント: OUT( Contribution )
         ├─🔘 グループ全体での投資ポイント合計: OUT( SumC )
         ├─🔘 今回，あなたが獲得したポイント: OUT( Profit )
         └─🔘 OK
   └─🔲 Waitingscreen
```

図 9.8　公共財実験のプログラム（続き）

ことがあるため，プログラムで割り当てを行っている．

スパナマークの「globals.do」はすべての被験者に共通する設定である．ここでは，1つのグループに属する被験者の人数を NumInGroup という変数で設定する．ここでは NumInGroup = 4 となっており，4人の被験者で1つのグループを構成している．

スパナマークの「subjects.do」は個々の被験者ごとの設定である．まず，「RandomNumber = random();」で0〜1の乱数を変数 RandomNumber に入れる．これにより，各被験者は異なる乱数が割り当てられる．次に乱数を使って各被験者に1から順番に数値を割り当てたものを変数 RandomOrder に入れる．そして，この RandomOrder を用いて各被験者のグループ割り当てを行う．この作業は以下のコマンドによって行う．

```
RandomOrder = count( RandomNumber >= :RandomNumber );
Group = rounddown( (RandomOrder - 1) / NumInGroup, 1)+1;
```

1行目は乱数を用いて各被験者に1から順番に数値を割り当てている。:RandomNumber は各被験者の自分自身の乱数値 RandomNumber が入っている。したがって，count( RandomNumber >=:RandomNumber ) は自分自身の乱数値と同じか大きな値を持っている被験者の人数をカウントすることを意味する。これによって，各被験者の RandomOrder にランダムな順番が割り当てられる。

2行目は，この RandomOrder によってグループ割り当てを行う。RandomOrder から1を引いたものをグループの人数 NumInGroup で割り，小数点以下を切って丸めたものに1を足したものを Group に代入している。たとえば，グループの人数が4人の場合，RandomOrder が1〜4の場合は Group が1となり，5〜8の場合は Group が2となり，以下同様である。

そして，その他のパラメータを設定する。EfficiencyFactor = 1.6 は各被験者の投資ポイントの集計したものを1.6倍にすることを意味している。Endowment = 20 は初期保有が20ポイントに設定している。最後に画面の設

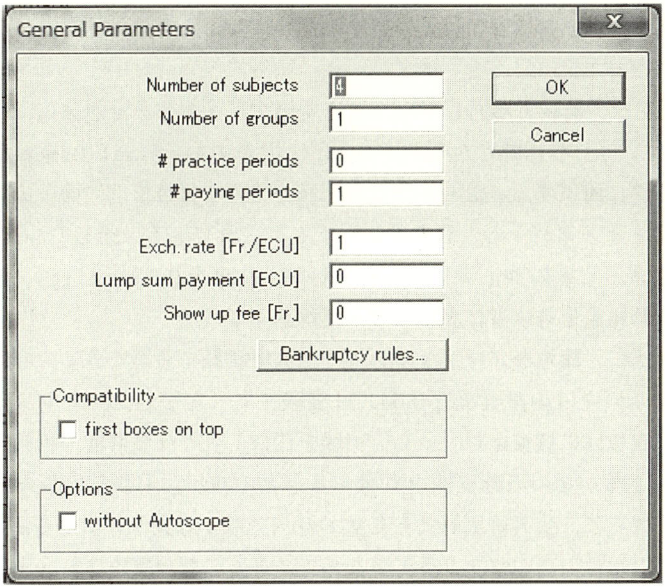

図 9.9 初期設定（Background）

定を行う．Active Screen は被験者が数値を入力するときの画面であり，Waiting Screen は他の被験者の入力が完了するまでの待機画面である．

第3の投資ポイントの入力部分は，Contribution Entry と名前がつけられている．投資ポイントの入力時間は30秒が設定されており，30秒を超過すると「決定してください」と表示される．投資ポイントの入力画面では，まず各被験者の保有ポイントを表示した上で，投資ポイントの入力を行う．保有ポイントの表示は，「あなたの保有ポイント:Out(Endowment)」で，保有ポイントの変数 Endowment に入っている20ポイントが表示される．投資ポイントの入力は，「あなたの投資ポイント:In(Contribution)」で，入力された値が投資ポイントの変数 Contribution に代入される．この部分をダブルクリックすると，入力可能な数値の範囲を設定できる．

第4の獲得ポイントの表示部分は，Profit Display と名前がつけられている．まず各被験者の獲得ポイントの計算を次のコマンドで行っている．

```
SumC = sum ( same( Group ), Contribution);
N = count(  same( Group ) );
Profit = Endowment - Contribution + EfficiencyFactor * SumC/N;
```

1行目では，被験者と同じグループに所属するメンバーを対象に，各被験者の投資ポイントを合計したものを SumC に代入する．same( Group ) は同一のグループに所属するメンバーを意味している．2行目では，同一のグループに所属するメンバーの人数を計算して N に入れている．そして3行目では，計算式によって獲得ポイントの計算を行い，結果を Profit に代入している．最後に計算結果を被験者に表示して，実験終了である．

このように，簡単なプログラミングで公共財実験を設計できる．今回は，シンプルな1回だけの投資を行う公共財実験であったが，これを少し修正するだけで，複数回の投資を行う公共財実験を設計したり，公共財の供給が成功したり失敗するなどの不確実性を考慮するなどの複雑な実験も構築することができる．さらに，公共財以外にも多数の経済実験が考案されているが，z-Tree は非常に汎用性の高いソフトウェアなので，多くの経済実験に対応することができる．詳細は z-Tree チュートリアルマニュアル日本語版を参照されたい．

## 9.4 フィールド実験の具体例

因果関係を特定するためにさまざまな要因をコントロールした実験室実験で得られた結果は，実際の政策評価に使えるのか。この外的妥当性の問いに対する1つのアプローチが近年経済学分野で注目を集めているフィールド実験である。フィールド実験は，実験のコンテクストや被験者の種類を一歩ずつ関心のある実際の環境に近づけることで，現実的な要素を実験手法に徐々に取り込み，外的妥当性を高めるようとするアプローチといえる。第8章の8.3節で整理したとおりフィールド実験は，被験者の種類や実験環境のコンテクストという観点からLAB (laboratory experiment：ラボ実験)，AFE (artefactual field experiment：人工的フィールド実験)，FFE (framed field experiment：フレームド・フィールド実験)，およびNFE (natural field experiment：ナチュラル・フィールド実験) に分類される (Harrison and List 2004)。本節では，環境評価に関連したフィールド実験の具体例を研究背景，経済実験，実験結果という実験研究の3ステップに沿って簡潔に紹介する。次節では，内的妥当性と外的妥当性に焦点をあて各フィールド実験の相対的な位置付けを行う。

### 9.4.1 確率的住民投票のLAB研究

ここではLABを用いて確率的住民投票のパフォーマンスを検証したMitani and Flores (2010a) の実験の一部を紹介する。LABは内的妥当性を高めるためさまざまな制約を課した実験室におけるランダム化実験で，学生からなる被験者プールと抽象的なコンテクストを用いる。

**研究背景**

表明選好法における回答者の選択行動はその帰結がともなわないという意味で仮想的である。この仮想性を無視しない限り表明選好を経済理論にて分析することはできない。また経済的インセンティブが課されていないため，表明選好データは実験データとしては扱われずアンケート調査 (survey) データとして扱われる。いかにして表明選好行動に経済的インセンティブを課し，実験

データやフィールドで観察される顕示データと比較可能な経済分析ができる経済行動データに位置付けることができるかは，環境評価研究における最重要課題である。この課題に1つの方向性を与えるのが近年注目を集めている帰結性（consequentiality）の概念である[10]。1回限りの住民投票（one-shot binary referendum）の帰結が実現するか否かという状況を考えよう。住民投票の帰結が実現する確率が正（つまり帰結的）である限り，1回限りの確率的住民投票は誘因両立（incentive compatible）であることが理論的に示されている（Carson and Groves 2007; Mitani and Flores 2010a）。ここであるメカニズムが誘因両立であるとは，真の選好を表明することが（弱）支配戦略になることを指す。つまり，帰結的な確率的住民投票は人々の真の選好を引出すことができるという理論仮説である。Carson et al.（2004）と Landry and List（2007）はプロスポーツ記念品ファンを被験者として自己内在価値（homegrown-value）を用いたフィールド実験（FFE）を行った。費用は一定にしておき，実現する確率を独立変数として0%（仮想的），20%（帰結的），50%（帰結的），80%（帰結的），100%（実際）と5つのトリートメントグループに対して被験者間デザインを採用した結果，実現確率が20%以上のトリートメントでの賛成率は実際のときと統計的に有意な差はなく，一方0%（仮想的）のトリートメントの賛成率は実際のそれと有意に異なった。これらの研究では自己内在価値を用いているため真の価値はわからず賛成率の差異に注目しており誘因両立性を直接検証していない。

**経済実験**

Mitani and Flores（2010a）では被験者の真の価値を観察およびコントロールできる誘発価値（induced-value）を用いて確率的住民投票の誘因両立性を検証した。実現確率として0%，1%（帰結的），25%，50%，75%，100%の6つのトリートメントを設け，学生125名を用いた被験者間デザインを採用した。住民投票の費用は一定とし，多様な誘発価値を用いた。各トリートメントの賛成率という代表値に加え，各被験者が誘因両立性の条件を満たしているか

---

[10) 帰結性に関しては，第7章を参照されたい。

を確認できる。また実現確率が1%と低いときの確率的住民投票のパフォーマンスも検証可能にしている。

**実験結果**

実験結果は自己内在価値を用いた先行研究と整合的であった。実現確率が25%以上のトリートメントではすべての被験者が真の選好を表明していることが確認された。一方，1%の帰結的トリートメントでは17%の被験者が，0%の仮想的トリートメントでは27%の被験者が誘因両立性の条件を犯す投票をしていた。実現確率が低いときの被験者のインセンティブ構造を明らかにすることが重要な課題として残された。また，今後これらの理論や実験研究で得られた知見の検証を進めると同時に，いかに表明選好研究に生かしていくかが課題といえる。

### 9.4.2　仮想バイアスと性差の AFE 研究

ここでは，AFE を用いて仮想バイアスと性差（gender difference）を分析した Mitani and Flores (2009) の一部を紹介する。AFE は基本的に LAB に準じ内的妥当性を重視した抽象的なコンテクストのもと実験室で行われるランダム化実験だが，実験での意思決定に関係を持つより関心の母集団に近い被験者プールを用いる。

**研究背景**

実験経済学の分野では性差が公共財供給への協力行動に与える影響について長く議論が続いてきたが，近年の実験研究は男性と比較して女性の方がより選択のコンテクストや他人の行動に反応して意思決定をする傾向があると結論している（Cadsby et al. 2007）。これらの先行研究では学生を被験者としているが，性差を論じるうえでは一般市民を被験者とすることが望ましい。また環境評価研究では，実際支払と仮想支払とで性差の影響に差が出るかに関心がある。Brown and Taylor (2000) は性別と支払の仮想性をコントロールし，自己内在価値に被験者間デザインを用いてこれを検証した結果，仮想支払では性差が観察されたが実際支払では観察されなかった。しかし Brown and Taylor

(2000)の実験デザインでは性別をコントロールしても観察できない自己内在価値が性別と交絡（コンファウンド）している可能性を排除できていない。

**経済実験**

Mitani and Flores (2009) は，一般市民 90 名を被験者とし公共財への価値をコントロールした誘発価値を用いて公共財への支払に関する性差と仮想バイアスの影響を検討した。各セッションでは女性と男性が同じ人数になるように被験者がリクルートされた。誘発価値は女性と男性とで等しくなるようにデザインされた。半数の被験者は実際支払の後に仮想支払に参加し，残りの半数は仮想支払の後に実際支払に参加するカウンターバランシングデザインが採用された。

**実験結果**

実際支払トリートメントでは，男性と比較して女性の方が公共財供給に協力的であるという先行研究の結果を支持する結果が観察された。さらに，経済的インセンティブがない状況下では，女性の方が真の表明をする傾向があることがわかった。また，Mitani and Flores (2009) は多様な誘発価値を用いることで，真の価値（つまり誘発価値）と仮想支払および実際支払の関係を分析した。その結果，経済的インセンティブがない仮想支払も実際支払と同じように真の価値と正の相関があることが示された。

### 9.4.3　アドバイザリー住民投票の FFE 研究

ここでは FFE を用いて住民投票の帰結性に関する分析をした Vossler and Evans (2009) を紹介する。FFE は AFE と多くの特徴を共有するが，意思決定の内容や対象となる財，あるいは情報集合のいずれかが実際に関心のある環境のコンテクストから重要な要素を取り込むランダム化実験といえる。

**研究背景**

帰結的（実現確率が正）な確率的住民投票は誘因両立性の条件を満たすことが理論および実験にて示されている (Carson and Groves 2007; Mitani and

Flores 2010a)。しかしこれらの先行研究では,住民投票の結果が実現する確率は外生的に与えられた。帰結性の理論と定型化されつつある証拠をもとに,表明選好法に経済的なインセンティブを課す手法を開発するにあたっては,実現確率が実際にはどのように導入されそれがどのように回答者に認識されるかについての考察が必要となる。現実社会では政策担当者が住民投票の結果を参考にして最終的に政策を決定することが考えられる。このようなメカニズムをアドバイザリー(advisory)住民投票といい確率的住民投票の特殊なタイプとして位置付けられる。

**経済実験**

Vossler and Evans (2009) は学生 256 名を被験者とした FFE を用いてアドバイザリー住民投票の誘因両立性に関するパフォーマンスを検証した。一定の費用で教室にリサイクルコンテナを 1 つ設置することに対する住民投票を考えた。学生は当事者であり教室にリサイクルコンテナを設置することに対して自己内在価値を持つため,学生を被験者とした実験室実験であるものの FFE として位置付けられる。(1) 実際住民投票,(2) 仮想的住民投票,(3) 非明示アドバイザリー住民投票,(4) 帰結性が確実な明示アドバイザリー住民投票,(5) 帰結性が不確実な明示アドバイザリー住民投票の 5 つのトリートメントに被験者間デザインが用いられた。非明示アドバイザリーでは,潜在的に投票結果は政策決定に影響を与えうることは知らされるがどのように影響するかは明示されない。明示アドバイザリーでは,被験者の投票数とモデレーター(政策担当者)の投票数が共有知識となり,被験者の投票がどのように最終的な政策決定に影響するかが明示される。帰結性が確実な明示アドバイザリーでは,モデレーターは全体の票数の 25% のみを持っていて(被験者 12 票に対してモデレーター 4 票)明らかに帰結的(実現確率が正)となる。帰結性が不確実な明示アドバイザリーでは,モデレーターが全体の票数の 75% を持っていて(被験者 12 票に対してモデレーター 36 票)被験者の住民投票結果が帰結的であるか否かは不確実となる。

**実験結果**

コントロールとなる実際住民投票の結果と比較し，非明示アドバイザリーと帰結性が確実な明示アドバイザリーは統計的に有意な差はなかった。一方，仮想的住民投票と帰結性が不確実な明示アドバイザリーの結果は有意に異なった。つまりアドバイザリー住民投票では，被験者が投票を帰結的として捉えた場合は誘因両立な住民投票と同じになり，被験者が帰結的として扱わなかった場合は仮想的な住民投票と同じになることが明らかになった。

### 9.4.4　環境基金への寄付の NFE 研究

ここでは環境基金への寄付に関する大規模な NFE を行った Lange and Stoking（2009）を紹介する。NFE は FFE と多くの特徴を共有するランダム化実験であるが，被験者は実験に参加していることを認知しておらずその意思決定環境は自然なものである。

**研究背景**

これまで環境評価は費用便益分析への利用を念頭に公共プロジェクトの価値を推定することを目的としてきた。しかし現実の環境問題はより多様化し，公共財の最適供給という理想を追求するだけでは現実問題に対応できなくなりつつある。近年，生態系サービスへの支払（payment for ecosystem services）や環境基金への寄付といった自発的協力による公共財の供給可能性を分析する必要性が高まっている。実験経済学やフィールド実験の分野では，寄付率や総寄付額を高める最適な募金メカニズムを探る研究が近年活発に行われている（Landry et al. 2006）。

**経済実験**

Lange and Stoking（2009）は環境基金（WWF）のメンバーシップ加入に必要な最低寄付額のディスカウントが加入率と総寄付額に与える影響を分析した。メンバーシップに加入経験のない 702,890 名の被験者を対象に電子メールを送ることでオンラインの NFE が実施された。ディスカウントの効果を特定するため1つのコントロールと2つのトリートメントグループが用意され

ランダム割り当てによる被験者間デザインが用いられた。コントロールグループはメンバーシップ加入の最低寄付額が35ドル，低価格トリートメントでは25ドル，ディスカウントトリートメントでは通常35ドルのところが特別に25ドルと設定された。コントロールと低価格を比較することで価格効果を，低価格とディスカウントを比較することでピュアなディスカウント効果をそれぞれ特定することができる。なお被験者は寄付をお願いする3つのうちの1つの電子メールを受け取るだけでありこれが実験の一部であることを認知していない。

**実験結果**

合計1,691名（約0.2％）の被験者がメンバーに加入し総寄付額77,026ドルが集まった。コントロールと低価格の比較からは，最低寄付額の減少は加入率に有意な影響を与えないうえ，総寄付額を約17％減少させた。コントロールとディスカウントの比較からは，特別ディスカウントは総寄付額の減少なしに加入率を有意に上昇させることが明らかになった。

## 9.5 実験アプローチにおける内的妥当性と外的妥当性

研究アプローチの利点と欠点を認識することは結果の判断のみならず研究戦略上きわめて重要である。われわれ研究者は常々研究アプローチの妥当性に最大の関心を払う。前章でも議論したとおり妥当性は多次元の概念であり，特に実験アプローチの判断にあたっては内的妥当性（internal validity）と外的妥当性（external validity）のトレードオフに注意をする必要がある。本節では，これまで紹介してきた各種実験アプローチにナチュラル実験（natural experiment: NE）とフィールド市場データ（field/market data: FMD）を加え，主に妥当性の観点から各研究アプローチの長所と短所を相対的に整理することで，内的妥当性と外的妥当性の両者を高めうる研究戦略を探る。

**内的妥当性の基準**

内的妥当性は実験の操作やコントロールが正しくなされているかの程度を示

す。第9章でも説明したとおり，観察された相関関係が因果関係を含意するか否かは内的妥当性から判断することができる。

内的妥当性の基準として「操作可能性」，「ランダム化」，「コントロール」を考える。操作可能性は原因となる独立変数の操作が可能かどうかを判断する。ランダム化は実験操作された実験グループへ被験者をランダムに割り当て可能かどうかを判断する。コントロールは独立変数以外の要因のコントロールが可能かどうかを判断する。たとえば，フィールドや市場のデータを用いた実証分析では，操作可能性やランダム化が達成されていない。よってFMDによって観察された相関関係は因果関係を含意するとは限らない。

**外的妥当性の基準**

外的妥当性はある研究で得られた結果が他の母集団や時間，環境に一般化できるかどうかの程度を示す。コンテクストが制約された意思決定環境下での結果は他のコンテクストに適用できるとは限らない。特に，因果関係の本質と意思決定環境のコンテクストとの間に潜在的な相互作用がある場合は，その結果の一般化は難しい。

外的妥当性の基準として，「コンテクスト」，「被験者プール」，「参加不認知」を考える。コンテクストは意思決定環境のコンテクストが制約的でないかを判断する。被験者プールは被験者種類が関心の対象の母集団に近いかを判断する。参加不認知は被験者が実験に参加していることを認知していないかを判断する。たとえば，LABでは独立変数と交絡（コンファウンド）しうる要因を取り除くため，可能な限りコンテクストを取り除き抽象的な環境を設定する。よって，その取り除いたコンテクストの中に意思決定に与える本質的な要素が含まれていた場合，その外的妥当性は低くなる。

**再現性と実施自由度**

研究アプローチの評価には測定すべきものを正しく測定している程度を示す信頼性も欠かせない。信頼性は研究の反復実験によって検証される。よってこの再現が容易にできるかどうかという「再現性」は重要な基準となる。

再現性に関連して，あるアプローチを用いた研究を容易に実施することがで

きるかどうかという「実施自由度」は1つの見逃すことのできない基準となる。たとえば，NFEやNEの実施には特定のフィールドに精通した研究者や特定の政策変更など現場とのつながりが必要不可欠である。また，研究者が研究対象を自由に設定することは難しい。

**研究アプローチのトレードオフ**

表9.1には上記で説明した基準をもとに各研究アプローチの相対的な利点と欠点を整理した。ここでの判断はアプローチ間の相対的な評価である点に注意されたい。○は比較的高い（優れている），△は中間，×は比較的低い（劣っている）をそれぞれ示している。○/△は個別の研究によって比較的高いにも中間にもなりうることを示している。△/×は個別の研究によって中間にも比較的低いにもなりうることを示している。

両端のアプローチを見ると，LABは内的妥当性が高く外的妥当性が低いことが，FMDは内的妥当性が低く外的妥当性が高いことがそれぞれわかる。このように研究アプローチの選定にあたっては，内的妥当性と外的妥当性のトレードオフがしばしば問題となる。近年注目を集めているNFEやNEといった中間的アプローチはこの内的妥当性と外的妥当性のトレードオフを緩和し

表9.1 研究アプローチのトレードオフ

| | フィールド実験データ | | | | 自然発生データ | |
|---|---|---|---|---|---|---|
| | LAB | AFE | FFE | NFE | NE | FMD |
| 内的妥当性 | ○ | ○ | ○ | △ | △ | × |
| 　操作可能性 | ○ | ○ | ○ | ○ | × | × |
| 　ランダム化 | ○ | ○ | ○ | ○ | × | × |
| 　コントロール | ○ | ○ | ○/△ | ○/△ | ○/△ | △/× |
| 外的妥当性 | × | × | △ | ○ | ○ | ○ |
| 　コンテクスト | × | × | ○/△ | ○/△ | ○ | ○ |
| 　被験者プール | △ | ○/△ | ○/△ | ○ | ○ | ○ |
| 　参加不認知 | × | × | ○ | ○ | ○ | ○ |
| 再現性 | ○ | ○ | △ | × | × | △/× |
| 　実施自由度 | ○ | ○ | △ | × | × | ○ |

注：○：比較的高い（優れている），△：中間，×：比較的低い（劣っている）
　　○/△：研究によって○にも△にもなりうる。
　　△/×：研究によって△にも×にもなりうる。

うることが表9.1からも見て取れる。しかしながら，これらの中間的アプローチはしばしば再現性や実施自由度がきわめて低い。また，独立変数の変動幅が限られることも多くそれが結果の特定に影響を与える可能性も否めない。たとえば国立公園の入場料導入を考えよう。コンテクストや被験者が制限されたAFEやNFEといったフィールド実験では，たとえば入場料の設定幅を100円から5,000円まで変動することが可能だろう。一方，実験であることが知らされないNFEやNEでは実施上の制約から100円から500円までの変動しか許されないかもしれない。

**複合的アプローチ**

　このように各アプローチはそれぞれ欠点を持っている。ある1つの研究対象に対し複数のアプローチを補完的に用いることは，この内的妥当性と外的妥当性のトレードオフを緩和する。このように複数の研究アプローチを用いることを複合的アプローチ（multiple approaches）といい環境経済学を含む経済学分野においても注目を集めつつある（Roe and Just 2009）。繰り返し主張してきたが実験デザインの観点からは，シンプルな仮説と同質的なサンプルに焦点を当てた内的妥当性の高い実験を行うことで理論的な仮説を検証したうえで，異なる母集団や異なるコンテクストにおいて追試を行うことで，その理論や実験で得られた確かな結果は実験室内を超えて政策現場に適用できるのかといった一般性を検証することが望ましい。これは複合的アプローチと整合的である。

　複合的アプローチを用いた研究は経済学分野ではまだまだ少ない。先駆的な研究として，List (2006b) はギフト交換（gift exchange）行動に関してLABとコンテクストを追加したフィールド実験（AFE, FFE）を組み合わせた。LABで得られた結果の外的妥当性を高めるとともに，異なるコンテクストを複数用いることでコンテクストに対する結果の頑健性を検討している。

　もちろん，研究費や実施自由度など実行可能性に関する制約は多いが，今後このような複合的アプローチを用いた研究が増えることを期待したい。なお，表9.1には表明選好データが含まれていない。これは，仮想的であるためどこにも位置付けることができないためである。表明選好データを経済行動データとして，理論を含む他のデータと比較可能にすることは環境評価研究の根本

的な重要課題である。本章でも紹介したとおり，帰結性の概念の導入は表明選好行動を理論的に分析可能にしつつある。また最新の研究は LAB から FFE まで進んでいる。今後は，これをより発展させ NFE や NE そして最終的には FMD まで拡張することが当面のゴールとなるだろう。

## 9.6 環境評価研究の今後の課題

　実験経済学の分野で確立された実験手法は，今後の環境評価研究を劇的に進化させるポテンシャルを有している。これまで，表明選好研究は厚生尺度に関する理論研究と，仮想性の存在を無視する仮定に基づいた計量経済モデルによる実証研究が，それぞれ高度に発展してきた。しかし，その理論研究と実証研究には大きな飛躍がありそれをつなぐ研究を欠いてきた。その飛躍，つまり仮想性は，これまで表明選好法による環境経済評価に対する批判の引き金となってきた。実験手法の利用は，この飛躍をつなぎ，仮想性の影響を科学的に明らかにする可能性を有しており，表明選好法の妥当性の検証や妥当性を担保する経済的インセンティブを持たせた評価手法の開発などが期待される。一方，これまでの環境評価研究には，アンカーリングやフレーミングなど多くの心理学的，行動経済学的な研究蓄積がある。すなわち環境評価研究者は，今後の実験手法を用いた環境経済研究に多いに貢献するポテンシャルを有している。

　実験手法を用いることは，これまでに提案されてきた各手法の妥当性や信頼性を担保する条件を明らかにする。また，近年の行動経済学の成果は，数々の行動のブレなどを指摘し，顕示選好データの信頼性にすら疑問符を投げかけつつある。しかし，これらの人間行動の観察からは，コンテクストを選択モデルに取り込む試みがなされるなど，より一般的なモデルやテクニックが生まれてきている。今後，環境評価研究が経済学の分野でより一層貢献していくには，主流派実験経済学の実験手法と心理学など非経済学分野の実験手法の相違点を正しく理解し，その利点と欠点を把握したうえで，実験環境経済学研究の手法を確立していくことが肝要であろう。

補論 厚生測度の経済理論

柘植隆宏

## A.1 はじめに

本補論では，本書で紹介される各種の環境評価手法により計測される厚生測度について，必要最小限の経済理論を解説する。ここでは詳細な数式展開などは行わないので，より詳しくは，栗山 (1998)，ヨハンソン (1994)，Freeman (2003) などを参照されたい。

## A.2 消費者行動理論

### A.2.1 効用最大化

消費者の効用が私的財と環境財の関数であると仮定する。消費者は所得と私的財の価格を所与として，効用が最大となるように私的財の消費量を決定する。

$$\max_{x} U = U(x, q) \quad \text{s.t.} \quad p'x \leq M \tag{A.1}$$

ここで，$x = (x_1, \ldots, x_n)'$ は $n$ 個の私的財のベクトル，$p = (p_1, \ldots, p_n)'$ はそれらの価格のベクトル，$q = (q_1, \ldots, q_m)'$ は $m$ 個の環境財のベクトル，$M$ は所得である。この問題を解くことで，$n$ 本の通常の需要関数（マーシャルの需要関数）が得られる。

$$x_i = x_i(p, q, M) \qquad i = 1, \ldots, n \tag{A.2}$$

式（A.2）を式（A.1）に代入することで，以下の間接効用関数が得られる。

$$U = V(p, q, M) \tag{A.3}$$

このように，所与の所得と価格のもとでの効用最大化問題を解くことで，最大限達成可能な効用水準が，価格，環境財，所得の関数として求められる。

なお，間接効用関数と通常の需要関数の間には，以下の関係が存在する（ロワの恒等式）。

$$x_i(p, q, M) = -\frac{\partial V(p, q, M)/\partial p_i}{\partial V(p, q, M)/\partial M} \qquad i = 1, \ldots, n \tag{A.4}$$

### A.2.2 支出最小化

消費者は，一定の効用水準を達成するために，価格と効用水準を所与として，支出額が最小となるように消費量を決定すると考えることも可能である。これを，効用最大化問題に対する双対問題としての支出最小化問題という。

$$\min_{x} p'x \quad \text{s.t.} \quad U(x, q) \geq \tilde{U} \tag{A.5}$$

ここで，$\tilde{U}$ は一定の効用水準を表す。この問題を解くことで，$n$ 本の補償需要関数（ヒックスの需要関数）が得られる。

$$x_i^h = x_i^h(p, q, \tilde{U}) \qquad i = 1, \cdots, n \tag{A.6}$$

式（A.6）を式（A.5）に代入することで，以下の支出関数が得られる。

$$e = e(p, q, \tilde{U}) \tag{A.7}$$

このように，所与の価格と効用水準のもとでの支出最小化問題を解くことで，ある水準の効用を達成するために必要な最小の支出額が，価格，環境財，効用水準の関数として求められる。

なお，支出関数と補償需要関数の間には，以下の関係が存在する（シェパードの補題）。

$$x_i^h(p,q,\tilde{U}) = \frac{\partial e(p,q,\tilde{U})}{\partial p_i} \qquad i = 1,\ldots,n \tag{A.8}$$

## A.3 価格変化の厚生測度

### A.3.1 補償変分

価格変化による厚生への影響を貨幣単位で評価するための指標としては，補償変分（compensating variation: $CV$）と等価変分（equivalent variation: $EV$）が用いられる。

補償変分は，価格が低下（上昇）したときに，変化する以前の効用水準に保持するために消費者から取り去ることのできる最大の金額（与えなければならない最小の金額）のことである。

私的財 $i$ の価格が $p_i^0$ から $p_i^1$ に変化したときの補償変分 $CV$ は，間接効用関数 $V$ を用いると以下のように定義できる。ただし，$p_{-i}$ は $i$ 以外の私的財の価格を表す。

$$V(p_i^0, p_{-i}, q, M) = V(p_i^1, p_{-i}, q, M - CV) \tag{A.9}$$

また，支出関数 $e$ を用いると，以下のように定義できる。ただし，$U^0$ は価格変化前の効用水準を表す。

$$CV = e(p_i^0, p_{-i}, q, U^0) - e(p_i^1, p_{-i}, q, U^0) \tag{A.10}$$

さらに，シェパードの補題を用いると，補償需要関数を用いて式 (A.11) のように定義できる。

$$\begin{aligned} CV &= \int_{p_i^1}^{p_i^0} \frac{\partial e(p_i, p_{-i}, q, U^0)}{\partial p_i} dp_i \\ &= \int_{p_i^1}^{p_i^0} x_i^h(p_i, p_{-i}, q, U^0) dp_i \end{aligned} \tag{A.11}$$

## A.3.2 等価変分

等価変分は，価格が低下（上昇）したときに，変化前の価格に保持したままで，変化後の効用水準を達成するために消費者に与えなければならない最小の金額（取り去ることのできる最大の金額）のことである。

私的財 $i$ の価格が $p_i^0$ から $p_i^1$ に変化したときの等価変分 $EV$ は，間接効用関数 $V$ を用いると以下のように定義できる。

$$V(p_i^1, p_{-i}, q, M) = V(p_i^0, p_{-i}, q, M + EV) \tag{A.12}$$

また，支出関数 $e$ を用いると，以下のように定義できる。ただし，$U^1$ は価格変化後の効用水準を表す。

$$EV = e(p_i^0, p_{-i}, q, U^1) - e(p_i^1, p_{-i}, q, U^1) \tag{A.13}$$

さらに，シェパードの補題を用いると，補償需要関数を用いて式（A.14）のように定義できる。

$$\begin{aligned} EV &= \int_{p_i^1}^{p_i^0} \frac{\partial e(p_i, p_{-i}, q, U^1)}{\partial p_i} dp_i \\ &= \int_{p_i^1}^{p_i^0} x_i^h(p_i, p_{-i}, q, U^1) dp_i \end{aligned} \tag{A.14}$$

## A.3.3 計測方法

補償変分，等価変分を計測するためには補償需要関数が必要であるが，補償需要関数は価格が変化したときに，変化前と同じ水準に効用が保たれるように所得を補償した場合の需要であり，市場で観察可能なデータから推定することはできない。そこで，ここでは，市場で観察可能なデータから補償変分，等価変分を計測する代わりに用いられる代表的な 4 つのアプローチを紹介する。

**消費者余剰による近似**

第 1 のアプローチは，消費者余剰（consumer surplus: $S$）で補償変分，等価変分を近似する方法である。

私的財 $i$ の価格が $p_i^0$ から $p_i^1$ に低下した場合の消費者余剰 $S$ は，以下のように定義される。

$$S = -\int_{p_i^0}^{p_i^1} x_i(p_i, p_{-i}, q, M) dp_i \tag{A.15}$$

消費者余剰は通常の需要曲線に基づいて定義されるので，市場で観察可能なデータから計測することが可能である。

消費者余剰は，所得の限界効用が一定の場合に，効用変化を貨幣換算したものと解釈できる。しかし，所得の限界効用が一定でないなら，複数の財の価格が変化する場合，価格変化の順序によってその大きさが変化する。この性質を経路従属性と呼ぶ。これに対して補償変分や等価変分は，価格変化の順序が変化してもその大きさは変化しない。すなわち，経路独立である。したがって，価格変化の厚生測度としては，消費者余剰よりも補償変分や等価変分の方が望ましい性質を持つ。

私的財 $i$ が上級財（正常財）の場合，価格低下のケースでは，補償変分 $CV$，等価変分 $EV$，消費者余剰 $S$ の間に $0 < CV < S < EV$ の関係が成立する。価格上昇のケースでは，$CV < S < EV < 0$ の関係が成立する。所得効果が存在しない場合には，$CV = S = EV$ となる。

Willig (1976) は，消費者余剰 $S$ で補償変分 $CV$ を近似した場合の誤差が以下のようになることを示した。ここで，$\eta$ は私的財 $i$ の所得弾力性を表す。

$$\frac{CV - S}{S} \approx \frac{\eta}{2} \cdot \frac{S}{M} \tag{A.16}$$

式（A.16）は，誤差の大きさが私的財 $i$ の所得弾力性 $\eta$，および消費者余剰 $S$ の所得 $M$ に対する比率に依存することを表す。Willig (1976) は，この結果に基づいて検討を行い，現実的なケースでは消費者余剰で補償変分を近似した場合の誤差は小さいと結論付けた。

**通常の需要関数から間接効用関数や支出関数を求めるアプローチ**

第2のアプローチは，市場で観察可能なデータから通常の需要関数を推定し，そこから間接効用関数や支出関数を求め，補償変分や等価変分を計算する

方法である。Hausman (1981) は，一定の条件（可積分条件）を満たす関数形を仮定したうえで通常の需要曲線を推定し，ロワの恒等式を用いて間接効用関数（準間接効用関数）および支出関数（準支出関数）を求め，補償変分や等価変分を計算することができることを示した。

**数値計算によるアプローチ**

第3のアプローチは，数値計算を用いて補償変分や等価変分を計算する方法である。Vartia (1983) は，任意の精度で補償変分の近似値を得ることが可能な数値計算のアルゴリズムを開発した。また，Irvine and Sims (1998) は，スルツキー補償需要関数の概念に基づいた方法を提示し，この方法で得られる補償変分，等価変分の近似値は，消費者余剰による近似と比較して誤差が小さいことを示した。

**支払意志額と受入補償額による計測**

第4のアプローチは，価格変化に対する支払意志額（willingness to pay: $WTP$），あるいは受入補償額（willingness to accept compensation: $WTA$）を消費者に尋ねることで，補償変分や等価変分を計測する方法である。価格変化に関する補償変分や等価変分を計測するための支払意志額や受入補償額の尋ね方には，以下の4つのパターンがある。

1. 価格低下に対する支払意志額（価格低下に関する補償変分）
   私的財 $i$ の価格を現在の $p_i^0$ から $p_i^1$ に低下させる計画があります。この計画を実施するために，あなたは最大いくら支払ってもいいと思いますか？
2. 価格低下の中止に対する受入補償額（価格低下に関する等価変分）
   私的財 $i$ の価格を現在の $p_i^0$ から $p_i^1$ に低下させる計画があります。この計画が中止になったら，あなたは最低どれだけの補償が必要だと思いますか？
3. 価格上昇に対する受入補償額（価格上昇に関する補償変分）
   私的財 $i$ の価格を現在の $p_i^0$ から $p_i^1$ に上昇させる計画があります。この計画が実施された場合，計画実施前と同じ満足の状態に戻るためには，あな

たは最低どれだけの補償が必要だと思いますか？
4. 価格上昇の中止に対する支払意志額（価格上昇に関する等価変分）
   私的財 $i$ の価格を現在の $p_i^0$ から $p_i^1$ に上昇させる計画があります。この計画を中止させるために，あなたは最大いくら支払ってもいいと思いますか？

補償変分は計画が実施される以前の状態に権利が設定されているのに対し，等価変分は計画が実施された後の状態に権利が設定されている。このため，権利の所在に応じて補償変分を用いるか等価変分を用いるかを判断しなければならない。

## A.4 環境変化の厚生測度

### A.4.1 補償余剰

環境変化による厚生への影響を貨幣単位で評価するためには，数量変化に関する厚生測度である補償余剰（compensating surplus: $CS$）と等価余剰（equivalent surplus: $ES$）が用いられる。

補償余剰は，ある財の消費量が増加（減少）したときに，変化後の消費量に保持したままで，変化前の効用水準に戻すために，消費者から取り去ることのできる最大の金額（与えなければならない最小の金額）のことである。

環境財 $j$ の状態が $q_j^0$ から $q_j^1$ に変化したときの補償余剰 $CS$ は，間接効用関数 $V$ を用いると以下のように定義できる。ただし，$q_{-j}$ は $j$ 以外の環境財を表す。

$$V(p, q_j^0, q_{-j}, M) = V(p, q_j^1, q_{-j}, M - CS) \tag{A.17}$$

また，支出関数 $e$ を用いると，以下のように定義できる。

$$CS = e(p, q_j^0, q_{-j}, U^0) - e(p, q_j^1, q_{-j}, U^0) \tag{A.18}$$

環境財 $j$ の限界価値（仮想価格）$p_j^V$ は，環境財 $j$ が限界的に変化したときに変化前の効用水準に消費者を保持するための支出の変化なので，以下のよう

に定義される。

$$p_j^V = -\frac{\partial e(p, q_j, q_{-j}, U^0)}{\partial q_j} \quad (A.19)$$

式（A.19）を用いると補償余剰は以下のように表される。

$$\begin{aligned} CS &= -\int_{q_j^0}^{q_j^1} \frac{\partial e(p, q_j, q_{-j}, U^0)}{\partial q_j} dq_j \\ &= \int_{q_j^0}^{q_j^1} p_j^V(p, q_j, q_{-j}, U^0) dq_j \end{aligned} \quad (A.20)$$

### A.4.2　等価余剰

等価余剰とは，ある財の消費量が増加（減少）したときに，変化前の消費量に保持したままで，変化後の効用水準を達成するために，消費者に与えなければならない最小の金額（取り去ることのできる最大の金額）のことである。

環境財 $j$ の状態が $q_j^0$ から $q_j^1$ に変化したときの等価余剰 $ES$ は，間接効用関数を用いると以下のように定義できる。

$$V(p, q_j^1, q_{-j}, M) = V(p, q_j^0, q_{-j}, M + ES) \quad (A.21)$$

また，支出関数を用いると，以下のように定義できる。

$$ES = e(p, q_j^0, q_{-j}, U^1) - e(p, q_j^1, q_{-j}, U^1) \quad (A.22)$$

環境財 $j$ の限界価値（仮想価格）$p_j^V$ は，以下のように定義される。

$$p_j^V = -\frac{\partial e(p, q_j, q_{-j}, U^1)}{\partial q_j} \quad (A.23)$$

式（A.23）を用いると等価余剰は以下のように表される。

$$\begin{aligned} ES &= -\int_{q_j^0}^{q_j^1} \frac{\partial e(p, q_j, q_{-j}, U^1)}{\partial q_j} dq_j \\ &= \int_{q_j^0}^{q_j^1} p_j^V(p, q_j, q_{-j}, U^1) dq_j \end{aligned} \quad (A.24)$$

## A.4.3 計測方法

ここでは，補償余剰，等価余剰を計測するために用いられる代表的な3つのアプローチを紹介する

**弱補完性アプローチ**

第1のアプローチは，弱補完性 (weak complementarity) アプローチと呼ばれるものである。Mälor (1974) は，私的財と環境財の間に弱補完性の関係が存在するとき，両者の関係から間接的に補償余剰や等価余剰を求めることができることを示した。私的財の消費が0のとき，環境財の変化に対する限界価値が0であるとき，私的財と環境財の間に弱補完性の関係が存在するという。

ここでは，私的財1と環境財1が補完財の関係にあるとする。以下の2つの条件が満たされるとき，私的財1と環境財1の間に弱補完性の関係が存在する。第1に，私的財1が非本質財であること，言い換えると，私的財1の補償需要が0になる価格，すなわち臨界価格 (choke price) が存在することである。

$$x_1^h(p_1^*, p_{-1}, q_1, q_{-1}, U^0) = 0 \tag{A.25}$$

ここで，$p_1^*$ は私的財1の臨界価格，$p_{-1}$ は1以外の私的財の価格，$q_{-1}$ は1以外の環境財を表す。

第2に，私的財1の消費量が0のとき，環境財1の限界価値も0になることである。これは，

$$\frac{\partial U(0, x_{-1}, q_1, q_{-1})}{\partial q_1} = 0 \tag{A.26}$$

または，

$$\frac{\partial e(p_1^*, p_{-1}, q_1, q_{-1}, U^0)}{\partial q_1} = 0 \tag{A.27}$$

と表される。この条件は，非利用価値が存在しないことを意味している。

$q_j^0$ から $q_j^1$ への変化に関する補償余剰は，臨界価格における支出関数を導入すると，以下のように表すことができる。

$$CS = e(p_1, p_{-1}, q_1^0, q_{-1}, U^0) - e(p_1, p_{-1}, q_1^1, q_{-1}, U^0)$$
$$= e(p_1^*, p_{-1}, q_1^1, q_{-1}, U^0) - e(p_1, p_{-1}, q_1^1, q_{-1}, U^0)$$
$$- [e(p_1^*, p_{-1}, q_1^0, q_{-1}, U^0) - e(p_1, p_{-1}, q_1^0, q_{-1}, U^0)]$$
$$+ e(p_1^*, p_{-1}, q_1^0, q_{-1}, U^0) - e(p_1^*, p_{-1}, q_1^1, q_{-1}, U^0) \quad \text{(A.28)}$$

弱補完性が成立しているとき，式（A.27）より式（A.28）の最後の行は 0 となる。したがって補償余剰は以下のように表すことができる。

$$CS = e(p_1^*, p_{-1}, q_1^1, q_{-1}, U^0) - e(p_1, p_{-1}, q_1^1, q_{-1}, U^0)$$
$$- [e(p_1^*, p_{-1}, q_1^0, q_{-1}, U^0) - e(p_1, p_{-1}, q_1^0, q_{-1}, U^0)]$$
$$= \int_{p_1}^{p_1^*} x_1^h(p_1, p_{-1}, q_1^1, q_{-1}, U^0) dp_1 - \int_{p_1}^{p_1^*} x_1^h(p_1, p_{-1}, q_1^0, q_{-1}, U^0) dp_1$$
$$= CV^1 - CV^0 \quad \text{(A.29)}$$

これは，補償余剰が $q_1^1$ の状態の補償変分と $q_1^0$ の状態の補償変分の差（環境変化による補償変分の増加分）と等しいことを表している。

このように，弱補完性が成立すれば，環境変化による私的財の補償需要，または補償変分の変化から，環境変化に関する補償余剰を求めることができる。

弱補完性アプローチの適用にあたっては，以下の 2 点に注意が必要である。第 1 に，弱補完性アプローチにより環境変化の補償余剰を求めるためには，私的財の補償変分を求める必要があるが，補償変分を求めるためには補償需要関数が必要となるため，実際には適用が困難である。そこで，通常の需要関数に基づく消費者余剰で補償変分を近似して補償余剰の近似値を求める方法が考えられるが，この方法を用いた場合の誤差は，その符号も程度も不明であるため，この方法で求められる値を補償余剰の近似値とみなすのは適切でないことを Bockstael et al. (1991) が示している。

第 2 に，先述のとおり，弱補完性の関係が存在することは，非利用価値が存在しないことを意味する。したがって，弱補完性アプローチにより，非利用価値を評価することはできない。

## ヒックス中立性アプローチ

弱補完性アプローチは，補償需要関数を推定することが必要であるため，実際の適用は困難であった．Larson (1992) は，ヒックス中立性を仮定することで，通常の需要関数から環境変化の補償余剰を求めることが可能であることを示した．ヒックス中立性とは，環境変化が起こっても，私的財の補償需要が影響を受けないことを意味する．私的財1がヒックス中立的であることは，以下のように表される．

$$\frac{\partial x_1^h(p, q_1, q_{-1}, U^0)}{\partial q_1} = 0 \tag{A.30}$$

通常の需要関数と補償需要関数の間には，以下の関係が成立する．

$$x_1^h(p, q_1, q_{-1}, U^0) = x_1(p, q_1, q_{-1}, e(p, q_1, q_{-1}, U^0)) \tag{A.31}$$

両辺を $q_1^0$ で偏微分して整理すると，以下の関係が得られる．

$$\begin{aligned}
\frac{\partial x_1^h(p, q_1, q_{-1}, U^0)}{\partial q_1} &= \frac{\partial x_1(p, q_1, q_{-1}, M)}{\partial q_1} \\
&\quad + \frac{\partial x_1(p, q_1, q_{-1}, M)}{\partial M} \cdot \frac{\partial e(p, q_1, q_{-1}, U^0)}{\partial q_1} \\
&= \frac{\partial x_1(p, q_1, q_{-1}, M)}{\partial q_1} \\
&\quad - \frac{\partial x_1(p, q_1, q_{-1}, M)}{\partial M} \cdot p_1^V(p, q_1, q_{-1}, U^0)
\end{aligned} \tag{A.32}$$

これを整理すると，環境財1の限界価値 $p_1^V$ は以下のように表される．

$$p_1^V(p, q_1, q_{-1}, U^0) = \frac{\partial x_1/\partial q_1}{\partial x_1/\partial M} - \frac{\partial x_1^h/\partial q_1}{\partial x_1/\partial M} \tag{A.33}$$

ここで，私的財1がヒックス中立的である場合，$\partial x_1^h/\partial q_1 = 0$ なので，$p_1^V$ は以下のように表される．

$$p_1^V(p, q_1, q_{-1}, U^0) = \frac{\partial x_1/\partial q_1}{\partial x_1/\partial M} \tag{A.34}$$

したがって，環境財1が $q_1^0$ から $q_1^1$ に変化した場合の補償余剰は，以下のよ

うに表される。

$$CS = \int_{q_1^0}^{q_1^1} p_1^V(p, q_j, q_{-j}, U^0) dq_1$$
$$= \int_{q_1^0}^{q_1^1} \frac{\partial x_1/\partial q_1}{\partial x_1/\partial M} dq_1 \qquad (A.35)$$

このように,ヒックス中立性を仮定すれば,補償余剰は通常の需要関数 $x_1$ のみから計測することが可能となる。

あらゆる価格水準においてヒックス中立性を仮定することは厳しいため,Larson(1992)は,臨界価格でのみヒックス中立的となる弱中立性(weak neutrality)を仮定することを提案した。

Larson(1992)は,ヒックス中立性アプローチにより非利用価値を含む総価値を評価できると主張したが,Flores(1996)は,臨界価格における弱中立性は,弱補完性の一形態に過ぎないため,弱補完性アプローチと同様に,非利用価値を含む総価値を評価することはできないことを示した。

**支払意志額と受入補償額による計測**

弱補完性やヒックス中立性のように,私的財と環境財の関係から評価する方法では,非利用価値を含む総価値を評価することはできない。非利用価値を含む総価値を評価するためには,人々に支払意志額や受入補償額を尋ねる方法を用いなければならない。

環境変化に関する補償余剰や等価余剰を計測するための支払意志額や受入補償額の尋ね方には,以下の4つのパターンがある。

1. 環境改善に対する支払意志額(環境改善に関する補償余剰)
   環境財 $j$ の状態を現在の $q_j^0$ から $q_j^1$ に改善させる計画があります。この計画を実施するために,あなたは最大いくら支払ってもいいと思いますか?
2. 環境改善の中止に対する受入補償額(環境改善に関する等価余剰)
   環境財 $j$ の状態を現在の $q_j^0$ から $q_j^1$ に改善させる計画があります。この計画が中止になったら,あなたは最低どれだけの補償が必要だと思います

か？
3. 環境悪化に対する受入補償額（環境悪化に関する補償余剰）

 環境財 $j$ の状態を現在の $q_j^0$ から $q_j^1$ に悪化させる計画があります。この計画が実施された場合，計画実施前と同じ満足の状態に戻るためには，あなたは最低どれだけの補償が必要だと思いますか？
4. 環境悪化の中止に対する支払意志額（環境悪化に関する等価余剰）

 環境財 $j$ の状態を現在の $q_j^0$ から $q_j^1$ に悪化させる計画があります。この計画を中止させるために，あなたは最大いくら支払ってもいいと思いますか？

補償余剰は計画が実施される以前の状態に権利が設定されているのに対し，等価余剰は計画が実施された後の状態に権利が設定されている。このため，権利の所在に応じて補償余剰を用いるか等価余剰を用いるかを判断しなければならない。

補償変分，等価変分，および補償余剰，等価余剰と支払意志額，受入補償額の関係をまとめたものが表 A.1 である。

表 A.1　補償変分，等価変分，および補償余剰，等価余剰と支払意志額，受入補償額の関係

|  |  | 権利の所在 | |
|---|---|---|---|
|  |  | 変化前の状態に権利 | 変化後の状態に権利 |
| 変化の内容 | 効用の上昇をもたらす変化<br>・価格低下<br>・環境改善 | 変化を実現するための支払意志額<br>・補償変分<br>・補償余剰 | 変化をあきらめるための受入補償額<br>・等価変分<br>・等価余剰 |
| | 効用の低下をもたらす変化<br>・価格上昇<br>・環境悪化 | 変化を受け入れるための受入補償額<br>・補償変分<br>・補償余剰 | 変化を回避するための支払意志額<br>・等価変分<br>・等価余剰 |

# 参考文献

Aadland, D. and Caplan, A. J. (2003) "Willingness to pay for curbside recycling with detection and mitigation of hypothetical bias," *American Journal of Agricultural Economics* 85: 492-502.

Adamowicz, W. and Deshazo, J. R. (2006) "Frontiers in stated preferences methods: An introduction," *Environmental and Resource Economics* 34: 1-6.

Adamowicz, W., Louviere, J. and Williams, M. (1994) "Combining revealed and stated preference methods for valuing environmental amenities," *Journal of Environmental Economics and Management* 26: 271-292.

Aldred, J. and Jacobs, M. (2000) "Citizens and wetlands: Evaluating the Ely citizens' jury," *Ecological Economics* 34: 217-232.

Álvarez-Farizo, B. and Hanley, N. (2006) "Improving the process of valuing non-market benefits: Combining citizens' juries with choice modeling," *Land Economics* 82: 465-478.

Anderson, C. and Sutinen, J. (2005) "A laboratory assessment of tradable fishing allowances," *Marine Resource Economics* 20: 1-23.

Andreoni, J. (1990) "Impure altruism and donations to public-goods – a theory of warm-glow giving," *Economic Journal* 100: 464-477.

Andrews, R. and Currim, I. (2003) "Retention of latent segments in regression-based marketing models," *International Journal of Research in Marketing* 20: 315-321.

Angrist, J. and Pischke, J-S. (2009) *Mostly Harmless Econometrics: An Empiricist's Companion*, Princeton University Press.

Anselin, L. (1988) *Spatial Econometrics: Methods and Models*, Kluwer.

Anselin, L. (2005) "Exploring Spatial Data with GeoDa: A Workbook," Center for Spatially Integrated Social Science, University of California, Santa Barbara.

Anselin, L. and Bera, A. K. (1998) "Spatial dependence in linear regression models with an introduction to spatial econometrics," in A. Ullah and David E. A. Giles (eds.), *Handbook of Applied Economic Statistics*, Marcel Dekker, 237-289.

Anselin, L., Bera, A. K., Florax, L. and Yoon, M. J. (1996) "Simple diagnostic tests for spatial dependence," *Regional Science and Urban Economics* 26: 77-104.

Anselin, L. and Gallo, J. G. (2006) "Interpolation of air quality measures in hedonic house price models: Spatial aspects," *Spatial Economic Analysis* 1: 31-52.

Anselin, L. and Lozano-Gracia, N. (2009) "Errors in variables and spatial effects in hedonic house price models of ambient air quality," in G. Arbia and B. H. Baltagi (eds.), *Spatial Econometrics: Methods and Applications*, Physica-Verlag HD, 5-34.

Anselin, L. and Rey, S. (1991) "Properties of tests for spatial dependence in linear regression models," *Geographical Analysis* 23: 112-131.

Arrow, K., Solow, R., Portney, P. R., Leamer, E. E., Radner, R. and Schuman, H. (1993) *Report of NOAA panel on Contingent Valuation*, Federal Register 4601, January 15.

Atkinson, G. and Mourato, S. (2008) "Environmental cost-benefit analysis," *Annual Review of Environment and Resources* 33: 317-344.

Barrett, S. (2003) *Environment and Statecraft: The Strategy of Environmental Treaty-making*, Oxford University Press.

Bartik, T. (1987) "The estimation of demand parameters in hedonic price models," *Journal of Political Economy* 95: 81-88.

Basu, S. and Thibodeau, T. G. (1998) "Analysis of spatial autocorrelation in house prices," *Journal of Real Estate Finance and Economics* 17: 61-85.

Becker, G. S. (1976) "Altruism, egoism, and genetic fitness – Economics and sociobiology," *Journal of Economic Literature* 14: 817-826.

Bell, K. and Bockstael, N. E. (2000) "Applying the generalized-moments estimation approach to spatial problems involving microlevel data," *Review of Economics and Statistics* 87: 72-82.

Ben-Akiva, M. and Morikawa, M. (1990) "Estimation of mode switching models from revealed preferences and stated intentions," *Transportation Research A* 24: 485-495.

Berg, D., Dickhaut, J. and O'Brien, B. (1986) "Controlling preferences for lotteries on units of experimental exchange," *Quarterly Journal of Economics* 101: 281-306.

Blackburn, M., Harrison, G. W. and Rutström, E. E. (1994) "Statistical bias functions and informative hypothetical surveys," *American Journal of Agricultural Economics* 76: 1084-1088.

Blumenschein, K., Johanneson, M., Yokoyama, K. K. and Freeman, P. R. (2001) "Hypothetical versus real willingness to pay in the health care sector: Results from a field experiment," *Journal of Health Economics* 20: 441-457.

Boadway, R. and Bruce, N. (1984) *Welfare economics*, Blackwell, Oxford.

Bockstael, N. E., Hanemann, W. M. and Kling, C. L. (1987) "Estimating the value of water quality improvements in a recreational demand framework," *Water Resources Research* 23: 951-960.

Bockstael, N. E., McConnell, K. E. and Strand, I. E. (1991) "Recreation," in J. Braden and C. Kolstad (eds.), *Measuring the Demand for Environmental Quality*, North Holland, 227-270.

Bohm, P. (1972) "Estimating demand for public goods: An experiment," *European Economics Review* 3: 111-130.

Bontemps, C., Simioni, M. and Surry, Y. (2008) "Semiparametric hedonic price models: Assesing the effects of agricultural nonpoint source pollution," *Journal of Applied Econometrics* 23: 825-842.

Boxall, P. and Adamowicz, W. (2002) "Understanding heterogeneous preferences in random utility models: A latent class approach," *Environmental and Resource Economics* 23: 421-446.

Brasington, D. M. and Hite, D. (2005) "Demand for environmental quality: A spatial hedonic analysis," *Regional Science and Urban Economics* 35: 57-82.

Brekke, K. A. (1997) "The numeraire matters in cost-benefit analysis," *Journal of Public Economics* 64: 117-123.

Brown, T. C., Ajzen, I. and Hrubes, D. (2003) "Further test of entreaties to avoid hypothetical bias in referendum contingent valuation," *Journal of Environmental Economics and Management* 46, 353-361.

Brown, G. and Hagen, D. A. (2010) "Behavioral economics and the environment," *Environmental and Resource Economics* 46: 139-146.

Brown, J. N. and Rosen, S. H. (1982) "On the estimation of structural hedonic price models," *Econometrica* 50: 765-768.

Brown, K. M. and Taylor, L. O. (2000) "Do as you say, say as you do: Evidence on gender differences in actual and stated contributions to public goods," *Journal of Economic Behavior and Organization* 43: 127-139.

Brown-Kruse, J., Elliott, S. R. and Godby, R. W. (1995) "Strategic manipulation of pollution permit markets: An experimental approach," Department of Economics Working Paper, McMaster University.

Camerer, C. F. (2003) *Behavioral Game Theory: Experiments in Strategic Interaction*, Princeton University Press.

Camerer, C. F. and Hogarth, R. M. (1999) "The effects of financial incentives in experiments: A review and capital-labor-production framework," *Journal of Risk and Uncertainty* 19: 7-42.

Cadsby, C. B., Hamaguchi, Y. Kawagoe, T. Maynes, E. and Song, F. (2007) "Cross-national gender differences in behavior in a threshold public goods game: Japan versus Canada," *Journal of Economic Psychology* 28: 242-260.

Cadsby, C. B. and Maynes, E. (1999) "Voluntary provision of threshold public goods with continuous contributions: Experimental evidence," *Journal of Public Eco-*

*nomics* 71: 53-73.

Cason, T. N. (1995) "An experimental investigation of the seller incentives in the EPA's emission trading auction," *American Economic Review* 85: 905-922.

Cason, T. N. and Plott, C. R. (1996) "EPA's new emissions trading mechanism: A laboratory evaluation," *Journal of Environmental Economics and Management* 30: 133-160.

Carson, R. T. and Groves, T. (2007) "Incentive and informational properties of preference questions," *Environmental and Resource Economics* 37: 181-210.

Carson, R., Groves, T., List, J. and Machina, M. (2004) "Probabilistic influence and supplemental benefits: A field test of the two key assumptions underlying stated preferences," Working Paper, University of California at San Diego.

Carson, R. T., Hanemann, W. M., Kopp, R. J., Krosnick, J. A., Mitchell, R. C., Press, S., Ruud, P. A. and Smith, V. K. (1994) *Prospective lost use value due to DDT and PCB contamination in the southern California Bight*, La Jolla California: Natural Resource Damage Assessment, Inc., September 30.

Carson, R. T., Mitchell, R. C., Hanemann, W. M., Kopp, R. J., Presser, S. and Ruud, P. A. (2003) "Contingent valuation and lost passive use: Damages from the Exxon Valdez oil spill," *Environmental and Resource Economics* 25: 257-286.

Cesario, F. J. (1976) "Value of time in recreation benefit studies," *Land Economics* 52: 32-41.

Champ, P. A., Boyle, K. and Brown, T. (2003) *A Primer on Nonmarket Valuation*, Kluwer Academic Publicers.

Chan, K. S., Mestelman, S., Moir, R. and Muller, R. A. (1999) "Heterogeneity and the voluntary provision of public goods," *Experimental Economics* 2: 5-30.

Charness, G. and Gneezy, U. (2008) "What's in a name? Anonymity and social distance in dictator and ultimatum games," *Journal of Economic Behavior and Organization* 68: 29-35.

Cherry, T. L., Kroll, S. and Shogren, J. F. (2008) *Environmental Economics, Experimental Methods*, Routledge.

Cho, S. H., Bowker, J. M. and Park, W. M. (2006) "Measuring the contribution of water and green space amenities to housing values: An application and comparison of spatially weighted hedonic models," *Journal of Agricultural and Resource Economics* 31: 485-507.

Clawson, M. (1959) "Methods of measuring the demand for and value of outdoor recreation," Reprint No. 10, Resources for the Future.

Clawson, M. and Knetsch, J. L. (1966) *Economics of Outdoor Recreation*, Resources for the Future.

Cliff, A. D. and Ord, J. K. (1973) *Spatial Autocorrelation*, Pion.

Cochard, F., Willinger, M. and Xepapadeas, A. (2005) "Efficiency of nonpoint source pollution instruments: An experimental study," *Environmental and Resource Economics* 30: 393-422.

Cohen, J. P. and Coughlin, C. C. (2008) "Spatial hedonic models of airport noise, proximity, and housing prices," *Journal of Regional Science* 48: 859-878.

Conley, T. G. and Topa, G. (2002) "Socio-economic distance and spatial patterns in unemployment," *Journal of Applied Econometrics* 17: 303-327.

Coote, A. and Lenaghan, J. (1997) *Citizens' juries: Theory into practice*, Institute for Public Policy Research.

Corrigan, J. R. and Rousu, M. C. (2006) "The effect of initial endowments in experimental auctions," *American Journal of Agricultural Economics* 88: 448-457.

Coursey, D. L., Hovis, J. L. and Schulze, W. D. (1987) "The disparity between willingness to accept and willingness to pay measures of value," *Quarterly Journal of Economics* 102: 679-690.

Cressie, N. A. C. (1993) *Statistics for Spatial Data (Wiley Series in Probability and Statistics)*, Wiley.

Cummings, R. G., Harrison, G. W. and Rutstrom, E. E. (1995) "Homegrown values and hypothetical surveys: Is the dichotomous choice approach incentive-compatible?" *American Economic Review* 85: 260-266.

Cummings, R. G. and Taylor, L. O. (1999) "Unbiased value estimates for environmental goods: A cheap talk design for the contingent valuation method," *American Economic Review* 89: 649-665.

Davidson, R. and MacKinnon, J. G. (2004) *Econometric Theory and Methods*, Oxford University Press.

Dempster, A., Laird, N. and Rubin, D. (1977) "Maximum likelihood from incomplete data via the EM algorithm," *Journal of the Royal Statistical Society B* 39: 1-38.

DeShazo, J. R. and Fermo, G. (2002) "Designing choice sets for stated preference methods: The effects of complexity on choice consistency," *Journal of Environmental Economics and Management* 44: 123-143.

Desvousges, W. H., Johnson, F. R., Dunford, R. W., Hudson, S. P., Wilson, K. N. and Boyle, K. J. (1993) "Measuring natural resource damages with contingent valuation: Tests of validity and reliability," in J. A. Hausman (ed.), *Contingent Valuation: A Critical Assessment*, North-Holland, 91-164.

Diamond, Jr., D. B. and Smith, B. A. (1985) "Simultaneity in the market for housing characteristics," *Journal of Urban Economics* 17: 280-292.

Durlauf, S. N. and Blume, L. E. (2010) *Microeconometrics*, Palgrave Macmillan.

Ekeland, I., Heckman, J. J. and Nesheim, L. (2004) "Identification and estimation of hedonic models," *Journal of Political Economy* 112: S60-S109.

Engel, S., Pagiola, S. and Wunder, S. (2008) "Designing payments for environmental services in theory and practice: An overview of the issues," *Ecological Economics* 65: 663-674.

Fehr, E. and Fischbacher, U. (2003) "The nature of human altruism," *Nature* 425: 785-791.

Fehr, E. and Gachter, S. (2000) "Cooperation and punishment in public goods experiments," *American Economic Review* 90: 980-994.

Fischbacher, U., Gachter, S. and Fehr, E. (2001) "Are people conditionally cooperative? Evidence from a public goods experiment," *Economics Letters* 71: 397-404.

Fleming, M. (2002) "Techniques for estimating spatially dependent discrete choice models," in L. Anselin, R. J. Florax and S. J. Rey (eds.), *Advances in Spatial Econometrics: Methodology, Tools and Applications*, Springer, 145-168.

Fotheringham, A. S., Brunsdon, C. and Charlton, M. (2002) *Geographically Weighted Regression: The Analysis of Spatially Varying Relationships*, Wiley.

Fraker, T. and Maynard, R. (1987) "The adequacy of comparison group designs for evaluations of employment-related programs," *Journal of Human Resources* 22: 194-227.

Frank, R. H., Gilovich, T. and Regan, D. T. (1996) "Do economics make bad citizens? *Journal of Economic Perspectives* 10: 187-192.

Freeman III, A. M. (2003) *The Measurement of Environmental and Resource Values: Theory and Methods (second edition)*, Resources for the Future.

Gawande, K. and Smith, H. J. (2001) "Nuclear waste transport and residential property values: Estimating the effects of percerived risks," *Journal of Environmental Economics and Management* 42: 207-233.

Geoghegan, J., Wainger, L. and Bockstael, N. E. (1997) "Spatial landscape indices in a hedonic framework: An ecological economics analysis using GIS," *Ecological Economics* 23: 251-264.

George, J. G., Johnson, L. T. and Rutstrom, E. E. (2008) "Social preferences in the face of regulatory change," in T. L. Cherry, S. Kroll and J. F. Shogren (eds.), *Environmental Economics, Experimental Methods*, Routledge, 293-306.

Godby, R. W., Mestelman, S., Muller, R. A. and Welland, J. D. (1997) "Emissions trading with shares and coupons when control over discharges is uncertain," *Journal of Environmental Economics and Management* 32: 359-381.

Gowdy, J. M. (2004) "The revolution in welfare economics and its implications for environmental valuation and policy," *Land Economics* 80: 239-257.

Haab, T. C. and McConnell, K. E. (1997) "Referendum models and negative willingness to pay: Alternative solutions," *Journal of Environmental Economics and Management* 32: 251-270.

Haab, T. C. and McConnell, K. E. (2002) *Valuing Environmental and Natural Resources*, Edward Elgar.

Habermas, J. (1984) *The Theory of Communicative Action*, Beacon Press.

Habermas, J. (1990) *Moral Consciousness and Communicative Action*, MIT Press.

Hackett, S., Schlager, E. and Walker, J. (1994) "The role of communication in resolving common dilemmas – Experimental-evidence with heterogeneous appropriators," *Journal of Environmental Economics and Management* 27: 99-126.

Hanemann, W. M. (1978) "A theoretical and empirical study of the recreation benefits from improving water quality in the boston area," PhD dissertation, Harvard University.

Hanemann, W. M. (1991) "Willingness to pay and willingness to accept – How much can they differ," *American Economic Review* 81: 635-647.

Harrison, G. W. and List, J. A. (2004) "Field experiments," *Journal of Economic Literature* XLII: 1009-1055.

Hausman, J. A. (1981) "Exact consumer's surplus and dead weight loss," *American Economic Review* 71: 662-676.

Hausman, J., Leonard, G. and McFadden, D. (1995) "A utility-consistent, combined discrete choice and count data model: Assessing recreational use losses due to natural resource damage," *Journal of Public Economics* 56: 1-30.

Heckman, J. J., Matzkin, R. L. and Nesheim, L. (2010) "Nonparametric identification and estimation of nonadditive hedonic models," *Econometrica* 78: 1569-1591.

Hoffman, E, McCabe, K. Shachat, K. and Smith, V. (1994) "Preferences, property rights, and anonymity in bargaining games," *Games and Economic Behavior* 7: 346-380.

Hollander, H. (1990) "A social-exchange approach to voluntary cooperation," *American Economic Review* 80: 1157-1167.

Holt, C. A. and Laury, S. K. (2002) "Risk aversion and incentive effects," *American Economic Review* 92: 1644-1655.

Horn, R. and Johnson, C. (1985) *Matrix Analysis*, Cambridge University Press.

Horowitz, J. K. and McConnell, K. E. (2002) "A review of WTA/WTP studies," *Journal of Environmental Economics and Management* 44: 426-447.

Hoshino, T. (2010) "An analysis of the district planning system in Japan: GMM estimation of spatial probit models," Department of Social Engineering Discussion Paper, 2010-1, Tokyo Institute of Technorogy.

Hoshino, T. and Kuriyama, K. (2010) "Measuring the benefits of neighborhood park amenities: Application and comparison of spatial hedonic approaches," *Environmental and Resource Economics* 45: 429-444.

Howarth, R. B. and Wilson, M. A. (2006) "A theoretical approach to deliberative valuation: Aggregation by mutual consent," *Land Economics* 82: 1-16.

Hwang, H., Mortensen, D. T. and Reed, W. R. (1998) "Hedonic wages and labor market search," *Journal of Labor Economics* 16: 815-847.

Hynes, S., Hanley, N. and Scarpa, R. (2008) "Effects on welfare measures of alternative means of accounting for preference heterogeneity in recreational demand models," *American Journal of Agricultural Economics* 90: 1011-1027.

Irvine, I. J. and Sims, W. A. (1998) "Measuring consumer surplus with unknown Hicksian demands," *American Economic Review* 88: 314-322.

Isaac, R. M. and Walker, J. M. (1988) "Group-size effects in public-goods provision – The voluntary contributions mechanism," *Quarterly Journal of Economics* 103: 179-199.

Isaac, R. M., Walker, J. M. and Williams, A. W. (1994) "Group-size and the voluntary provision of public-goods – Experimental-evidence utilizing large groups," *Journal of Public Economics* 54: 1-36.

Ito, N., Takeuchi, K. Kuriyama, K., Shoji, Y., Tsuge, T. and Mitani, Y. (2009) "The influence of decision-making rules on individual preferences for ecological restoration: Evidence from an experimental survey," *Ecological Economics* 68: 2426-2431.

Jamison, J., Karlan, D. and Schechter, L. (2008) "To deceive or not to deceive: The effect of deception on behavior infuture laboratory experiments," *Journal of Economic Behavior and Organization* 68: 477-488.

Johansson, P-O. (1987) *The Economic Theory and Measurement of Environmental Benefits*, Cambridge University Press. (嘉田良平監訳 (1994)『環境評価の経済学』多賀出版)

Johansson, P-O. (1993) *Cost-benefit analysis of environmental change*, Cambridge University Press.

Johnson, F. R., Kanninen, B. J., Bingham, M. and Özdemir, S. (2007) "Experimental design for stated choice studies," in B. J. Kanninen (ed.), *Valuing Environmental Amenities Using Stated Choice Studies*, Springer, 297-333.

Kahn, S. and Lang, K. (1988) "Efficient estimation of structural hedonic systems," *International Economic Review* 29: 157-166.

Kahneman, D. and Knetsch, J. L. (1992) "Valuing public goods: The purchase of moral satisfaction," *Journal of Environmental Economics and Management* 22: 57-70.

Kahneman, D., Knetsch, J. L. and Thaler, R. H. (1990) "Experimental tests of the endowment effect and the Coase theorem," *Journal of Political Economy* 98: 1325-1348.

Kahneman, D. and Tversky, A. (1979) "Prospect theory – Analysis of decision under risk," *Econometrica* 47: 263-291.

Kanemoto, Y. (1988) "Hedonic prices and the benefits of public projects," *Economet-

*rica* 56: 981-989.

Kelejian, H. H. and Prucha, I. R. (1998) "A generalized spatial two-stage least squares procedure for estimating a spatial autoregressive model with autoregressive disturbances," *The Journal of Real Estate Finance and Economics* 17: 99-121.

Kelejian, H. H. and Prucha, I. R. (1999) "A generalized moments estimator for the autoregressive parameter in a spatial model," *International Economic Review* 40: 509-533.

Kelejian, H. H. and Prucha, I. R. (2007) "HAC estimation in a spatial framework," *Journal of Econometrics* 140: 131-154.

Kelejian, H. H. and Prucha, I. R. (2010) "Specification and estimation of spatial autoregressive models with autoregressive and heteroskedastic disturbances," *Journal of Econometrics* 157: 53-67.

Kenyon, W. and Hanely, N. (2005) "Three approaches to valuing nature: Forest floodplain restoration," in M. Getzner, C. L. Spash and S. Stagl (eds.), *Alternatives for Environmental Valuation*, Routledge, 209-224.

Keser, C and van Winden, F. (2000) "Conditional cooperation and voluntary contributions to public goods," *Scandinavian Journal of Economics* 102: 23-39.

Kim, J. and Goldsmith, P. (2009) "A spatial hedonic approach to assess the impact of wine production," *Environmental and Resource Economics* 42: 509-534.

Kim, C. W., Phipps, T. T. and Anselin, L. (2003) "Measuring the benefits of air quality improvement: A spatial hedonic approach," *Journal of Environmental Economics and Management* 45: 24-39.

Knetsch, J. L. (1989) "The endowment effect and evidence of nonreversible indifference curves," *American Economic Review* 79: 1277-1284.

Knetsch, J. L. and Sinden, J. A. (1984) "Willingness to pay and compensation demanded – Experimental-evidence of an unexpected disparity in measures of value," *Quarterly Journal of Economics* 99: 507-521.

Krinsky, I. and Robb, A. L. (1986) "On approximating the statistical properties of elasticities," *Review of Economics and Statistics* 68: 715-719.

Kroll, S., Cherry, T. L. and Shogren, J. F. (2007) "Voting, punishment, and public goods," *Economic Inquiry* 45: 557-570.

Kuriyama, K. and Hanemann, W. M. (2006a) "The integer programming approach to a generalized corner-solution model: An application to recreation demand," Environmental Economics Working Paper, 0601, School of Political Science and Economics, Waseda University.

Kuriyama, K. and Hanemann, W. M. (2006b) "The intertemporal substitution of recreation demand: A dynamic Kuhn-Tucker model with a corner solution," Environmental Economics Working Paper, 0602, School of Political Science and Economics,

Waseda University.

Kuriyama, K., Hanemann, W. M. and Hilger, J. R. (2010) "A latent segmentation approach to a Kuhn-Tucker model: An application to recreation demand," *Journal of Environmental Economics and Management* 60: 209-220.

Kuriyama, K., Shoji, Y. and Tsuge, T. (2010) "A spatial Kuhn-Tucker model: An application to recreation demand," Division of Natural Resource Economics, Graduate School of Agriculture, Kyoto University.

Landry, C. E., Lange, A. List, J. A. Price, M. K. and Rupp, N. G. (2006) "Toward an understanding of the economics of charity: Evidence from a field experiment," *Quarterly Journal of Economics* 121: 747-782.

Landry, C. E. and List, J. A. (2007) "Using 'ex ante' approaches to obtain credible signals for value in contingent markets: Evidence from the field," *American Journal of Agricultural Economics* 89: 420-429.

Lange, A. and Stocking, A. (2009) "Charitable memberships, volunteering, and discounts: Evidence from a large-scale online field experiment," NBER Working Paper, No.14941.

Larson, D. M. (1992) "Further results on willingness to pay for nonmarket goods," *Journal of Environmental Economics and Management* 23: 101-122.

Laury, S. K. (2006) "Pay one or pay all: Random selection of one choice for payment. Working Paper, Georgia State University.

Ledyard, J. O. (1995) "Public goods: A survey of experimental research," in J. H. Kagel and A. E. Roth (eds.), *Handbook of Experimental Economics*, Princeton University Press, 111-194.

Lee, L. F. (2003) "Best spatial two-stage least squares estimators for a spatial autoregressive model with autoregressive disturbances," *Econometric Reviews* 22: 307-335.

Lee, L. F. (2004) "Asymptotic distributions of quasi-maximum likelihood estimators for spatial autoregressive models," *Econometrica* 72: 1899-1925.

Lee, L. F. (2007) "GMM and 2SLS estimation of mixed regressive, spatial autoregressive models," *Journal of Econometrics* 137: 489-514.

Leggett, C. G. and Bockstael, N. E. (2000) "Evidence of the effects of water quality on residential land prices," *Journal of Environmental Economics and Management* 39: 121-144.

LeSage, J. P. (2000) "Bayesian estimation of limited dependent variable spatial autoregressive models," *Geographical Analysis* 32: 19-35.

LeSage, J. P. and Fischer, M. M. (2008) "Spatial growth regressions: Model specification, estimation and interpretation," *Spatial Economic Analysis* 3: 275-304.

Levin, I. P. (1999) *Relating Statistics and Experimental Design: An Introduction,*

SAGE Publications.

Lienhoop, N. and Macmillan, D. C. (2007) "Contingent valuation: Comparing participant performance in group-based approaches and personal interviews," *Environmental Values* 16: 209-232.

Lin, X. and Lee, L. F. (2010) "GMM estimation of spatial autoregressive models with unknown heteroskedasticity," *Journal of Econometrics* 157: 34-52.

List, J. A. (2001) "Do explicit warnings eliminate the hypothetical bias in elicitation procedures? Evidence from field auctions for sportscards," *American Economic Review* 91: 1498-1507.

List, J. A. (2003) "Does market experience eliminate market anomalies?" *Quarterly Journal of Economics* 118: 41-71.

List, J. A. (2006a) *Using Experimental Methods in Environmental and Resource Economics*, Edward Elgar.

List, J. A. (2006b) "The behavioralist meets the market: Measuring social preferences and reputation effects in actual transactions," *Journal of Political Economy* 114: 1-37.

List, J. A. (2009) "An introduction to field experiments in economics," *Journal of Economic Behavior and Organization* 70: 439-442.

List, J. A., Sadoff, S. and Wagner, M. (2010) "So you want to run an experiment, now what? Some simple rules of thumb for optimal Experimental Design," NBER Working Paper, No.15701.

Loomis, J. (2011) "What's to know about hypothetical bias in stated preference valuation studies?" *Journal of Economic Surveys* 25: 363-370.

Louviere, J. J., Hensher, D. A. and Swait, J. D. (2000) *Stated Choice Methods: Analysis and Applications*, Cambridge University Press.

Lusk, J. L. and Shogren, J. F. (2007) *Experimental Auctions: Methods and Applications in Economic and Marketing Research*, Cambridge University Press.

Macmillan, D. C., Philip, L., Hanley, N. and Alvarez-Farizo, B. (2002) "Valuing the non-market benefit of wild goose conservation: A comparison of interview and group-based approaches," *Ecological Economics* 43: 49-59.

Mackie, J. L. (1974) *The Cement of the Universe: A Study of Causation*, Oxford University Press.

Mäler, K. G. (1974) *Environmental Economics: A Theoretical Inquiry*, Johns Hopkins University Press.

Manski, C. F. (1993) "Identification of endogenous social effects: The reflection problem," *The Review of Economic Studies* 60: 531-542.

Masclet, D., Colombier, N., Denant-Boemont, L. and Lohéac, Y. (2009) "Group and individual risk preferences: A lottery-choice experiment with self-employed and

salaried workers," *Journal of Economic Behavior and Organization* 70: 470-484.
McConnell, K. E. (1985) "The economics of outdoor recreation," in A. V. Kneese and J. L. Sweeney (eds.), *Handbook of Natural Resource and Energy Economics (Volume 2)*, Elsevier, 677-722.
McFadden, D. (1974) "Conditional logit analysis of qualitative choice behavior," in P. Zarembka (ed.), *Frontiers in Econometrics*, Academic Press, 105-142.
McLachlan, G. and Krishnan, T. (1997) *The EM Algorithm and Extensions*, John Wiley & Sons.
McMillen, D. P. (1992) "Probit with spatial autocorrelation," *Journal of Regional Science* 3: 335-348.
Messer, K. D. and Murphy, J. J. (2010) "Special issue on experimental methods in environmental, natural resource, and agricultural economics," *Agricultural and Resource Economics Review* 39: iii-vi.
Mishan, E. J. and Quah, E. (2007) *Cost-benefit analysis (fifth edition)*, Routledge.
Mitani, Y. and Flores, N. E. (2009) "Demand revelation, hypothetical bias, and threshold public goods provision," *Environmental and Resource Economics* 44: 231-243.
Mitani, Y. and Flores, N. E. (2010a) "Public goods referenda without perfectly correlated prices and quantities," AERE Session at the ASSA 2010 Meeting, Atlanta.
Mitani, Y. and Flores, N. E. (2010b) "Hypothetical bias reconsidered: Payment and provision uncertainties in a threshold provision mechanism," The Fourth World Congress on Environmental and Resource Economists, Montreal.
Mood, A. M., Graybill, F. A. and Boes, D. C. (1974) *Introduction to the Theory of Statistics (third edition)*, McGraw-Hill Publishing Co.
Morey, E. R., Rowe, R. D. and Watson, M. (1993) "A repeated nested-logit model of Atlantic salmon fishing," *American Journal of Agricultural Economics* 75: 578-592.
Mur, J. and Angulo, A. (2006) "The spatial durbin model and the common factor tests," *Spatial Economic Analysis* 1: 207-226.
Murphy, J. J., Allen, P. G., Stevens, T. H. and Weatherhead, D. (2005) "A meta-analysis of hypothetical bias in stated preference valuation," *Environmental and Resource Economics* 30: 313-325.
Murphy, J. J. and Stranlund, J. K. (2006) "Direct and market effects of enforcing emissions trading programs: An experimental analysis," *Journal of Economic Behavior and Organization* 61: 217-233.
Murphy, J. J. and Stranlund, J. K. (2007) "A laboratory investigation of compliance behavior under tradable emissions rights: Implications for targeted enforcement," *Journal of Environmental Economics and Management* 53: 196-212.
Murphy, J. J. and Stranlund, J. K. (2008) "An investigation of voluntary discovery

and disclosure of environmental violations using laboratory experiments," in T. L. Cherry, S. Kroll and J. F. Shogren (eds.), *Environmental Economics, Experimental Methods*, Routledge, 261-279.

Nyborg, K. (2000) "Homo economicus and homo politicus: Interpretation and aggregation of environmental values," *Journal of Economic Behavior and Organization* 42: 305-322.

Ostmann, A. (1998) "External control may destroy the commons," *Rationality and Society* 10: 103-122.

Ostrom, E. (2010) "Beyond markets and states: Polycentric governance of complex economic systems," *American Economic Review* 100: 641-672.

Ostrom, E. and Walker, J. M. (1991) "Communication in a commons: Cooperation without external enforcement," in T. R. Palfrey (ed.), *Laboratory Research in Political Economy*, University of Michigan Press, 287-322.

Ostrom, E., Gardner, R. and Walker, J. M. (1994) *Rules, Games, and Common-Pool Resources*, University of Michigan Press.

Ostrom, E., Walker, J. and Gardner, R. (1992) "Covenants with and without a sword – Self-governance is possible," *American Political Science Review* 86: 404-417.

Palmquist, R. B. (1992) "Valuing localized externalities," *Journal of Urban Economics* 31: 59-68.

Parkhurst, G. M. and Shogren, J. F. (2007) "Spatial incentives to coordinate contiguous habitat," *Ecological Economics* 64: 344-355.

Parkhurst, G. M., Shogren, J. F., Bastian, C., Kivi, P., Donner, J. and Smith, R. B. W. (2002) "Agglomeration bonus: An incentive mechanism to reunite fragmented habitat for biodiversity conservation," *Ecological Economics* 41: 305-328.

Paterson, R. W. and Boyle, J. B. (2002) "Out of sight, out of mind? Using GIS to incorporate visibility in hedonic property value models," *Land Economics* 78: 417-425.

Pearce, D. (1998) "Cost-benefit analysis and environmental policy," *Oxford Review of Economic Policy* 14: 84-100.

Phaneuf, D. J., Kling, C. L. and Herriges, J. A. (2000) "Estimation and welfare calculations in a generalized corner solution model with an application to recreation demand," *Review of Economics and Statistics* 82: 83-92.

Phaneuf, D. J. and Siderelis, C. (2003) "An application of the Kuhn-Tucker model to the demand for water trail trips in North Carolina," *Marine Resource Economics* 18: 1-14.

Plott, C. R. (1983) "Externalities and corrective policies in experimental markets," *Economic Journal* 93: 106-127.

Plott, C. R. and Zeiler, K. (2005) "The willingness to pay-willingness to accept gap, the endowment effect, subject misconceptions, and experimental procedures for eliciting valuations," *American Economic Review* 95: 530-545.

Poe, G. L., Segerson, K., Schulze, W. D., Suter, J. F. and Vossler, C. A. (2004) "Exploring the performance of ambient-based policy instruments when mon-point source polluters can cooperate," *American Journal of Agricultural Economics* 86: 1203-1210.

Poe, G. L. and Vossler, C. A. (2011) "Consequentiality and contingent values: An emerging paradigm." in J. Bennett (ed.), *International Handbook on Non-Market Environmental Valuation*, Edward Elgar, 122-141.

Provencher, B., Baerenklau, K. A. and Bishop, R. C. (2002) "A finite mixture logit model of recreational angling with serially correlated random utility," *American Journal of Agricultural Economics* 84: 1066-1075.

Ralws, J. (1971) *A Theory of Justice*, Oxford University Press, Oxford

Randall, A. (1994) "A difficulty with the travel cost method," *Land Economics* 70: 88-96.

Rege, M. and Telle, K. (2004) "The impact of social approval and framing on cooperation in public good situations," *Journal of Public Economics* 88: 1625-1644.

Roe, B. E. and Just, D. R. (2009) "Internal and external validity in economics research: Tradeoffs between experiments, field experiments, natural experiments, and field data," *American Journal of Agricultural Economics* 91: 1266-1271.

Rondeau, D., Poe, G. L. and Schulze, W. D. (2005) "VCM or PPM? A comparison of the performance of two voluntary public goods mechanisms," *Journal of Public Economics* 89: 1581-1592.

Rosen, S. (1974) "Hedonic prices and implicit markets: Product differentation in pure competition," *Journal of Political Economy* 82: 34-55.

Rossi, P., McCulloch, R. E. and Allenby, G. M. (1996) "The value of purchase history data in target marketing," *Marketing Science* 15: 301-320.

Ruud, P. (1991) "Extensions of estimation methods using the EM algorithm," *Journal of Econometrics* 49: 305-341.

Sagoff, M. (1988) *The Economy of the Earth*, Cambridge University Press.

Sagoff, M. (1998) "Aggregation and deliberation in valuing environmental public goods: A look beyond contingent pricing," *Ecological Economics* 24: 213-230.

Salant, P. and Dillman, D. A. (1994) *How to Conduct Your Own Survey*, John Wiley & Sons, Inc.

Scarpa, R. and Thiene, M. (2005) "Destination choice models for rock-climbing in the North-Eastern Alps: A latent-class approach based on intensity of participation," *Land Economics* 81: 426-444.

Shadish, W. R., Cook, T. D. and Campbell, D. T. (2002) *Experimental and Quasi-*

*Experimental Designs for Generalized Causal Inference*, Houghton Mifflin Company.

Shaw, D. (1988) "On-site samples' regression: Problems of non-negative integers, truncation, and endogenous stratification," *Journal of Econometrics* 37: 211-223.

Shaw, W. D. and Ozog, M. (1999) "Modeling overnight tecreation trip choice: Application of a repeated nested multinomial logit model," *Environmental and Resource Economics* 13: 397-414.

Shogren, J. F. (2005) "Experimental methods and valuation," in K. G. Mäler and J. R. Vincent (eds.), *Handbook of Environmental Economics*, North-Holland, 969-1027.

Shogren, J. F., Shin, S. Y., Hayes, D. J. and Kliebenstein, J. B. (1994) "Resolving differences in willingness to pay and willingness to accept," *American Economic Review* 84: 255-270.

Shonkwiler, J. S. and Shaw, W. D. (2003) "A finite mixture approach to analyzing income effects in random utility models," in N. D. Hanley (ed.), *The New Economics of Outdoor Recreation*, Edward Elgar, 268-278.

Smith, V. L. (1962) "An experimental study of competitive market behavior," *Journal of Political Economy* 70: 111-137.

Smith, V. L. (1976) "Experimental economics: Induced value theory," *American Economic Review* 66: 274-279.

Smith, V. L. (1982) "Microeconomic systems as an experimental science," *American Economic Review* 72: 923-955.

Smith, V. L. and Walker, J. M. (1993) "Rewards, experience and decision costs in first price auctions," *Economic Inquiry* 31: 237-245.

Söderholm, P. (2001) "The deliberative approach in environmental valuation," *Journal of Economic Issues* 35: 487-495.

Spash, C. L. (2008) "Deliberative monetary valuation and the evidence for new value theory," *Land Economics* 84: 469-488.

Stranlund, J. K. and Dhanda, K. K. (1999) "Endogenous monitoring and enforcement of a transferable emissions permit system," *Journal of Environmental Economics and Management* 38: 267-282.

Sturm, B. and Weimann, J. (2006) "Experiments in environmental economics and some close relatives," *Journal of Economic Surveys* 20: 419-457.

Sugden, R. (2005) "Coping with preference anomalies in cost-benefit analysis: A market-simulation approach," *Environmental and Resource Economics* 32: 129-160.

Swait, J. and Adamowicz, W. (2001) "The influence of task complexity on consumer choice: A latent class model of decision strategy switching," *Journal of Consumer Research* 28: 135-148.

Taylor, L. O., McKee, M., Laury, S. K. and Cummings, R. G. (2001) "Induced-value tests of the referendum voting mechanism," *Economics Letters* 71: 61-65.

Train, K. (2008) "EM algorithms for nonparametric estimation of mixing distributions," *Journal of Choice Modeling* 1: 40-69.

Train, K. E. (2009) *Discrete Choice Methods with Simulation (second edition)*, Cambridge University Press.

Trice, A. H. and Wood, S. E. (1958) "Measurement of recreation benefits," *Land Economics* 34: 195-207.

Tsutsumi, M. and Seya, H. (2008) "Measuring the impact of large-scale transportation projects on land price using spatial statistical models," *Papers in Regional Science* 87: 385-401.

Turner, R. K. (2007) "Limits to CBA in UK and European environmental policy: Retrospects and future prospects *Environmental and Resource Economics* 37: 253-269.

Urs Fischbacher (2002) z-Tree2.1 tutorial manual. (飯田善郎・岩崎敦・西野成昭訳 (2005)「z-Tree チュートリアルマニュアル」) (http://www.iew.unizh.ch/ztree)

Urs Fischbacher (2007) "z-Tree: Zurich toolbox for ready-made economic experiments," *Experimental Economics* 10: 171-178.

Vartia, Y. (1983) "Efficient methods of measuring welfare change and compensated income in terms of ordinary demand functions," *Econometrica* 51: 79-98.

Velez, M. A., Stranlund, J. K. and Murphy, J. J. (2009) "What motivates common pool resource users? Experimental evidence from the field," *Journal of Economic Behavior and Organization* 70: 485-497.

Viscusi, W. K. (1993) "The value of risks to life and health," *Journal of Economic Literature* 31: 1912-1946.

von Haefen, R. H. (2003) "Incorporating observed choice into the construction of welfare measures from random utility models," *Journal of Environmental Economics and Management* 45: 145-165.

von Haefen, R. H. (2007) "Empirical strategies for incorporating weak complementarity into consumer demand models," *Journal of Environmental Economics and Management* 54: 15-31.

von Haefen, R. H. (2008) "Latent consideration sets and continuous demand systems," *Environmental and Resource Economics* 41: 363-379.

von Haefen, R. and Phaneuf, D. (2003) "Estimating preferences for outdoor recreation: A comparison of continuous and count data demand system frameworks," *Journal of Environmental Economics and Management* 45: 612-630.

von Haefen, R. H. and Phaneuf, D. J. (2005) "Kuhn-Tucker demand system approaches to non-market valuation," in R. Scarpa, and A. Alberini (eds.), *Applications of*

*Simulation Methods in Environmental and Resource Economics*, Springer, 135-157.

von Haefen, R. H., Phaneuf, D. J. and Parsons, G. R. (2004) "Estimation and welfare analysis with large demand systems," *Journal of Business and Economic Statistics* 22: 194-205.

Vossler, C. A. and Evans, M. F. (2009) "Bridging the gap between the field and the lab: Environmental goods, policy maker input, and consequentiality," *Journal of Environmental Economics and Management* 58: 338-345.

Vossler, C. A. and Mckee, M. (2006) "Induced-value tests of contingent valuation elicitation mechanisms," *Environmental and Resource Economics* 35: 137-168.

Wales, T. and Woodland, A. (1983) "Estimation of consumer demand systems with binding non-negativity constraints," *Journal of Econometrics* 21: 263-285.

Walker, J. M. and Gardner, R. (1992) "Probabilistic destruction of common-pool resources – Experimental evidence," *Economic Journal* 102: 1149-1161.

Willig, R. D. (1976) "Consumer's surplus without apology," *American Economic Review* 66: 589-597.

Wilson, M. A. and Howarth, R. B. (2002) "Discourse-based valuation of ecosystem services: Establishing fair outcomes through group deliberation," *Ecological Economics* 41: 431-443.

川越敏司 (2007)『実験経済学』東京大学出版会.

栗山浩一 (1997)『公共事業と環境の価値』日本評論社.

栗山浩一 (1998)『環境の価値と評価手法―CVMによる経済評価』北海道大学図書刊行会.

栗山浩一・庄子康編 (2005)『環境と観光の経済評価 国立公園の維持と管理』勁草書房.

笹尾俊明・柘植隆宏 (2005)「廃棄物広域処理施設の設置計画における住民の選好形成に関する研究」『廃棄物学会論文誌』16(4): 256-265.

清水千弘・唐渡広志 (2007)『不動産市場の計量経済分析: 応用ファイナンス講座 4』朝倉書店.

竹内憲司 (1999)『環境評価の政策利用』勁草書房.

柘植隆宏・栗山浩一・庄子康 (2005)「環境評価手法としてのコンジョイント分析」栗山浩一・庄子康編 (2005)『環境と観光の経済評価』勁草書房, 63-94.

間瀬茂・武田純 (2001)『空間データモデリング: 空間統計学の応用. データサイエンス・シリーズ 7』共立出版.

肥田野登 (1997)『環境と社会資本の経済評価: ヘドニック・アプローチの理論と実際』勁草書房.

鷲田豊明 (1999)『環境評価入門』勁草書房.

山本秀一・岡敏弘 (1994)「飲料水リスク削減に対する支払い意志調査に基づいた統計的生命の価値の推定」『環境科学会誌』7: 289-301.

## あとがき

　本書の編者3名と庄子は，宮原紀壽氏（株式会社三菱総合研究所）とともに，『環境と観光の経済評価　国立公園の維持と管理』を2005年に出版した。そこでは，自然公園の管理を考えるうえで有効な経済学的アプローチである環境評価手法（特に，トラベルコスト法，CVM，コンジョイント分析）を紹介するとともに，それらの手法を国内の自然公園に適用することで，自然環境を保全するために各地で実施すべき対策について提言を行った。この本で，われわれは自然公園の管理に対して，経済学の手法がどのように適用できるのかを理論と実証の両面から示すことに取り組んだ。幸いなことに，この本は自然公園管理に関する数少ない経済学分野の研究書として，自然公園管理の分野で多くの読者を得るとともに，環境評価手法の解説書としても，さまざまな分野の方々に関心を持っていただくことができた。この本に対する反応から，われわれは環境評価に対する社会的関心の強さを改めて認識した。

　この本の出版後，環境評価の分野では著しい発展が見られた。端点解モデル，空間ヘドニック法，実験経済学アプローチといった新しい手法が登場し，海外では多数の研究が行われるようになった。しかしながら，日本においてはこれら新しい手法に関する研究はほとんど行われていなかった。手法の発展にともない，複雑さや難解さが増しており，研究のハードルが非常に高いものとなっていたためであると考えられる。環境評価の分野は研究の進展が著しいため，最新の研究をフォローし続けるのは容易ではない。ましてや，これから研究に取り組もうと考えている若手研究者の中には，どこから手をつければよいのかわからないという人も少なくないと思われる。そこで，われわれは，環境経済・政策学会2009年大会において，環境評価の最新テクニックを初心者向けにわかりやすく紹介することを目的とした「環境評価チュートリアル」を

開催した．このチュートリアルでは，表明選好法，顕示選好法，実験経済学アプローチのそれぞれの最新テクニックとして，潜在クラスモデル，端点解モデル，フィールド実験などについて解説が行われた．本書第 2 章，第 5 章，第 9 章は，この際の発表内容を基礎にしている．このチュートリアルには，あらかじめ準備した配布資料が不足するほど多くの人が参加し，非常に活発な議論が交わされた．このチュートリアルが非常に好評であったことを受け，翌年の 2010 年度大会においても「環境評価チュートリアル」を開催した．そこでは，空間ヘドニック法や実験経済用ソフトウェア z-Tree の使い方などについて解説を行った．本書第 6 章と第 9 章は，この際の発表内容を基礎にしている．

「環境評価チュートリアル」が非常に好評であったため，われわれは最先端の研究動向をわかりやすく解説する本を出版する必要があると考えた．これが本書執筆のきっかけである．日本の環境評価研究は欧米諸国と比較すると遅れてスタートしたが，近年は，英文の査読誌に論文が掲載され，国際学会でコンスタントに報告が行われるようになってきたことからも明らかなように，その研究水準は世界の最先端に近づきつつある．日本の研究水準のさらなる向上に本書が貢献できれば，われわれ執筆者にとって望外の喜びである．

本書の執筆にあたっては，さまざまな関係機関・関係者の方々から多大なご協力とご指導をいただいた．また，本書で紹介された実証研究の実施にあたっては，科学研究費補助金による支援を受けている．ここに記して謝意を表したい．

最後に，前回同様，本書の出版にあたっても，勁草書房の宮本詳三氏から多くのアドバイスをいただいたことを申し添えたい．氏のご協力とご支援に対して心より感謝申し上げる．

2011 年秋

執筆者を代表して　柘植隆宏・栗山浩一・三谷羊平

# 索引

### アルファベット

AFE（人工的フィールド実験） 179, 225
AIC 33, 47
BIC 33, 47
Box-Cox 変換 101
CVM 14
D 効率性 22
e-Stat 141
EconPort 211
EM アルゴリズム 30, 44
FFE（フレームド・フィールド実験） 179, 226
Fischbacher, Urs 211
GeoDa 141
HAC 共分散行列推定 136
Holt, Charles 211
LAB（ラボ実験） 179, 223
List, John 199
NFE（ナチュラル・フィールド実験） 180, 228
Ostrom, Elinor 168
Plott, Charles 171
SP/RP 結合モデル 104
Vecon Lab 211
Vernon Smith 160, 194
WTP と WTA の乖離 176
z-Tree 211, 213

### あ 行

アイナス条件 156
アドバイザリー住民投票 227
アンケート調査の設計 6
閾値付公共財ゲーム（PPM） 167
一部実施要因デザイン 186
一般化モーメント（GM）推定 137, 138
因果関係 155, 159
インストラクション 203
受入補償額 240
受入補償額 246
オファー関数 95
重み付き最小二乗法（WLS） 144
オンサイトサンプリング 85

### か 行

開始点バイアス 15
外生的効果 128, 131
階層ベイズモデル 27, 29
外的妥当性 179, 205, 229, 230
回避支出法 83
カウンターファクチャル反事実 156
カウントモデル 89
価格弾力性 87
各種フィールド実験 180
確率的住民投票 224, 227
仮想支払 175
仮想バイアス 9, 175, 225
価値誘発理論 160, 194
カプランマイヤー推定量 19
加法分離的 111
間接効用関数 236
完全実施要因デザイン 22, 185
完全に仮想的 175
機会費用 93, 119

帰結　174
帰結性　175, 224, 227
規制とコンプライアンス　173
キャピタリゼーション仮説　100
共通因子制約　131
共有資源　168
共有資源ゲーム　169
許可証取引　170
空間クーンタッカーモデル　148
空間計量経済学　126, 131, 148
空間誤差モデル　130, 131, 135-138, 141, 146-148
空間ダービンモデル　131
空間的重み行列　130-133, 136, 141, 143, 144, 146
空間的自己相関　126-128, 130, 131, 133, 135, 139, 140, 143, 146, 148
空間的多様性　126-128
空間統計学　126
空間ラグモデル　130, 131, 133-137, 140, 141, 146-148
クーンタッカー条件　106
クーンタッカーモデル　106
クエサイ実験　162
釧路湿原　48, 72, 73
クラス　31
繰り返しネステッドモデル　106
クリギング　136
経済実験の実施　212
経済的インセンティブ　194
経路従属性　239
経路独立　239
結果　156
原因　155
限界オファー関数　97
限界市場価格関数　97
限界支払意志額　47, 77
限界付け値関数　97
顕示選好法　83
検定力　191
合意形成実験　72, 73

公共財実験　164, 214
交互作用　185
厚生ウェイト　58, 60, 62
厚生測度　112, 235
行動経済学　168
衡平性　54, 55, 59, 62, 64, 65, 71, 78
効用最大化　235
効用差関数　16
個人トラベルコスト法　89
個人の多様性　11
混合ロジットモデル　27
コンジョイント分析　21
コンストラクト妥当性　206
コンテクスト　230
コントロール　160, 230
コンファウンド　184

さ 行

再現性　230
サイト選択モデル　91
参加不認知　230
参加報酬　203
サンプルサイズ（サンプル数）　7, 184
サンプル数　191
シェパードの補題　236
自己内在価値ホームグロウン価値　198
支出関数　236
支出最小化　236
支出最小化アプローチ　116
市場シミュレーション　62, 78
自然再生協議会　72
自然再生事業　48, 72, 73
実験アプローチ　152
実験オークション　178
実験経済学　194
実験経済学専用ソフトウェア　211
実験手法　154, 159
実験操作　159
実験デザイン　183
実験報酬　203
実際支払　175

索　引

自発的支払メカニズム（VCM）　165
支払意志額　17, 55-58, 60, 61, 65, 67, 68, 71, 77, 78, 240, 246
支払カード方式　14, 15
支払手段バイアス　8
市民選好　56-62, 64, 71, 74, 78
市民選好と消費者選好の乖離　61
市民選好による支払意志額　58-61
社会的意思決定ルール　54
社会的ジレンマ　164
弱補完性　90, 111, 243
自由回答方式　14
集団的意思決定　73-77
主観的な厚生ウェイト　64, 71
主観的な社会的厚生関数　57
主効果デザイン　22, 186
需要の減少　191
需要表明　167
順序効果　190
条件付協力　156
条件付協力者　165
条件付ロジットモデル　37, 91
消費者選好による支払意志額　60, 61
消費者余剰　86, 238
剰余変数　155
所得効果　239
所得弾力性　239
審議型貨幣評価　54, 64, 65, 67-69, 72, 77-79
シングル・ブラインド　201
信頼性　204, 207, 230
スコープ無反応性　8
ストレンジャーマッチング　202
性差　225
競りゲーム方式　14
選好形成　54, 55, 64, 78
潜在クラスモデル　27, 29
選択型実験　49
選択セットのデザイン　10
戦略バイアス　8
相関効果　128, 131

操作可能性　230
ゾーントラベルコスト法　88

た　行

第一種極値分布（ガンベル分布）　43, 91, 110
代替法　83
多項ロジットモデル　44
多重共線性　85, 101
たたき台実験　170
妥当性　204
多目的旅行　94
端点解モデル　106
チープトーク　10
直交　188
直交配列　22, 49
通常の最小二乗法（OLS）　133
通常の需要関数（マーシャルの需要関数）　235
付け値関数　95
ディファレンス・イン・ディファレンス　163
デセプション　204
天井効果　206
等価変分　238
等価余剰　242
統計的生命価値　102
同時方程式バイアス　98
匿名性　199
独立ランダムグループ　184
トラベルコスト法　83

な　行

内生的効果　128, 129, 131
内的妥当性　205, 229
ナチュラル実験　163, 229
二肢選択方式　14, 15
二段階最小二乗（2SLS）推定　137
二段階推定法　95
二分法　114, 115
ノンパラメトリックな解析　18

## は 行

パートナーマッチング　202
排出権取引実験　171
バランス　188
範囲バイアス　15
反事実　157
反復　203
被験者　193
被験者間デザイン　189
被験者内デザイン　190
被験者プール　230
ヒックス中立性　245
非本質財　87
評価ワークショップ　69-71
費用便益分析　54-56, 62, 64, 78, 79
表明選好法　3, 5, 8, 27
非利用価値（受動的利用価値）　112
フィールド市場データ　229
フィールド実験　179, 223
ブートストラップ　37, 47
複合的アプローチ　232
負の二項分布モデル　89
賦与エンドウメント効果　177
フロア効果　206
ブロック　185
プロファイル　49
ベイズの定理　45
ヘドニック価格関数　94
ヘドニック住宅価格法　100
ヘドニック賃金法　102
ヘドニック法　83

補償需要関数（ヒックスの需要関数）　236
補償賃金格差仮説　102
補償変分　112, 237
補償余剰　241

## ま 行

マーケットストール　65, 67-69
マッチング　185
メンバーシップ関数　32, 43
モデル平均化　13

## や 行

ヤコビアン変換　123
誘因両立　224
誘因両立性　224
誘発価値インデュースド価値　197

## ら 行

ラグランジュ乗数（LM）検定　139, 141
ランダム化　160, 230
ランダム化実験　161
ランダムパラメータモデル　124
離散選択モデル　27
リスク選好　201
リスク態度　201
リフレクション　128
留保価格　88
リンクモデル　105
ロバストラグランジュ乗数（RLM）検定　140
ロワの恒等式　236

# 編著者紹介

**柘植　隆宏**（つげ　たかひろ）

1976 年　奈良県生まれ
1998 年　同志社大学経済学部 卒業
2000 年　神戸大学大学院経済学研究科 博士課程前期課程修了
2003 年　神戸大学大学院経済学研究科 博士課程後期課程修了
　　　　 高崎経済大学 地域政策学部 講師 を経て
現　在　甲南大学経済学部 准教授　博士（経済学）


**栗山　浩一**（くりやま　こういち）

1967 年　大阪府生まれ
1992 年　京都大学大学農学部 農林経済学科 卒業
1994 年　京都大学大学院農学研究科 農林経済学専攻 修士課程修了
　　　　 北海道大学農学部 森林科学科 助手
1999 年　早稲田大学政治経済学部 専任講師
2001 年　早稲田大学政治経済学部 助教授
2004 年　早稲田大学政治経済学術院 助教授
2006 年　早稲田大学政治経済学術院 教授 を経て
現　在　京都大学農学研究科生物資源経済学専攻 教授　博士（農学）


**三谷　羊平**（みたに　ようへい）

1980 年　千葉県生まれ
2003 年　早稲田大学政治経済学部 卒業
2005 年　早稲田大学経済学研究科 修士課程修了
　　　　 日本学術振興会特別研究員（DC1）
2006 年　コロラド大学ボルダー校客員研究員
2008 年　早稲田大学経済学研究科 博士後期課程修了
　　　　 日本学術振興会特別研究員（PD）
　　　　 コロラド大学ボルダー校 研究員 を経て
現　在　ノルウェー生命科学大学 研究員　博士（経済学）

## 編著者紹介

### 竹内 憲司（たけうち けんじ）

- 1969 年　大阪府生まれ
- 1992 年　広島大学総合科学部 総合科学科 卒業
- 1994 年　京都大学大学院経済学研究科 修士課程修了
  日本学術振興会特別研究員（DC1）
- 1997 年　京都大学大学院経済学研究科 博士後期課程修了
  明治大学短期大学経済科 助手
- 1998 年　明治大学短期大学経済科 専任講師
- 2001 年　神戸大学大学院経済学研究科 助教授 を経て
- 現　在　神戸大学大学院経済学研究科 准教授　博士（経済学）

### 庄子 康（しょうじ やすし）

- 1973 年　宮城県生まれ
- 1997 年　北海道大学農学部 森林科学科卒業
- 1999 年　北海道大学大学院農学研究科 林学専攻 修士課程修了
- 2000 年　日本学術振興会 特別研究員 DC2
- 2002 年　北海道大学大学院農学研究科 環境資源学専攻 博士後期課程修了
- 2003 年　日本学術振興会 特別研究員 PD
- 2005 年　北海道大学大学院農学研究科 森林政策学分野 助手
- 2006 年　北海道大学大学院農学研究院 森林政策学研究室 助手
- 2007 年　北海道大学大学院農学研究院 森林政策学研究室 助教
- 現　在　北海道大学大学院農学研究院 森林政策学研究室 准教授　博士（農学）

### 伊藤 伸幸（いとう のぶゆき）

- 1983 年　長野県生まれ
- 2006 年　法政大学経済学部経済学科 卒業
- 2008 年　神戸大学大学院経済学研究科 博士前期課程修了
- 2010 年　日本学術振興会特別研究員（DC2）
- 2011 年　神戸大学大学院経済学研究科 博士後期課程修了
- 現　在　日本学術振興会特別研究員（PD）　博士（経済学）

### 星野 匡郎（ほしの ただお）

- 1984 年　群馬県生まれ
- 2007 年　早稲田大学政治経済学部経済学科 卒業
- 2008 年　ロンドンスクールオブエコノミクス
  MSc Local Economic Development 修了
- 現　在　東京工業大学大学院社会工学専攻博士課程
  日本学術振興会特別研究員（DC2）

環境評価の最新テクニック

2011 年 11 月 20 日　第 1 版第 1 刷発行

編著者　柘植　隆宏　栗山　浩一　三谷　羊平

発行者　井　村　寿　人

発行所　株式会社　勁草書房

112-0005 東京都文京区水道 2-1-1　振替 00150-2-175253
（編集）電話 03-3815-5277／FAX 03-3814-6968
（営業）電話 03-3814-6861／FAX 03-3814-6854
大日本法令印刷・中永製本所

©TSUGE Takahiro, KURIYAMA Koichi, MITANI Yohei　2011

ISBN978-4-326-50357-5　Printed in Japan

JCOPY　〈(社)出版者著作権管理機構　委託出版物〉
本書の無断複写は著作権法上での例外を除き禁じられています。
複写される場合は、そのつど事前に、(社)出版者著作権管理機構
（電話 03-3513-6969、FAX 03-3513-6979、e-mail: info@jcopy.or.jp）
の許諾を得てください。

＊落丁本・乱丁本はお取替いたします。

http://www.keisoshobo.co.jp

栗山浩一・庄子康 編著
# 環境と観光の経済評価
国立公園の維持と管理

A5判 3,675円
50270-7

鷲田豊明
# 環境政策と一般均衡

A5判 3,780円
50257-8

鷲田豊明
# 環境評価入門

A5判 2,940円
50162-5

大野栄治 編著
# 環境経済評価の実務

A5判 2,520円
50193-9

竹内憲司
# 環境評価の政策利用
CVMとトラベルコスト法の有効性

A5判 3,150円
50160-1

笹尾俊明
# 廃棄物処理の経済分析

A5判 4,620円
50355-1

リチャード・B・ノーガード／竹内憲司 訳
# 裏切られた発展
進歩の終わりと未来への共進化ビジョン

A5判 3,675円
60162-2

N.ハンレー, J.ショグレン, B.ホワイト／財政策科学研究所環境経済学研究会訳
# 環境経済学
理論と実践

A5判 5,775円
50269-1

―――勁草書房

＊表示価格は2011年11月現在，消費税は含まれています。